国家科技支撑计划项目资助："基于云服务的安全生产隐患排查关键技术研究与应用示范"（项目编号：2015BAK38B00）

煤矿事故隐患排查管控体系与实践

赵红泽　张瑞新　张伟　韦钊　著

参与编写人员：赵志刚　王欣艳　王忠武　相啸宇
　　　　　　　　魏永锋　罗　熊　周华平　何　桥
　　　　　　　　王　群　周立林　岳海峰　原江涛

中国劳动社会保障出版社

图书在版编目（CIP）数据

煤矿事故隐患排查管控体系与实践/赵红泽等著. -- 北京：中国劳动社会保障出版社，
2019

ISBN 978-7-5167-4203-7

Ⅰ.①煤… Ⅱ.①赵… Ⅲ.①煤矿-安全隐患-安全-监察-体系建设-研究 Ⅳ.①TD7

中国版本图书馆 CIP 数据核字（2019）第 268285 号

中国劳动社会保障出版社出版发行

（北京市惠新东街 1 号 邮政编码：100029）

*

三河市华骏印务包装有限公司印刷装订 新华书店经销

787 毫米×1092 毫米 16 开本 20.5 印张 350 千字
2019 年 12 月第 1 版 2019 年 12 月第 1 次印刷
定价：**68.00 元**

读者服务部电话：（010）64929211/84209101/64921644
营销中心电话：（010）64962347
出版社网址：http://www.class.com.cn

内容简介

本书通过研究建立煤矿事故隐患排查基础理论及方法体系，结合事故隐患排查管理信息系统的开发和应用，为煤矿事故隐患的排查治理工作提供系统科学的理论及技术支撑，实现煤矿事故隐患的全面管控及科学管理，为发挥煤矿事故隐患排查的管控作用，提高煤矿安全管理水平提供有效的指导和参考。本书内容主要包括绪论、煤矿事故隐患排查管理理论、煤矿事故隐患辨识及排查治理知识库、煤矿事故隐患治理能力评价、煤矿事故隐患风险预警和煤矿事故隐患排查治理管理信息系统。

本书主要内容基于科技部国家科技支撑计划项目"基于云服务的安全生产隐患排查关键技术研究与应用示范"（项目编号：2015BAK38B00）的所属课题"安全生产隐患排查智能化服务平台技术研究"（2015BAK38B01）和作者及研究团队有关煤矿安全研究成果的汇聚。本书适合各级煤矿安全监察行政管理人员、企业安全管理与技术人员和高等教育院校相关专业师生阅读使用。

序

　　安全生产事关人民群众生命财产安全，事关改革开放、经济发展和社会稳定大局，事关党和政府的形象和声誉。党中央、国务院始终高度重视安全生产工作。特别是党的十八大以来，习近平总书记关于安全生产的重要论述已成为我们工作总的遵循和行动指南。经过多年坚持不懈地努力，我国安全生产形势保持了总体稳定、持续好转的发展态势。但从全面实现中华民族伟大复兴的目标要求来看，我国安全生产形势依然严峻，特别是重特大事故还没有得到根本遏制。究其主要原因是我国安全生产主体责任落实还不到位，安全事故隐患排查治理工作未形成长效机制，安全生产还未完全从事后应对向事前预防转移。

　　构建以安全事故隐患排查治理为核心的事故管控工作体系，历来都是安全生产工作的重要抓手。2007年以来，原国家安全生产监督管理总局和国家煤矿安全监察局，先后颁布了《安全生产事故隐患排查治理暂行规定》（国家安全生产监督管理总局16号令）、《关于建立安全隐患排查治理体系的通知》（安委办〔2012〕1号）、《煤矿重大生产安全事故隐患判定标准》（国家安全生产监督管理总局85号令）、《煤矿生产安全事故隐患排查治理制度建设指南（试行）》和《煤矿重大事故隐患治理督办制度建设指南（试行）》（安监总厅煤行〔2015〕116号）、《煤矿安全生产标准化考核定级办法（试行）》和《煤矿安全生产标准化基本要求及评分方法（试行）》（煤安监行管〔2017〕5号），逐步形成了以安全质量标准化为本，以事故防控为体的隐患排查管理体系，为有效预防和控制我国煤矿事故的发生发挥了积极的作用。十九届四中全会提出，要完善和落实安全生产责任制和管理制度，建立公共安全隐患排查和安全预防控制体系。认真贯彻落实党中央、国务院关于加强安全生产工作的各项决策部署，坚持以事故隐患排查治理工作为切入点和工作重点，是做好安全生产工作永恒的主题。

煤矿事故隐患排查工作涉及面广，涉及管理学、法学、安全科学与工程、采矿工程、系统工程、信息技术等相关的理论与技术。《煤矿事故隐患排查管控体系与实践》全面系统地总结了以张瑞新教授为主的学术团队10多年来的科研成果，汇聚了在原国家安全监督管理总局通信信息中心、中国矿业大学（北京）和华北科技学院主持完成的国家科技支撑计划、安全生产信息化和煤矿企业应用等一系列煤矿事故隐患排查理论及实践方面课题研究精髓，形成了较为先进、实用的煤矿事故隐患排查管控体系，包含了从煤矿事故隐患排查、治理、评价、预警及信息化管控、应用示范等内容。书中既有煤矿事故隐患排查基本概念和理论，也有现场事故隐患标准化排查内容，还有基于信息化新技术研发的信息管理系统介绍，深入浅出，对于从事煤矿安全管理的相关科技工作者和管理人员，以及安全工程、矿业工程等专业的大学生具有重要的参考和借鉴作用。

建立事故隐患排查治理体系，是安全生产管理理念、监管机制、监管手段的创新和发展，对于促进企业由被动接受安全监管向主动开展安全管理转变，由政府为主的行政执法排查隐患向企业为主的日常管理排查隐患转变，从治标的隐患排查向治本的隐患排查转变，实现事故隐患排查治理常态化、规范化、法制化，推动企业安全生产标准化建设工作，对于建立健全安全生产长效机制，把握事故防范和安全生产工作的主动权具有重大意义。

在此，我把《煤矿事故隐患排查管控体系与实践》这本书推荐给大家，相信此书能为煤炭行业安全管理工作和煤矿安全监察工作提供诸多有益的指导，为我国煤炭事业的安全发展添砖加瓦！

中国煤炭工业协会党委书记、会长

原国家安全监管总局党组成员、副局长

2019 年 11 月于北京和平里

前　言

　　根据国家煤矿安全监察局的统计数据，虽然近些年来整体上煤矿安全形势逐渐好转，但我国的煤矿行业仍然是一个高危行业，煤矿重特大事故频发对煤矿行业及国家社会经济的发展造成了极大的不利影响。因此，基于煤矿事故致因机理和典型事故案例开展煤矿事故的预防控制理论和技术研究成为目前安全领域的热点研究问题之一。

　　煤矿事故隐患排查治理作为事故预防预控的重要理论和技术支撑之一，一直受到政府安全监管部门的重视，先后出台了一系列的政策法规，如近几年出台的《关于实施遏制重特大事故工作指南构建双重预防机制的意见》（安委办〔2016〕11号）、《煤矿重大生产安全事故隐患判定标准》（国家安全生产监督管理总局令第85号）具体制定了相关的排查治理、监管监察等方面的规章制度。而由于现有的理论研究成果对煤矿事故的隐患排查缺乏系统的分析研究，事故隐患的排查治理缺乏成熟且有效的管控理论及方法体系，导致隐患排查管控在较多煤矿的实际应用并不理想，难以达到事故防控的预期效果。因此，本课题组在多年研究并进行煤矿企业实际事故隐患排查治理实践经验的基础上，依托科技部国家科技支撑计划项目"基于云服务的安全生产隐患排查关键技术研究与应用示范"（项目编号：2015BAK38B00），进一步地深入分析了煤矿事故隐患致因及演化机理，并在煤矿实际应用中不断完善，形成了煤矿事故隐患排查的管控理论及方法，以期为煤矿事故隐患排查治理工作提供技术指导和借鉴。

　　本书从当前我国煤矿事故发生的特点及规律、煤矿事故隐患排查管控体系的现状，以及事故隐患的致因及发展规律分析入手，针对煤矿事故隐患的全过程管理，建立了系统全面的煤矿事故隐患的排查方法体系，包括事故隐患的辨识、排查管理、隐患排查动态数据的评估与预警方法及模型，实现了煤矿事故隐患排查的全过程管控。此外，煤矿事故隐患排查管理信息系统的开发及应用，为煤矿企业提供了更为便捷和智能的事故隐患排查治理手段，可以有效提升排查治理的质量及效率。本书以北京昊华能源股份有限公司煤矿事故隐患排查信息管理系统为案例，从系统的总体架构、关键技术及开发过程进行分析和介绍，总结煤矿事故隐患排查信息管理系统开发的成功经验，为企业建立信息系统提供参考和借鉴。

总之，本书通过研究建立事故隐患排查基础理论及方法体系，结合隐患排查管理信息系统的开发和应用，以期能为煤矿事故隐患的排查治理工作提供系统科学的理论及技术支撑，实现煤矿事故隐患的全面管控及科学管理，提高煤矿安全管理水平，有效预防和减少事故发生。

本书主要是科技部国家科技支撑计划项目"基于云服务的安全生产隐患排查关键技术研究与应用示范"（项目编号：2015BAK38B00）的所属课题"安全生产隐患排查智能化服务平台技术研究"（2015BAK38B01）和作者及研究生团队有关煤矿安全研究成果的汇聚。在此，特别感谢科技部国家科技支撑计划项目牵头单位应急管理部通信信息中心和项目参与单位中国矿业大学（北京）、北京科技大学、北京网梯科技发展有限公司等单位及有关研究人员的支持与所做的贡献，并对长期支持和参与煤矿安全信息化研究与应用工作的北京昊华能源股份有限公司表示感谢。本书写作时参考了大量文献，谨向这些文献的作者致以衷心的感谢。由于作者的水平所限，书中存在不妥之处在所难免，恳请读者提出批评和指正。

作者

2019 年 9 月

目 录

第一章 绪 论

第一节 概 述

一、煤矿安全生产现状及事故特点

煤炭作为我国的最主要的能源，长期在一次能源结构中占据绝对主导地位。根据《中国能源统计年鉴》中公布的数据，煤炭消费在我国一次能源结构中所占的比例一直未低于60%（截至2017年），如图1-1所示。同时依据《能源发展"十三五"规划》和目前国内能源消费结构来看，煤炭作为我国的一次能源消费主体的地位在相当长的一段时期内不会发生根本性的变化。同时煤炭也是我国重要的冶金和化工原料，是国民经济的重要组成部

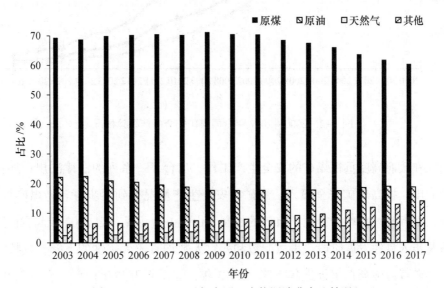

图1-1 2003—2017年全国一次能源消费占比情况

分。煤炭生产对我国的社会和经济发展具有重要的作用和意义，煤炭工业的健康和有序发展也是国家和社会发展的一致诉求。

煤矿的安全生产是煤炭工业健康有序发展的重要保证，也是当前煤炭产业优化升级的重要部分。我国的大部分煤矿都是采用井工的方式进行开采的，主要作业场所为地下深处的有限空间，受地质环境等自然条件的限制，矿井工作条件恶劣多变，存在着大量的危险因素，诸如瓦斯、地压、水、火等，时刻威胁着井下工作人员的安全，加上煤矿从业人员的整体素质相对不高，安全管理水平较低等特点，煤炭行业一直是事故高发领域，安全生产形势很严峻。根据《中国煤炭工业年鉴》发布的数据统计可知，2000—2017年，煤炭行业共发生各类事故 35 526 起，死亡总人数高达 60 060 人，煤矿事故年死亡人数久居世界第一，百万吨死亡率也是一些主要产煤国的几十倍。2000—2017年我国煤矿安全生产统计情况如图 1-2 所示。

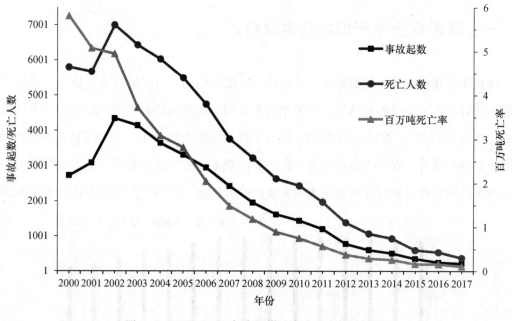

图 1-2　2000—2017 年全国煤矿安全生产统计情况

我国党和政府高度重视煤矿的安全生产工作，出台了一系列的法律法规，加强煤矿的安全监管力度，提高煤矿安全投入，煤矿的安全生产情况得到逐步好转，煤矿事故起数、死亡人数及百万吨死亡率均得到了有效的控制。由图 1-2 可见，自 2002 年起我国煤矿的安全生产情况步入良性发展阶段，事故起数和死亡人数均有较大幅度的下降，重特大事故明显减少，煤矿百万吨死亡率也逐年下降。2013 年，煤矿百万吨死亡率首次降至 0.3 以下，标志着我国煤矿安全生产工作取得了良好的进展。但是，与其他主要煤炭生产国相比，我国的煤矿安全生产情况仍有较大的不足，重特大事故仍时有发生，反映出国内煤矿安全生产基础仍比较薄弱，安全管理水平仍需加强的现状，煤矿安全生产形势依然不容乐观，实现煤矿安全生产形势的根本好转仍然是长期而又艰巨的任务。

煤矿的主要生产活动一般是在地下空间进行，与其他行业相比，由于其特殊的生产环境和复杂的生产工艺，矿井生产系统各环节存在较多的危险致灾因素，从而导致煤矿生产过程存在各类事故发生的可能性。按照伤亡事故的性质，可以将煤矿事故划分为 8 类，分别是顶板事故、瓦斯事故、机电事故、运输事故、水害事故、火灾事故、放炮事故和其他事故。由于各类事故的发生机理不同，其频度和危害程度存在较大的差异。为便于对比分析，将我国 2000—2012 年发生的煤矿事故按上述分类进行统计，如图 1-3 所示。

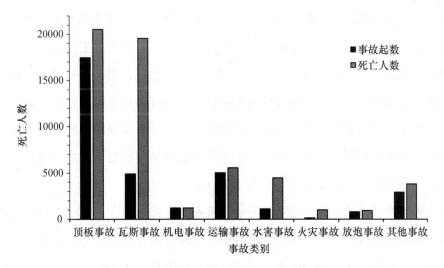

图 1-3　2000—2012 年全国煤矿事故分类统计

从图 1-3 中数据的分布特点可以发现，煤矿中各类事故都具有较高的发生概率，且事故发生的后果往往伴随着较大的人员伤亡。以矿井瓦斯事故及火灾事故为例，平均单起事故的人员死亡率分别高达 3.99 及 6.82，说明事故一旦发生将会导致非常严重的后果。从图 1-3 中的事故类别方面进行分析可以发现，煤矿井下事故的发生很大程度是由于煤矿内存在的危险因素导致的，如水、火、瓦斯及顶板等。以图 1-3 中显示的数据为例，在2000—2012 年期间，我国煤矿事故中顶板、瓦斯及水、火等事故发生的比例为 70.36%，死亡人数更是占到总数的 79.82%。特别是顶板事故及瓦斯事故，由于顶板及瓦斯的危害基本只有在煤矿生产中存在，这两类事故是典型的煤矿事故类型。根据相关统计数据可知，顶板事故是煤矿井下发生次数最多也是死亡人数占比最高的事故，分别占事故总数的

52.02%和总死亡人数的 35.98%，是煤矿中发生频率最高的事故类型；而瓦斯事故则是危害性最高的事故，虽然瓦斯事故仅占事故总量的 14.58%，但是其死亡人数却占总量的 34.28%，这意味着矿井瓦斯对煤矿安全具有极高的危害性，一旦发生瓦斯类事故极有可能造成非常严重的后果。以上数据表明，井下生产作业环境中存在的大量危险因素是导致煤矿事故发生的重要原因。

导致煤矿事故高发的另一方面因素则是井下复杂的生产环境。由于煤矿生产多是在地下封闭空间内进行，井下工人工作空间狭小，井下照明、通风等工作条件较为恶劣，同时需要在相对狭小的空间内布置大量的生产机械及设备（如采煤工作面的"三机"、巷道内的运输机、设备列车等），占用、挤压工作人员的工作空间，进而导致人员与工作环境存在较多的交互，一旦出现人员的不安全行为，则很容易导致环境变量发生变化，进而导致事故的发生。例如，井下机电、运输类事故的发生多是由于井下的生产设备与人发生非预期的接触而导致的。由上述内容可知，与其他工业生产相比，煤矿事故高发的最主要原因还是在于井下复杂的生产环境及其存在的大量危险因素。上述危险因素的存在，必然对井下从业人员的安全素质及安全能力提出较高的要求，而井下复杂的生产系统及众多的生产环节必然要求有大量的不同工种人员同时作业才能满足矿井的正常生产需求，难免出现人员素质参差不齐等情况，从而带来煤矿事故防治工作的艰巨性。

当前技术条件下，通过完全消除井下危险因素的方式达到井下安全的目的是难以实现的，而且以当前我国的安全技术和安全装备水平来说，以此方向作为煤矿安全管理的主要手段在经济上也是不可接受的。因此，需要根据当前的技术能力和装备水平，从管理的角度尽可能地发挥安全技术和安全装备的防护能力，从而提升煤矿的安全生产水平。

从上述事故特点的分析可以发现，煤矿事故频发的一个重要因素是人的因素，人既是煤矿事故的受害者也是事故发生的导致者，不管是从业人员的不安全行为还是管理人员的组织行为，当其与煤矿井下的不安全条件发生接触后，都有导致事故的可能。因此需要针对人的行为进行有效的管理和控制，从而降低煤矿事故发生的可能性，这也是在当前技术水平下最有效的煤矿安全管理模式。

二、煤矿事故隐患排查管控体系建设的必要性

一般而言，井下的作业环境被认为是危险的，因此对于煤矿从业人员而言，其行为的

安全要求需要包括两方面的条件：一是要求其行为具备安全性，即杜绝井下所有人员的不安全行为；二是要求其具备良好的安全能力。这里的安全能力主要是指主动发现危险的能力，也就是要求井下从业人员能够识别井下环境可能出现的各类危险因素，及时采取相应措施以避免事故的发生，达到提前防控事故的目的，这也是煤矿事故隐患排查的主要内容。煤矿事故隐患排查的主要性质就是充分应用人的主动安全能力，识别并排查井下生产过程中出现的危险因素，并提前控制以达到事故主动防治的目的。煤矿事故隐患排查的内容则是针对井下"人、机、环、管"各方面的危险因素，建立相应的识别及管控机制，降低人的不安全行为引发事故的可能性，以及减少各类危险因素与人员接触的概率，从而降低煤矿事故发生的可能性。而事故隐患治理的基本原则则是全员参与，通过排查事故隐患，有效提升个人的安全能力，一方面提升作业人员的行为安全性，另一方面则可以充分利用人员的主动安全能力，减少井下可能出现的危险因素。

2015 年 8 月 15 日，习近平总书记在中共中央政治局常务委员会听取事故调查报告时提出，必须坚决遏制重特大事故频发势头。对典型事故不要处理完就过去了，要深入研究其规律和特点。对易发重特大事故的行业领域，要采取风险分级管控、隐患排查治理双重预防性工作机制，推动安全生产关口前移。随后，在 2015 年国务院全国安全生产电视电话会议和《标本兼治遏制重特大事故工作指南》《关于实施遏制重特大事故工作指南构建双重预防机制的意见》《中共中央国务院关于推进安全生产领域改革发展的意见》《安全生产"十三五"规划》等一系列会议、文件上，都明确要求建立风险分级管控、隐患排查治理双重预防性工作机制。建立双重预防性工作机制，就是将安全风险管控挺在隐患前面，把隐患排查治理挺在事故前面，将安全关口进一步前移。将隐患排查治理与安全风险分级管控相融合，就是要将点、线、面有机结合，无缝对接安全风险分级管控和隐患排查治理双重预防性工作体系，这是新形势下对隐患排查治理新机制的迫切要求。

隐患排查治理体系，是以企业分级分类管理系统为基础，以企业事故隐患自查自报为核心，以完善安全监管责任机制和考核机制为抓手，以制定安全标准体系为支撑，以广泛开展安全教育培训为保障的一项系统工程，包含了完善的隐患排查治理信息系统、明确细化的责任机制、科学严谨的查报标准及重过程、可量化的绩效考核机制等内容。

建立安全生产事故隐患排查治理体系，是落实和完善安全生产制度，严格安全生产标准，提高企业安全水平和事故防范能力的必由之路。建立隐患排查治理体系，应紧密结合实际，在全面排查治理隐患、建立排查制度、落实治理任务、完善监管机制、加强监督检查等方面进行积极探索，形成"分工负责、齐抓共管"的安全监管机制，实现全覆盖、无缝化和动态化安全管理。

建立事故隐患排查治理体系，是安全管理理念、监管机制、监管手段的创新和发展，对于促进企业由被动接受安全监管向主动开展安全管理转变，由政府为主的行政执法排隐查患向企业为主的日常管理排隐查患转变，从治标的隐患排查向治本的隐患排查转变，实现事故隐患排查治理常态化、规范化、法制化，推动企业安全生产标准化建设工作，对建立健全安全生产工作长效机制，把握事故防范和安全生产工作的主动权具有重大意义。

2007 年 12 月，原国家安全生产监督管理总局下发了《安全生产事故隐患排查治理暂行规定》（国家安全生产监督管理总局令第 16 号），对"建立安全生产事故隐患排查治理长效机制，强化安全生产主体责任，加强事故隐患监督管理"进行了明确规定，这对我国建立安全生产事故隐患排查治理长效机制，确定事故隐患排查治理的历史地位，具有重要意义。2011 年 10 月 26 日，在召开的全国安全生产事故隐患排查治理现场会上，强调要切实增强搞好隐患排查治理的自觉性和主动性，完善安全生产事故隐患排查治理体系，形成全过程、动态化、重预防的工作考核激励机制；要"科学制订实施方案，狠抓工作落实，把建立安全生产事故隐患排查治理体系工作抓实、抓好、抓出成效"。2012 年 1 月，国务院安全生产委员会办公室印发了《关于建立安全隐患排查治理体系的通知》（安委办〔2012〕1 号），要求在全国各地建立先进适用的隐患排查治理体系，逐步从根本上掌握事故防范和安全生产工作的主动权。此后，隐患排查工作有序展开。2015 年 11 月，原国家安全生产监督管理总局印发了《煤矿重大生产安全事故隐患判定标准》（国家安全生产监督管理总局令第 85 号），对及时认定、消除煤矿重大生产安全事故隐患奠定了基础。2015 年 12 月，原国家安全生产监督管理总局办公厅、国家煤矿安全监察局办公室印发《煤矿生产安全事故隐患排查治理制度建设指南（试行）》和《煤矿重大事故隐患治理督办制度建设指南（试行）》（安监总厅煤行〔2015〕116 号），分别对"煤矿企业建立健全生产安全事故隐患排查治理制度，进一步加强煤矿事故隐患排查治理工作，构建事故隐患排查治理长效机制"和"进一步规范和加强煤矿生产安全重大事故隐患治理督办制度建设，督促煤矿企业及时消除重大事故隐患，防范和遏制煤矿重特大事故发生"进行了规范和指导。2016 年 4 月，国务院安全生产委员会办公室关于印发了《关于标本兼治遏制重特大事故工作指南的通知》（安委办〔2016〕3 号），为如何"着力解决当前安全生产领域存在的薄弱环节和突出问题，强化安全风险管控和隐患排查治理，坚决遏制重特大事故频发势头"指明了方向。2016 年 10 月，国务院安全生产委员会办公室下发了《关于实施遏制重特大事故工作指南构建双重预防机制的意见的通知》（安委办〔2016〕11 号），确立了"全面推行安全风险分级管控，进一步强化隐患排查治理，推进事故预防工作科学化、信息化、标准化"的总体思路。2017 年 1 月，国家煤矿安全监察局印发了《煤矿安全生产标准化考核定级办法（试行）》和《煤矿安全生产标准化基本要求及评分方法（试行）》（煤安监行管〔2017〕5 号），设立了"事故隐患排查治理"章节［在国家煤矿安全监察局 2013 年发布的《煤矿安全质量标准化基本要求及评分方法（试行）》第 8 部分"安全管理"有关内容的基础上修订而成］，重点对事故隐患排查治理、记录、上报、督办、验收全过程的重点环节进行要求，并对"做什么、谁来做、如何做"的工作架构和工作机制进行重点考核。

可以说，事故隐患排查治理在保障安全生产方面起着举足轻重的作用。与此同时，事故隐患排查治理也在与时俱进地朝着"常态化、规范化、法制化"的方向发展。

通过上述分析可以发现，煤矿事故隐患排查治理机制的建立能够符合当前煤矿事故防治的基本需求，隐患排查治理机制的有效运行可以有效防控煤矿事故的发生，而且我国目前开展隐患排查治理工作的成效也表明煤矿事故隐患排查治理是实现煤矿事故主动防控的一项有效的管理方法。为进一步提高我国煤矿的安全生产水平，应建立基于事故隐患排查的煤矿事故防控管理体系，完善煤矿事故隐患排查治理方法，切实有效地消除煤矿事故隐患，以减少煤矿事故的发生。

第二节 煤矿事故隐患排查基本概念

一、事故

（一）矿山事故的定义

煤矿安全管理研究和解决的主要问题就是减少和消除事故。国内外对于事故的定义分为很多种，比较有代表性的定义如下：

（1）国际劳工组织将事故定义为：可能涉及伤害的、非预谋性的事件。

（2）美国数学家伯克霍夫将事故定义为个人或集体在为实现某种意图而进行的活动过程中，突然发生的、违反人的意志的、迫使活动暂时或永久停止的事件。这种定义的含义包括：

1）事故是一种特殊事件，体现在人类生产生活中，人类的一切活动都有可能发生事故。

2）事故是一种意外事件，发生较为突然。因导致事故发生的因素具有偶然性，事故的发生也就具有不确定性，即人类无法事先确定事故发生的具体信息，包括时间、地点等。

3）事故是一种破坏性事件。事故的发生会迫使生产生活活动暂时或永久中断，这样必然会给人们带来某种形式的影响，显然事故的发生违背了人们的意愿。

（3）我国的《辞海》对事故的定义是：事故是意外的变故或灾祸。

（4）原中国劳动科学研究院院长东北大学教授隋鹏程在《安全原理与事故预测》一书中对事故的定义为：事故是指个人或者集体在实践的进程中，在为了实现某一意图而采取行动的过程中，突然发生了与人意志相反的情况，迫使这种行动暂时地或者永久地停止的事件。

根据以上对事故内涵的研究，可以概括为：事故是指违反人们意愿发生在生产生活活动中的意外事件，会迫使活动永久或暂时停止，而且会给人们带来某种形式的影响，如人员伤亡、财产损失或环境污染等。

生产事故就是发生在具体的生产活动中的事故。生产事故是指因人在科学技术知识上的缺陷，或者认知上的限制，因无法有效防止或控制而发生在生产活动中的违背人们意愿的偶然事件序列。从结果上看，生产事故是随机性的，而且它的发生会导致生产活动暂时或一段时间甚至永久中断，并且伴随着人员伤亡、财产损失和环境破坏，可能其中两者甚至三者同时发生。

（二）矿山事故的特征

根据上述对事故的定义可以得出事故具有以下 4 个方面的基本特征。

1. 因果相关性

因果，即原因和结果，即在各种事物之间，一种事物是另一种事物发生的原因，而另一种事物是该事物发生的结果。一般来说，事故是由系统中相互联系、相互制约的多种因素共同作用的结果，某一个因素是前一个因素的结果，而又是后一个因素的原因，环环相扣，最终导致事故的发生，这就是事故的因果相关性。

事故的因果相关性决定了事故的必然发生，即由于导致事故的因素以及事故的因果关系的存在决定了事故发生的必然性。要消除和避免事故，首先要掌握事故发生的因果关系，及时切断事故发生的因果链。

2. 事故后果随机性

由于事故发生的时间、地点、环境、规模等都是不确定的，导致事故发生的后果很难预料，并且即使是经常导致事故发生的同一类因素，也并不一定产生同样的事故后果，这就是事故后果的随机性。由于事故后果随机性的存在，给事故的预防和控制带来了一定的困难。

关于事故后果的随机性，美国安全工程专家海因里希通过对 55 万余件同类事故的资料统计结果指出，例如像跌倒这样的事故，在 330 次跌倒中，引发的后果为：无伤害 300 次，轻伤 29 次，重伤 1 次。这就是著名的海因里希事故法则，或者称为：1∶29∶300 法则。日本安全专家青岛贤司经过调查发现，伤害事故与无伤害事故的比例为：重型机械和材料工业为 1∶8；轻工业为 1∶320。而美国安全工程师博德类似的理论是：严重伤害∶轻微伤害∶财产损失∶无伤害财产损失 = 1∶10∶30∶600。

事实上，由于事故种类、工作环境和调查方法的差别会导致上述比例存在着不同。但是，这种调查统计是很有意义的，因为从这些调查中可以看出事故与后果之间的随机性。

3. 事故所导致的损失具有不可挽回性

事故一旦发生，其结果往往会对人员、设备或者环境等造成永久性的不可挽回的损害，特别是对人的生命和健康造成伤害，这就是事故所导致损失的不可挽回性。世界上每天发生的各类事故都证明，事故一旦发生，都会给当事人及其相关人造成巨大的伤害。因此，特别要注意的一点，在关于生产安全的问题上，不能通过一次次的犯错误来积累经验，对待事故的发生需要以预防为主。

4. 人为可控性

尽管事故的因果相关性决定了事故必然发生，但是这并不能说明事故是不可预防和控制的，特别是对于生产系统来说，很多事故都是可以避免和控制的。在生产系统中，人为因素导致事故发生的概率很高，国内外大量的统计资料表明，所有事故中，由于人的不安全行为所导致的事故能占到70%以上。既然如此，事故的原因是可以被认识到的，而事故发生的因果关系也是可以进行干涉的，即人为事故是可以预防和控制的。当前，国内外各种安全管理科学技术的广泛发展和应用为人们进一步预测、预防和预控生产事故提供了有力的保障。

二、事故隐患

（一）事故隐患的定义

《现代劳动关系辞典》将事故隐患定义为："企业的设备、设施、厂房、环境等方面存在的能够造成人身伤害的各种潜在的危险因素"；《职业安全卫生术语》（GB/T 15236—2008）对事故隐患给出的定义是："可导致事故发生的物的危险状态、人的不安全行为及管理上的缺陷"；原劳动部1995年出台的《重大事故隐患管理规定》将事故隐患定义为："作业场所、设备及设施的不安全状态，人的不安全行为和管理上的缺陷"；2007年原国家安全生产监督管理总局颁布的《安全生产事故隐患排查治理暂行规定》将事故隐患定义为："生产经营单位违反安全生产法律、法规、规章、标准、规程和安全生产管理制度的规定，或者因其他因素在生产经营活动中存在可能导致事故发生的物的危险状态、人的不安全行为和管理上的缺陷"。

（二）事故隐患的特征

研究事故隐患特征的目的是更深刻地认识和掌握事故隐患产生、发展的规律，从不同的实践角度及时感知和发现事故隐患的各种征兆，矫正人们的不安全行为，教育人们超前做好事故隐患的防治工作，改善和提高物的安全状况，从而真正达到预防事故的效果。

人们在广泛联系自然界和人类社会的事故隐患现象中，基本认识了事故隐患的运动规律：事故隐患是物质的，如人的异常行为、物的异常状态均是物质的；事故隐患是运动的，有静态运动、动态运动、单一运动、整体运动；事故隐患是异常的，如有先天异常的、后天异常的，相对异常的；事故隐患是变化的，既能转化为事故，又能转化成安全；事故隐患是有表现形式的，有的可以直接观察到，有的需要用安全技术手段才能发现。

总之，人与物的存在和运动，是事故隐患产生的条件。其各自和整体的异常运动，是事故隐患生存、发展的根据；其异常运动的表现形式，是事故隐患的外延现象；其异常运动的灾变，是事故隐患转化成事故的结果。因此，事故隐患是人与物在其置于系统中异常运动的形式。其中，人与物在其置于系统中的异常运动是事故隐患的内涵本质，异常运动的形式，是事故隐患的外延现象。事故隐患是随着生产过程而产生，随着生产的发展而发展的，是从属于生产的，因此具有如下主要特征。

1. 潜在性

潜在性是指事故隐患潜而不发，伺机待发，处于不显露的状态，虽然不为人们直观所发觉，却仍然客观存在。事故隐患在发展之初的孕育阶段，存在的方式一般均为隐蔽、藏匿、潜伏的。它在一定的时间、一定的范围、一定的条件下，显现出好似静止、不变的状态，往往使人一时看不清楚、意识不到、感觉不出它的存在。但随着生产过程的发展而随机变化，逐步向显性发展。正由于"祸患常积于疏忽"，才使事故隐患逐步形成、发展成事故。在企业生产过程中，常常遇到认为不该发生事故的区域、地点、设备、工具，却发生了事故，这都与当事者不能正确认识事故隐患的隐蔽、藏匿、潜伏等特点有关。

2. 危害性

俗话说："蝼蚁之穴，可以溃堤千里"。事故隐患一旦显现，必然造成危害的后果。在安全生产工作中，一个小小的事故隐患往往可能引发巨大的灾害。灾害的危害程度与事故隐患显现的能力或变异程度有关，而危害的后果还取决于受害方的状态，如涉及的人员数量、物的价值。无数血与泪的历史教训都反复证明了这一点。

3. 偶然性

事故隐患生成后，在一定条件下，必然发展成为事故，但在何时何地发生，却是偶然的。因此，事故隐患的发生具有较强的随机性，为安全生产工作的开展带来困扰。

4. 突发性

任何事物都存在量变到质变、渐变到突变的过程，事故隐患也不例外。集小变而为大变，集小患而为大患是一条基本规律。根据流变—突变理论，事故隐患是一种突变前的临界状态，在事故隐患的基础上发生的细微扰动即可造成突变现象的发生，也就是事故的产生。

5. 诱发性

事故隐患会因外部条件的改变而显现或变异。一个事故隐患的状态变化有可能造成另一个事故隐患的变化，一个事故隐患的危险程度增加有可能导致另一个事故隐患危险程度增加，叠加作用下造成整体危害后果扩大。如局部的瓦斯爆炸引起的大规模煤尘爆炸。另一方面，一个事故隐患的变化导致自身危险程度变小，也有可能引发另一个事故隐患的危险性降低，从而降低整体系统的风险程度大小。

6. 因果性

事故是由隐患演变而成的，隐患与事故的关联，表现为特定的因果性。某些事故的发生是会有先兆的，隐患是事故发生的先兆，而事故则是隐患存在和发展的必然结果。在企业组织生产的过程中，每个人的言行都会对企业安全管理工作产生不同的效果，特别是企业领导对待事故隐患所持的态度不同，往往会导致安全生产工作结果截然不同，所谓"严是爱，宽是害，不管不问遭祸害"，就是这种因果关系的体现。

7. 连续性

实践中，常常遇到一种事故隐患掩盖另一种事故隐患，一种事故隐患与其他事故隐患相互联系而存在的现象。在生产过程中连带的、持续的、发生在生产过程中的事故隐患，对安全生产构成的威胁很大，搞不好就会导致"拔出萝卜带出泥，牵动荷花带动藕"的现象发生，而使企业出现"祸不单行"的局面。

8. 重复性

事故隐患治理过一次或若干次后，并不等于从此销声匿迹，再也不发生事故了，也不会因为发生过一两次事故，就不再重复引发类似事故和重演历史的悲剧。只要企业的生产方式、生产条件、生产工具、生产环境等因素未改变，同一类事故隐患就会重复发生。甚至在同一区域、同一地点发生与历史惊人相似的事故隐患、事故。

9. 意外性

这里所指的意外性不是天灾人祸，而是指未超出现有安全、卫生标准的要求和规定以外的事故隐患。这些事故隐患潜伏于人—机系统中，有些事故隐患超出人们认识范围，或在短期内很难为劳动者所辨识，但由于它具有很大的意外性，因而容易导致一些意想不到的事故的发生。

10. 时效性

尽管事故隐患具有偶然性、意外性的一面，但如果从发现到消除过程中讲求时效，可以避免其演变成事故。反之，不能有效地将事故隐患治理在初期，必然会导致严重后果。对事故隐患治理不讲时效，拖得越久，代价越大。

11. 特殊性

事故隐患具有普遍性，同时又具有特殊性，由于"人、机、环、管"的本质安全水平不同，其属性、特征是不尽相同的。在不同的行业、不同企业、不同的岗位，其表现形式和变化过程更是千差万别的。即使是同一种事故隐患，在使用相同的设备、相同的工具从事相同性质的作业时，其存在也会有差异。

12. 可预估性

潜伏着的事故隐患一般不被人们直观所感觉，但人们通过观测、分析，可以做出科学的估量。排查就是一个先期估量的过程，以定性为主，含定量工作。但排查不是估量的全部过程，事故隐患治理后仍需对治理效果加以估量。由于事故隐患的隐匿性、复杂性，目前人们尚不具备完全量化的能力。

13. 可治理性

所有的事故隐患都是可以治理的：有的通过整改而根除危险，因而被彻底消除；有的通过治理则可将其风险降低至可接受水平，但能够保障其不产生严重危害后果；有的通过治理后的状态已不属于重大事故隐患的范畴，而被排除在重点治理范围之外。

14. 可预防性

可预防性主要体现在两个方面：一方面就重大事故隐患本身而言是可以预防其产生的，应侧重在设计、开拓布局等技术方面以及行为与管理方面，防止重大事故隐患的产生；另一方面，物的危险状态已经形成，危险难以避免时，人们可以在人员伤亡和财产损失上加以预防，从而避免或减轻危害后果。

三、风险

在煤矿生产过程中，时常要面对各种类型和大小的"危险"，这类"危险"的特征是在某些情况下可能不发生，也可能发生，可能会造成大的事故，也可能仅仅造成较小的事件，这种普遍存在的"危险"可以用风险进行度量。

风险普遍存在，人类很早就认识到预防对风险控制的重要性，如我国夏朝后期就有了对风险提前预防的意识，夏朝史料《夏箴》中就有"天有四秧，水旱饥荒，其至无时，非务积聚，何以备之？"的描述。尽管人类很早就对风险进行了各种研究，但时至今日，风险在学术界还没有形成一个统一的定义。关于风险一词的来源最为形象的解释是，在远古时期，以打鱼为生的渔民们在长期的捕捞实践中，深深地体会到"风"给他们带来的无法预料的危险，他们认识到，在出海捕捞的生活中，"风"即意味着"险"，这就是风险的由来。

在学术界，美国学者海恩斯于1895年给出了风险的第一个定义，他认为风险是损失发生的可能性。美国学者威雷特对此进一步补充为：风险是关于不愿发生的某种事件发生的不确定性的客体体现，其含义包含三层意思：一是风险是客观存在的现象；二是风险具有不确定性；三是风险是人们不期望发生的。英国布里斯托尔大学的布洛克利教授则认为风险就是某种不确定性，并指出不确定性包括模型的不确定性、系统的不确定性与参数的不确定性。

《现代安全理念和创新实践》一书中从安全角度给出了关于风险的一般定义：在一定环境下，由危险事件引起，可能造成损失的概率。由此可见，风险的初始意思即是危险，随着人类对风险的认识逐渐被赋予更深层次的含义，但总体上包含两个确定的含义：

一是风险具有不确定性，来源于客观和主观两个方面的原因，即客观世界本身具有的不确定性和人类对客观世界认识能力缺陷而导致的不确定性。风险的不确定性还体现在其发生时间的不确定性、风险发生空间的不确定性以及风险导致损失程度的不确定性 3 个方面，这种不确定性是由其自身复杂性所导致的。

二是风险会带来损失，这种损失可能是期望的，也可能是不期望的。安全生产中的风险就是这类狭义的风险，即风险是不期望发生的事件及其带来的损失程度。

安全与危险都可以用风险来度量，二者从两个方向描述了系统的不同状态属性。从风险角度考虑，依据规则对风险进行度量，进而得出相应的风险容许度，当风险低于容许度时，此时判定系统为安全状态；当风险在容许度区间时，此时判定系统为临界状态；当风险高于容许度时，此时则认定系统为危险状态。

在煤矿生产中，存在引起水灾、火灾、瓦斯灾害等多种风险因子，这些风险因子一旦被触发必然会带来损失，包括对人的伤害、财物的损失、环境的破坏及三者的组合。风险的不确定性及可能造成损失的特点要求人们主动地认识风险，把握各类风险的演化机理和规律，从而主动控制风险，将风险控制在可以接受的范围内。风险预警的主要任务就是分析风险发生的可能性，并判断风险发生的严重程度，这就需要研究系统中的风险因素、体现风险因素的指标体系和判断风险大小的判别方法或模型。从安全管理的角度来看，风险预警活动是人们主动认识风险、控制风险的一种高级别的管理方式。

第三节 我国煤矿安全管理的发展

中华人民共和国成立以来，煤炭工业和技术得到了高速发展，煤矿企业的安全管理工作也取得了不断的发展和进步。特别是 20 世纪 80 年代推行煤矿安全质量标准化以来，我国煤矿企业在安全管理方面进行了大量的积极探索和实践，以煤矿安全质量标准化为基础，开展隐患排查、风险预控等不同的管理方式及体系，针对煤矿事故高发的特点开展一系列的事故防控措施，并进行了大量的理论研究和实践，使我国的煤矿安全管理水平有了不断的提升。

一、煤矿安全质量标准化的推行

（一）煤矿质量标准化工作的开展

"煤矿质量标准化"的概念最早由时任原煤炭部部长张霖之于 1964 年提出，随后第一座标准化样板矿井——平顶山四矿建成。在建设过程中，原平顶山矿务局提出了煤矿工程质量严把毫米关的口号，对标准化有了一定的认识。1986 年，原煤炭部在全国煤矿开展"质量标准化，安全创水平"活动，在原肥城矿务局召开了第一次全国煤矿质量标准化现场会，至此，煤矿质量标准化建设工作全面展开。1992 年，原煤炭部在原大雁矿务局再次召开质量标准化现场会，将质量标准化的内涵拓展到井上井下的各方面，并推进动态达标和质量否决。

在当时煤矿安全管理与技术水平较差的情况下，煤矿质量标准化的提出对煤矿安全形势的好转起到了积极的作用。1993—1997 年，全国建成了 31 个质量标准化矿务局和 872 个质量标准化矿井，煤矿伤亡事故降低了 25% 左右。

（二）煤矿安全质量标准化是对质量标准化工作的继承和创新

煤矿安全质量标准化是建立在几十年质量标准化工作实践基础上的一次创新，既是对以往质量标准化工作的创新，也赋予了其新的内涵。在"煤矿质量标准化"一词提出近 40 年之后，2003 年 10 月，国家煤矿安全监察局与中国煤炭工业协会联合下发的《关于在全国煤矿深入开展安全质量标准化活动的指导意见》（煤安监办字〔2003〕96 号）中第一次提出了"煤矿安全质量标准化"一词。2004 年，在《国务院关于进一步加强安全生产工作的决定》（国发〔2004〕2 号）中第一次定位安全质量标准化，要求在全国所有的工矿、商贸、交通、建筑施工等企业普遍开展安全质量标准化活动。煤矿质量包括煤炭产品质量、煤矿工程施工质量和员工服务质量 3 个部分，煤矿安全质量管理工作主要涉及后两部分。安全质量标准化既继承了偏重于现场工程质量标准化工作的全部成熟经验，又赋予质量标准化新的安全管理内涵，要求煤炭企业在生产过程中实施质量标准化工作，在安全教育、隐患排查、信息统计、事故预防、事故应急等各方面规范化、标准化，减少、避免乃至最终消除安全事故，确保煤矿安全生产活动有序开展。

（三）煤矿安全质量标准化的特点及在煤矿安全生产工作中的贡献

煤矿安全质量标准化是在几代煤矿人长期生产实践的基础上，通过科学实验和理论研究总结出来的一套成果，是在总结正面经验和血的教训的基础上发展而来的，对煤矿安全生产的指导具有科学性。

煤矿安全质量标准化的内容多是以相关法律法规为依据，通过标准化的形式，对煤矿生产各专业制定了明确的强制性标准，指导规范煤矿的安全生产工作，具有强制性。

标准化通常是为了验收合格而制定的标准，量化程度比较高，可操作性强。一般的安全检查或监察，多以定性的观察和主观的判断为主，工作上随意性较大，操作起来有难度。安全质量标准化将安全与质量有机地统一起来，使得每个环节都可以量化，具有可操作性。

煤矿安全质量标准化通过多次的修订发展，涵盖了煤矿生产的方方面面，不仅包括矿井的采、掘、机、运、通、地测和防治水等生产环节，还包括后勤保障环节，以及人的岗位工作质量，具有全面性。

煤矿安全质量标准化在全国煤矿得到大范围推广，为我国煤矿安全生产形势的明显好转起到了至关重要的作用。煤矿企业通过开展安全质量标准化建设，煤矿领导和从业人员对标准化有了一定的认识，逐渐认识到安全同质量标准化密切相关，抓安全、抓生产、抓效益都需要抓质量标准化。有人总结煤矿人应努力做到："干活前心中有标准，干活当中守标准，干出的活符合标准""思想达标、操作达标和产品（工程）质量达标"。

近年来，煤矿安全质量标准化因其科学性、强制性和可操作性等特点，受到煤矿人的广泛认可，得到了快速全面地推广，对我国煤矿安全生产的稳定发挥了重要作用，有效地促进了我国煤矿安全生产形势的不断好转，煤矿产能大幅度提高，煤矿事故连年减少，煤矿百万吨死亡率持续下降，使煤矿事故多发、管理粗放的状况得到了改善，成效显著。

（四）新形势下的煤矿安全质量标准化工作的进一步提高

我国的煤炭行业已经发展到了一个新阶段，煤矿产能大幅提高，科技装备和采掘技术不断发展，煤矿安全生产思想和理念也不断提升。同时，煤矿安全生产条件的不断变化对煤矿安全质量标准化提出更高的要求，煤矿企业必须不断深化发展煤矿安全质量标准化。国内一些安全管理先进的煤矿企业对安全质量标准化做了新的探索，例如，引入信息化和智能化的安全信息管理系统，结合事故预控的隐患排查体系，建立全面的智能化安全辅助决策系统，以事故隐患的全面排查作为安全质量标准化提升的重要抓手，采用体系化的安全管理方式，有效推动了煤矿安全质量标准化工作，并取得了一定成效。

二、现代安全管理体系的探索和实践

20 世纪 90 年代以后，随着 ISO 9000 质量管理体系认证工作的兴起，依靠科学化、体系化管理成为国际社会和企业界的共识。一些先进国家和机构率先开始了将体系管理引入企业安全管理的尝试，例如由英国标准协会（BSI）、挪威船级社（DNV）等 13 个组织于 1999 年联合推出的 OHSMS 18001 职业健康安全管理体系，南非 NOSA（国家职业安全协会）推出的五星综合管理系统和美国杜邦公司推出的 HSE 管理体系等。国际上诸多先进企业积极引进这些体系，实施体系化管理。体系的以人为本、预防为主、持续改进和动态管理的思想，以及基于风险预控的文化、理念和方法，为提高企业的安全和职业健康管理水平发挥了重要作用。我国许多煤矿企业也在这方面做了积极的探索和实践，根据煤矿企业的自身特点，构建和运行煤矿安全风险预控管理体系，从实践运行情况来看，效果良好。

（一）国外先进管理体系被我国大型煤炭企业积极引进

1999 年前后，《职业健康安全管理体系规范》（OHSMS 18001）开始进入我国煤矿行业，一些国有大型煤矿企业纷纷开始职业健康安全管理体系（OHSMS）的建设和认证工作，兖矿集团下属的多家煤矿、山西晋煤集团、神东煤炭集团等都是煤炭行业实施体系化管理的较早实践者。神东煤炭集团在体系建设上做了大量工作，引进和不断创新，2001 年该集团建立职业健康安全管理体系并通过机构认证，2002 年该集团在 ISO 9001 质量管理体系认证、ISO 14001 环境管理体系认证和 OHSMS 18001 职业健康安全管理体系认证的基础上，实施三体系整合，建立了神东煤炭集团一体化管理体系（简称 SDIMS）。2003 年神东煤炭集团为强化安全管理工作，创新煤矿安全管理方法，又引进南非 NOSA 五星综合管理体系 CMB259，2005 年该集团的试点单位补连塔煤矿取得 NOSA 三星。

（二）引进的体系发挥了一定的积极作用，但都没有真正落地生根

上述引进的体系在改进煤矿安全管理工作的同时也带来了诸多新问题。依靠国外体系标准建立的煤矿安全管理体系，在健全煤矿企业管理架构，梳理安全管理流程，加强企业

标准制度建设，规范企业工作记录等方面，确实发挥了一定的积极作用。但是，随着应用深入，几乎所有的煤矿企业都感到体系引进仅仅是引进了"体系的形"，而没有引进"体系的神"。经过多年实践，这些体系所倡导的理念仍然不能融入煤矿安全管理工作中，现场管理没有实质性变化，风险预控机制没有建立起来，体系要求和实际做法两条线，体系运行出现"两张皮"现象。

为什么在国外运行良好、成效显著的这些体系的理念和方法，在我国却不能实实在在地"着陆"？究其根本原因，在于我国的煤矿行业有其自身的特殊性。煤炭行业整体发展水平、行业文化及所处的环境与国外煤矿企业完全不同，导致我国的煤矿安全管理工作的特殊性，国际上一些先进的安全管理体系短期内难以实现与我国煤矿安全管理的有效融合。

（三）适合我国煤矿的安全管理体系的探索与研究

依靠传统的管理理念和方法不能彻底解决我国煤矿安全生产中长期存在的问题，直接引进国外先进体系理念和方法建立的体系，不能完全适应我国煤矿安全工作特点，真实发挥管理的实际作用。那么，只能解放思想，跳出传统管理思维模式，借鉴国际上先进的安全管理理念，构建符合我国煤矿特点的安全管理体系。

2007 年前后，我国煤矿安全生产形势一度十分严峻，重特大事故频发，引起了党中央、国务院和全社会对煤矿安全生产的高度关注，并对煤矿安全生产提出了更高的要求和期望。原国家安全生产监督管理总局希望国有重点煤矿企业能带头对煤矿安全管理问题进行系统研究，找出一个实现煤矿安全生产的有效办法和长效机制，克服传统安全管理的不足，以此促进全国煤矿安全管理水平的提升。

安全生产事故隐患排查关键技术研究是创新安全监管监察方式，实现企业本质安全的基础性工作。通过研究安全生产事故隐患数据模型和信息资源，建立事故隐患辨识方法、评估模型和预警模型，实现对安全生产事故致因的人、环境、设备和管理环节的监控方法，及时有效地监督检查人的不安全行为、灾害的突发性、设备的缺陷和管理的薄弱环节，为实现对事故的超前预防以及开展应急救援提供可靠的依据。通过使用物联网、云服务、大数据等先进信息技术来实现安全生产事故隐患排查，建立事故隐患排查的智能化服务平台，探索在事故隐患排查治理工作中的示范应用，是进一步提高监管监察工作效能和实现科学化监管的重要创新手段。通过云服务平台的应用，为各地煤矿企业提供统一的标准化的事故隐患排查体系及平台，同时为监管提供统一的标准，为实现煤矿企业的事故隐患自查及政府监管提供创新性的模式。进一步地，通过使用云服务和大数据分析技术来构建智能化服务平台，研究其中基于高级机器学习算法的隐患预测新方法，事故隐患信息的智能主动推送技术，以及基于移动互联终端的事故隐患排查数据采集与信息交互方法，将会极大地促进安全生产事故隐患排查和大数据分析等相关领域的理论研究工作，对隐患排查云服务平台的实践应用具有良好的示范应用效果。

事故隐患排查是安全生产由事后查处应对向事前防范转变，由传统经验型向现代科学管理型转变的重要途径。通过物联网、云技术、大数据等信息技术在事故隐患排查治理工作中的研究和示范应用，建立大数据分析模型和云服务平台，对企业进行事故隐患定性定量风险评估，按风险优先原则实施分级有序监管，集中执法力量解决重点监管的问题，是进一步提高监管监察工作效能和实现科学化监管的重要创新手段。

三、煤矿事故隐患排查工作现状

我国的煤矿事故隐患排查工作自 2007 年开始，经历 10 多年的发展，逐步形成了以安全质量标准化为本，以事故防控为体的事故隐患排查管理体系。通过不断地实践，创新发展了煤矿事故隐患排查的各项技术及相应的方法体系，为防治我国煤矿事故的发生做出了显著的贡献。对于事故隐患排查工作的开展，各地煤矿企业虽然没有统一的规划，但均从事故隐患的排查方式、整改流程及体系运行方面进行了积极探索，为实现煤矿事故隐患排查的标准化和规范化积累了经验。

（一）煤矿重大生产安全事故隐患的判定

在安全监管监察方面，国家近几年相继出台了一系列相关的法律法规和规章制度。2015 年出台的《煤矿重大生产安全事故隐患判定标准》（国家安全生产监督管理总局令第85号）指出：煤矿重大事故隐患包括 15 个方面：

（1）超能力、超强度或者超定员组织生产。

（2）瓦斯超限作业。

（3）煤与瓦斯突出矿井，未依照规定实施防突出措施。

（4）高瓦斯矿井未建立瓦斯抽采系统和监控系统，或者不能正常运行。

（5）通风系统不完善、不可靠。

（6）有严重水患，未采取有效措施。

（7）超层越界开采。

（8）有冲击地压危险，未采取有效措施。

（9）自然发火严重，未采取有效措施。

（10）使用明令禁止使用或者淘汰的设备、工艺。

（11）煤矿没有双回路供电系统。

（12）新建煤矿边建设边生产，煤矿改扩建期间，在改扩建的区域生产，或者在其他区域的生产超出安全设计规定的范围和规模。

（13）煤矿实行整体承包生产经营后，未重新取得或者及时变更安全生产许可证而从事生产，或者承包方再次转包，以及将井下采掘工作面和井巷维修作业进行劳务承包。

（14）煤矿改制期间，未明确安全生产责任人和安全管理机构，或者在完成改制后，未重新取得或者变更采矿许可证、安全生产许可证和营业执照。

（15）其他重大事故隐患。

2016 年出台的《关于实施遏制重特大事故工作指南构建双重预防机制的意见》（安委办〔2016〕11 号），提出构建安全风险分级管控和事故隐患排查治理双重预防机制，是遏制重特大事故的重要举措。实现把风险控制在事故隐患形成之前、把事故隐患消灭在事故前面。企业要建立完善安全风险公告制度和事故隐患排查治理制度。

2017 年提出风险分级管控、事故隐患排查治理、安全质量达标"三位一体"煤矿安全生产标准化体系建设，风险预控管事前，事故隐患排查管事中，安全质量达标管基础，它们是"三位一体"的具体构成，体现了对安全生产全过程的要求，体现了动态与静态的结合、过程与结果的结合、软件与硬件的结合，由过去的制度管理向体系化管理转变。

企业事故隐患排查管理工作的关键在于 3 个方面：一是发现事故隐患，即事故隐患的辨识及排查，只有发现生产系统中潜在的威胁，才能通过一系列的技术和管理措施消除威胁，确保系统的正常运行；二是事故隐患整改，通过不断地探索与实践，建立起基于闭环管理的事故隐患整改流程，有效提升事故隐患整改质量；三是管理方式，从以前的手动填写台账到现在的信息化管理系统的应用，实现了事故隐患信息的综合管理及事故隐患状态的实时跟踪，有助于提高事故隐患排查的效率，实现事故隐患信息数据的综合利用。

（二）存在的不足

以上事故隐患排查工作的开展及创新是基于个别企业的实践得出的，对于国内大部分的煤矿企业，在事故隐患排查工作方面仍存在较大的问题。

1. 对事故隐患排查的定位、目的及意义认识不足

即便目前有先进的经验及典型案例，但是对于大多数企业而言，对事故隐患排查在煤矿安全管理中缺乏明确的定位，认识不到事故隐患排查的重要性。因此，要从以下两个方面认识事故隐患排查工作：首先，从事故致因角度而言，事故隐患是事故发生的最直接原因，事故隐患的形成过程就是事故的发展过程，对于事故隐患的排查及整改，则是事故防控的最直接方式，能够有效降低事故发生的概率。其次，隐患排查工作的开展应从两个方面进行，一方面是煤矿潜在危险因素的排查，另一方面是对人的不安全行为的排查。事故隐患排查工作的开展离不开煤矿从业人员的全员参与，通过组织事故隐患排查整改，一方面能够提高员工的安全技能，认识煤矿生产系统中潜在的各类危险因素，另一方面，通过排查人员的不安全行为，提高人员的安全意识和行为习惯，从根本上提高煤矿的安全生产水平。

2. 事故隐患排查标准制度不健全

事故隐患排查治理涉及领域广泛、专业性较强，现行国家、地方、企业的事故隐患排查标准规范尚不完善，是一项较为复杂的系统工程。目前，相当一部分煤矿企业还没有建立健全事故隐患排查治理制度和事故隐患治理方案，事故隐患排查治理基础标准还相对欠缺，导致煤矿企业的事故隐患排查管理混乱，事故隐患排查治理工作没有及时有效开展。同时，部分地方安全监察部门缺乏针对煤矿事故隐患排查整改质量的监督管理，导致煤矿企业事故隐患排查治理内容混乱、标准不一。因此，事故隐患排查标准制度的建立健全，是其治理工作的基础，是事故预防的重中之重。

3. 安全生产责任不落实

企业是安全生产的责任主体。搞好安全生产管理工作，必须解决企业自律的问题，让企业主体责任的落实有载体。目前，部分企业的事故隐患排查治理工作缺乏积极性，企业无法做到全员、全方位、全过程安全管理，仍然是一种被动接受上级监管的安全管理模式。多数企业中存在着安全管理工作松懈的现状，例如安全检查不及时、不到位，使各种事故隐患以不同形式长期存在企业生产作业环境之中。这些事故隐患成为生产作业人员的杀手，

时刻威胁着作业人员的人身安全和企业的财产安全。因此，规范安全管理工作，落实企业主体责任是安全生产工作的核心。

4. 事故隐患排查治理信息化管理手段落后

由于企业在安全生产过程中信息化的建设投入比例较小，同时国家安全生产监管监察体制机制还未健全，面对矿山开采深度增加、生产规模扩大，安全生产潜在风险增高的局面，在缺乏信息化辅助手段作为支撑，依靠行政管制、人盯死守的传统监管监察方式和手段，难以实现对重特大事故隐患的预防和控制。由于缺乏真正的信息互通共享手段，国家安全生产监管监察行政部门、地方行业监管部门掌握的信息与监管客体的实际状况存在严重的信息不对称，导致政府监管部门的工作重点与监管客体的安全管理重点相互脱节，无法实现对重大安全生产事故隐患的排查治理。

第二章 煤矿事故隐患排查管理理论

第一节 煤矿事故致因理论

事故致因理论（Accident Causation Theory）是人们在对大量典型事故的本质原因进行分析的基础上，对事故机理所做的逻辑抽象或数学抽象，为事故原因的定性、定量分析和事故的预防、安全管理工作的改进提供科学合理的理论依据。因此说，事故致因理论是从本质上阐述事故的因果关系，说明事故的发生发展过程和后果的理论，它对于人们认识事故本质，指导事故调查、事故分析及事故预防等都有重要的作用。

一、古典事故致因理论简述

（一）事故频发倾向论

事故频发倾向（Accident Proneness）是指个别人容易发生事故的、稳定的、内在的倾向。1919 年，英国学者格林伍德和伍兹对许多工厂里的伤害事故发生次数资料分别按泊松分布、偏倚分布、非均等分布进行统计检验，发现工厂中某些工人较其他工人更容易发生事故。1926 年，德国学者纽鲍尔德研究大量工厂中事故发生次数分布，证明事故发生次数服从发生概率极小，且个人发生事故概率不等的统计分布。1939 年，德国学者法默和查姆勃明确提出了事故频发倾向的概念。该理论认为，从事同样的工作和在同样的工作环境下，某些人比其他人更容易发生事故，这些人是事故倾向者，他们的存在是工业事故发生的主要原因。该理论把事故致因完全归咎于人的天性。

（二）事故因果连锁论

1. 事故因果连锁理论

事故因果连锁理论最早是由美国著名安全工程师海因里希提出的，又称海因里希模型或多米诺骨牌理论。该理论的核心思想是：伤亡事故的发生不是一个孤立的事件，而是一系列原因事件相继发生的结果，即伤害与各原因相互之间具有连锁关系。海因里希将事故因果连锁过程分成以下 5 个因素：

（1）遗传及社会环境。遗传及社会环境因素是造成人的缺点的原因。遗传可能使人具有鲁莽、固执、粗心等对于安全来说属于不良的性格，社会环境可能妨碍人的安全素质培养，助长不良性格的发展。这种因素是因果链上最基本的因素。

（2）人的缺点。人的缺点是指由于遗传和社会环境因素所造成的人的缺点，人的缺点是使人产生不安全行为或造成物的不安全状态的原因。这些缺点既包括诸如鲁莽、固执、过激、神经质、轻率等性格上的先天缺陷，也包括诸如缺乏安全生产知识和技能等的后天不足。

（3）人的不安全行为或物的不安全状态。所谓人的不安全行为或物的不安全状态，是指那些曾经引起过事故，或可能引起事故的人的行为，或机械、物质的状态，它们是造成事故的直接原因。海因里希认为，人的不安全行为是由于人的缺点而产生的，是造成事故的主要原因。

（4）事故。事故是由于物体、物质、人或放射线等的作用或反作用，使人员受到或可能受到伤害的、出乎意料的、失去控制的事件。

（5）损害或伤害。损害或伤害即直接由事故产生的财物损坏或人身伤害。

1941 年，海因里希统计了 55 万件机械事故，其中死亡、重伤事故 1 666 件，轻伤48 334 件，其余则为无伤害事故。从而得出一个重要结论，即在机械事故中，死亡和重伤、轻伤、无伤害事故的比例为 1：29：300，国际上把这一法则（比例关系）称为海因里希法则。对于不同的生产过程、不同类型的事故，上述比例关系不一定完全相同，但这个统计规律说明了在进行同一项活动中，无数次意外事件，必然导致重大伤亡事故的发生。而要防止重大伤亡事故的发生，必须减少和消除无伤害事故，要重视事故的苗头和未遂事故，否则终会酿成大祸。

海因里希的多米诺骨牌理论认为伤亡事故的发生是一连串事件按一定顺序互为因果依次发生的。这些事件可以用5块多米诺骨牌来形象地描述，如果第一块骨牌倒下（即第一个原因出现），则发生连锁反应，后面的骨牌会相继被碰倒（相继发生），如图2-1、图2-2所示。

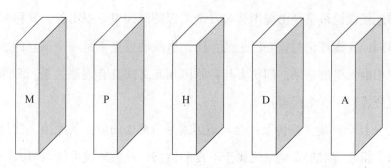

图2-1 海因里希因果连锁模型

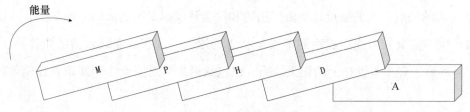

图2-2 伤亡事故发生过程

该理论的积极意义在于，如果移去因果连锁中的任一块骨牌，则连锁过程被破坏，事故过程被中止。海因里希认为，企业安全工作的中心就是要移去中间的骨牌——防止人的不安全行为或消除物的不安全状态，从而中断事故连锁的进程，避免伤害的发生，如图2-3所示。

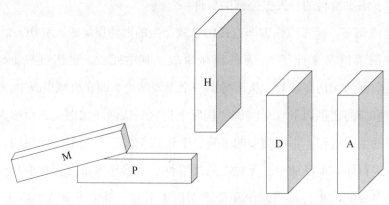

图2-3 事故连锁过程被打断

海因里希的理论对事故致因连锁关系的描述过于绝对化、简单化。事实上，各个骨牌（因素）之间的连锁关系是复杂的、随机的。前面的牌倒下，后面的牌不一定倒下。事故并不一定造成伤害，不安全行为或不安全状态也并不一定会造成事故。尽管如此，海因里希的理论促进了事故致因理论的发展，成为事故研究科学化的先导，具有重要的历史地位。

2. 事故因果新论

美国学者博德在海因里希提出的多米诺骨牌模型的基础上，提出了反映现代安全观点的事故因果新论，其内容主要包括如下几点：

（1）控制不足（管理缺陷）。事故因果连锁中一个最重要的因素是安全管理。安全管理人员的工作应以企业现代管理原则为基础，实施控制这一管理机能。安全管理中的控制是指损失控制，人的不安全行为和物的不安全状态的控制是安全管理的核心。发生事故的基本原因是控制不足，即管理上的缺陷。

（2）基本原因（起源）。所谓起源，是在于找出发生事故的基本的、背景的、本质的原因，而不仅仅停留在表面的现象上。只有找到事故的真正起源，才能实现有效的控制。为了从根本上预防事故，必须查明事故的基本原因，并以此为依据来采取对策。基本原因包括个人原因、工作条件、工作方法、劳动环境以及管理上的原因。

（3）直接原因（征兆）。人的不安全行为或物的不安全状态是事故的直接原因。直接原因只是深层原因的征兆，是基本原因的表面现象。安全管理应善于从属于直接原因的表面征兆去追究其背后隐藏的深层原因，进而采取恰当的长期控制对策。

（4）事故（接触）。从能量的观点，事故是人的身体或构筑物、设备与超过其阈值的能量的接触。为了防止这一触发事故的接触，可以改进装置、材料及设施，防止能量释放；通过安全教育和培训以提高工人识别危险的能力；积极佩戴个人防护用具，以降低事故对人身的伤害等。

（5）伤害（损坏或损失）。博德的模型中的伤害包括工伤、职业病以及对人员精神、神经方面或全身性的不利影响。人员伤害、财物损坏统称为损失，可以采取有力的保护、救护措施使事故损失最大限度地减少。例如，对受伤人员的迅速抢救、扑灭爆炸引发的火灾、控制灾害的扩大、抢修设备、在平时对相关人员加强应急训练等。

（三）能量转移论

能量在生产过程中是不可缺少的，人类利用能量做功以实现生产目的。人类为了利用能量做功，必须控制能量。在正常生产过程中，能量受到种种约束的限制，按照人们的意志流动、转换和做功。如果由于某种原因能量失去了控制，超越了人们设置的约束或限制而意外地逸出或释放，则称为发生了事故。这种对事故发生机理的解释被称作能量意外释放论。

能量意外释放理论认为，正常情况下，能量和危险物质是在有效的屏蔽中做有序的流动，事故是由于能量和危险物质的无控制释放和转移造成人员、设备和环境的破坏。

该理论最早由美国学者吉布森于 1961 年提出，认为事故是一种不正常的或不希望的能量释放，各种形式的能量是构成伤害的直接原因。因此，应该通过控制能量或控制作为能量到达人体媒介的能量载体来预防伤害事故。

1966 年，由美国运输部安全局局长哈登进一步完善了能量意外释放理论，他认为："生物体（人）受伤害的原因只能是某种能量的转移"。其理论的立论依据是对事故的本质定义，即将事故的本质定义为：事故是能量的不正常转移。这样，研究事故的控制的理论包括以下三个主要方面：一是从事故的能量作用类型出发，即研究机械能（动能、势能）、电能、化学能、热能、声能、辐射能的转移规律；二是研究能量转移作用的规律，即从能级的控制技术，研究能量转移的时间和空间规律；三是研究预防事故的本质的能量控制，即通过对系统能量的消除、限值、疏导、屏蔽、隔离、转移、距离控制、时间控制、局部弱化、局部强化、系统闭锁等技术措施来控制能量的不正常转移。

二、现代事故致因理论分析

（一）扰动起源论

1972 年，美国学者本尼尔提出了起因于扰动而导致事故的理论，进而通过把分支事件链和事故过程链结合起来，提出了多重线性事件过程图解法。本尼尔认为，事故过程包含着一组相继发生的事件。这里，事件是指生产活动中某种发生了的事情，如一次瞬间或重大的情况变化，一起已经被避免的或导致另一事件发生的偶然事件等。因而，可以将生产活动看作是一个自觉或不自觉地指向某种预期的或意外的结果的事件链，它包含生产系统元素间的相互作用和变化着的外界的影响。由事件链组成的正常生产活动，是在一种自动调节的动态平衡中进行的，在事件的稳定运行中向预期的结果发展。

事件的发生必然是某人或某物引起的，如果把引起事件的人或物称为行为者，而其动作或运动称为行为，则可以用行为者及其行为来描述一起事件。在生产活动中，如果行为者的行为得当，则可以维持事件过程稳定地进行。否则，可能中断生产，甚至造成伤害事故。

生产系统的外界影响是经常变化的，可能偏离正常的或预期的情况。这里称外界影响的变化为扰动（Perturbation）。扰动将作用于行为者，产生扰动的事件被称为起源事件。当行为者能够适应不超过其承受能力的扰动时，生产活动可以维持动态平衡而不发生事故。如果其中的一个行为者不能适应这种扰动，则自动平衡过程被破坏，开始一个新的事件过程，即事故过程。

该事件过程可能使某一行为者承受不了过量的能量而发生伤害或损害，这些伤害或损害事件可能依次引起其他变化或能量释放，作用于下一个行为者并使其承受过量的能量，发生连续的伤害或损害。当然，如果行为者能够承受冲击而不发生伤害或损害，则事件过程将继续进行。

综上所述，可以将事故看作由事件链中的扰动开始，以伤害或损害为结束的过程。

1974年，美国学者劳伦斯利用上述理论提出了扰动起源论。该理论认为事件是构成事故的因素，当任何事故处于萌芽状态时就有某种非正常的扰动，此扰动为起源事件。事故形成过程是一组自觉或不自觉的，指向某种预期的或不可测结果的相继出现的事件链。这种事故进程包含着外界条件及其变化的影响，相继事件过程是在一种自动调节的动态平衡中进行的。如果行为者行为得当或受力适中，即可维持能流稳定而不偏离，从而达到安全生产；如果行为者行为不当或发生过故障，则对上述平衡产生扰动，就会破坏和结束自动动态平衡而开始事故进程，一事件激发另一事件，最终导致终了事件——事故和伤害。这种事故和伤害或损坏又会依次引起能量释放或其他变化。

扰动起源论把事故看成从相继事件过程中的扰动开始，最后以伤害或损坏而告终，又可将其称之为"P理论"（Perturbatioin 理论）。

依照上述对事故起源、发生和发展的解释，可按时间关系描绘出事故现象的一般模型，如图2-4所示。图中由（1）到（9）组成事件链，扰动（1）称为起源事件，伤害（9）称为终了事件。该图外围是自动平衡，无事故后果，只是生产活动异常。该图还表明，在发生事件的当时，如果改善条件，亦可使事件链中断，制止事故进程发展下去而转化为安全。事件用语都是高度抽象的"应力"术语，以适应各种状态。

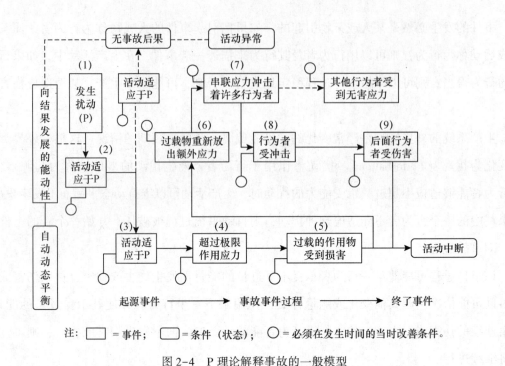

注: ▭ = 事件； ▢ = 条件（状态）； ○ = 必须在发生时间的当时改善条件。

图 2-4　P 理论解释事故的一般模型

该理论的前提在于：假设事故是包含着产生不希望的伤害的一组相继发生的事件；进一步假设这些事件发生在某些活动的进程中，并伴随有人员伤害和物质损失以外的其他结果。在深入研究这两个假设时，自然会得出另外的假设，例如认为事件是构成事故的因素，每起事件的含义应该清楚，以便调查者能正确地描述每起事件。

运用该理论，有助于我们追究事故的根源。同时，这种方法允许分析者探求一个或几个需要改善的条件，而把条件改变过程从被调查的事件中分立出来，事故现象的一般模型能满足调查研究伤亡事故的基本要求。

（二）轨迹交叉理论

美国学者约翰逊认为，判断到底是人的不安全行为还是物的不安全状态，受研究者主观因素的影响，取决于他认识问题的深刻程度，许多人由于缺乏有关失误方面的知识，把由于人失误造成的不安全状态看作是不安全行为。一起伤亡事故的发生，除了人的不安全行为之外，一定存在着某种不安全状态，并且不安全状态对事故发生的作用更大些。

美国学者斯奇巴提出，生产操作人员与机械设备两种因素都对事故的发生有影响，并且机械设备的危险状态对事故的发生作用更大些，只有当两种因素同时出现，才能发生事故。

上述理论被称为轨迹交叉理论，其基本思想是：伤害事故是许多相互联系的事件顺序发展的结果。这些事件概括起来不外乎人和物（包括环境）两大发展系列。当人的不安全行为和物的不安全状态在各自发展过程中（轨迹），在一定时间、空间上发生了接触（交叉），能量转移于人体时，伤害事故就会发生或能量转移至物体，物品产生损坏。而人的不安全行为和物的不安全状态之所以产生和发展，又是受多种因素作用的结果。

事故轨迹交叉理论如图 2-5 所示。图中，起因物与致害物可能是不同的物体，也可能是同一个物体。同样，肇事者和受害者可能是不同的人，也可能是同一个人。

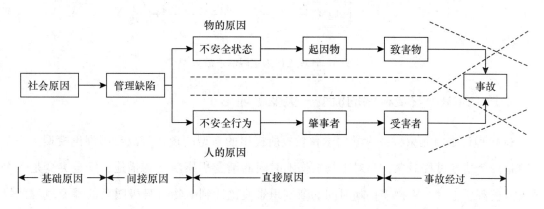

图 2-5 事故轨迹交叉理论

在人和物两大系列的运动中，二者往往是相互关联、互为因果、相互转化的。有时人的不安全行为促进了物的不安全状态的发展，或导致新的不安全状态的出现，而物的不安全状态可以诱发人的不安全行为。因此，事故的发生可能并不是如图 2-5 所示的那样简单地按照人、物两条轨迹独立地运行，而是呈现较为复杂的因果关系，这也是事故轨迹交叉理论的缺陷之一。

事故轨迹交叉理论倾向于认为只要提高设备的可靠性，即使存在人的不全行为，则也不会发生事故。该理论认为事故发生的原因主要是由于管理上存在不足（如图 2-6 所示），跟人的不安全行为、物的不安全状态无关，不能一贯地把事故认为是由于人员"违章作业"的结果。该理论还认为安全管理工作的重点应放在加强设备的可靠性上，应尽可能地将人的不安全行为与物的不安全状态在时空上隔离开，这样通过避免二者轨迹交叉，从而避免事故发生。

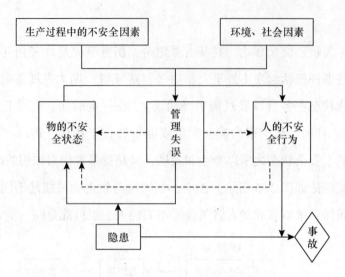

图 2-6　管理失误为主因的事故模型

（三）SRM（安全科学的流变—突变）理论

SRM 理论是由北京科技大学何学秋教授所提出的新型的现代事故致因理论模型。安全流变是一个量变过程概念，是对事物损伤随时间的渐变积累演化的描述；安全突变是一个质变过程概念，是对事物损伤随时间的渐变积累演化达到事物自身极限后的瞬变过程的描述。安全流变和突变就是事物在发展过程中安全与危险的矛盾的运动过程，事物的发展总是保持自身的连续性，而矛盾随时间运动的过程决定了各个阶段的安全状态。

如图 2-7 所示，事物的安全流变—突变过程可以表述为：当某一新事物诞生后的初期（OA 段），安全流变变形量（或损伤量）随时间呈减速递增，新秩序在此期间逐渐形成和完善。当新秩序发展到成熟阶段时（AB 阶段），完善的新秩序使损伤量匀速缓慢增加。经

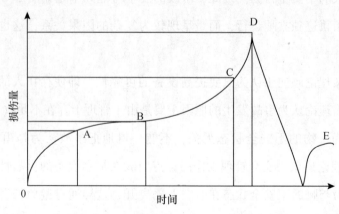

图 2-7　安全流变—突变的基本原理

过一个稳定增加的时期后，原秩序将再次向无序方向发展，进而使损伤量开始加速增大（BC阶段）。任何事物都具有其固有的损伤量承受能力或界限，超出此限后，事物将发生安全突变。事物发生安全突变时的损伤值即为该事物的临界损伤量（C点）。当原秩序被破坏后，事物又开始回归到一个新的安全状态，即损伤量为新的近似零值，原事物的秩序消失，从而又形成了另一个同类新事物诞生的起点（E点）。物质世界就是在安全到危险再到安全的无限循环中存在和发展的。

（四）行为安全"2-4"理论

由中国矿业大学（北京）的傅贵教授提出的行为安全"2-4"模型是新型的现代事故致因理论。在该模型中，将事故的原因首先分解为组织行为、组织成员个人行为（以下简称个人行为）两个层面，然后再将组织行为继续细化分解为指导行为、运行行为，将个人行为细化分解为习惯性行为、一次性行为。这个层面的4个行为阶段分别对应事故的根源原因、根本原因、间接原因、直接原因，具体内容分别是安全文化，安全管理体系，安全知识、安全意识和安全习惯，不安全动作和不安全状态。如图2-8所示。

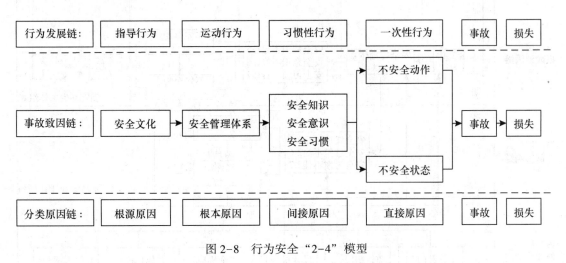

图2-8 行为安全"2-4"模型

事故的原因分为组织行为和个人行为两个层面，组织层面的安全文化（根源原因）、安全管理体系（根本原因）和员工个人层面的习惯性行为（间接原因）、一次性行为（直接原因）4个阶段，这4个阶段链接起来即构成了一个行为链条。这就是其名字"行为安全'2-4'模型"的来源。

现有的行为安全"2-4"模型已能够精确定位事故"管理漏洞"原因的具体位置和内

容，但由于未考虑事故发生内、外部组织因素的影响，因此尚不能全面揭示事故发生的原因。傅贵教授深入分析事故引发者引发事故过程中的行为路线及其影响因素，并对"2-4"模型进行扩充，形成了如图2-9所示的包含行为影响链在内的扩充版行为安全"2-4"模型。扩充版"2-4"模型形成的基本思想是"任何事故都发生在社会组织中，分析事故必须按组织进行"。因为人必定是生存、活动在某个社会组织（如家庭、社区、工作单位等）中的，根据傅贵教授按照人的意志对事故的分类，任何事故所造成的损失大小都与人有关。因此，事故一定发生在社会组织之内。可以把引发事故的人叫作"事故引发人"，称其所在社会组织为"事故发生主体组织"，该社会组织以外的组织或者因素可称为"其他组织或因素"。由于事故发生在组织中，则分析事故时一定要以组织为基本单元，如此方可分析出事故引发人的完整行为链。

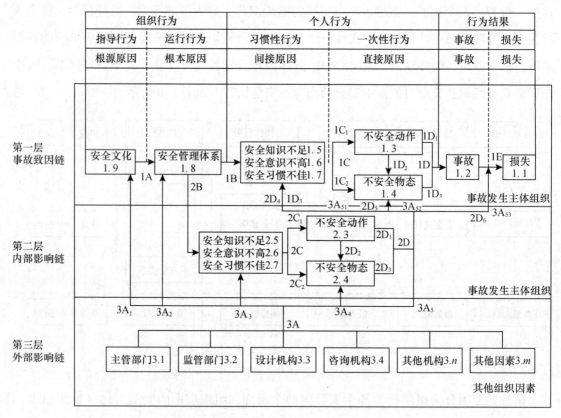

图2-9　扩充版行为安全"2-4"模型

注：图中路线 $2D_6$、$3A_5$ 不是事故发生路线，而是表示事故发生后可通过组织本身或外部组织的应急救援措施减少事故损失，防止事故扩大，如果没有采取正确的应急办法则会导致损失进一步扩大，因为应急救援实质上也属于事故预防。

第二节　煤矿事故隐患产生及作用机理

一、事故隐患与危险源的辩证关系

危险源一词源自英文"Hazard"，其英文释义为"A Source of Danger"，意为"危险的根源"。在《标准化工作指南第 4 部分：标准中涉及安全的内容》（GB/T 20000.4—2003）中对危险（源）的定义是：可能导致伤害的潜在根源；在《职业健康安全管理体系规范》（GB/T 28001—2001）中对危险源的定义是：可能导致伤害或疾病、财产损失、工作环境破坏或这些情况组合的根源或状态；其修订版《职业健康安全管理体系要求》（GB/T 28001—2011）中对危险源的定义是：可能导致人身伤害和（或）健康损害的根源、状态或行为，或其组合；在《中华人民共和国安全生产法》中对重大危险源的定义是：长期地或临时地生产、搬运、使用或者储存危险物品，且危险物品的数量等于或者超过临界量的单元（包括场所和设施）。

对于危险源的内在含义，不同的学者针对不同的研究领域给出的定义不同。神华集团公司安监局国汉君认为危险源是系统中固有的、可能发生意外释放的能量或危险物质，是事故发生的内因，决定事故的严重程度；何学秋认为，危险源是产生和强化负效应的核心、危险能量的爆发点，强调危险源的能量性和破坏性；孙猛、吴宗之等认为，危险源是可能造成事故发生的生产装置、设施或场所，是事故发生的根源。此定义同样是强调危险源具有导致事故发生的可能性，并明确其表现形式为不安全的场所或者设施。需要注意的是，危险源一词的概念多应用于化工等工业领域，多指在该领域内存放的危险物质或存放危险物质的场所，在煤矿领域则应用较少。

结合第一章对事故隐患有关定义的归纳总结内容，通过对比分析可以发现，对于事故隐患的定义主要特性反映的是事物或系统的一种状态，而危险源的定义则一般具有实际的物质或载体。煤矿事故隐患和危险源之间既有联系又有区别，危险源是客观存在于生产系统中的，其存在不可消除；而事故隐患则是在生产过程中产生的一种动态变化的状态，可以通过一定的技术和管理措施进行消除。两者都能导致事故的发生，危险源是事故发生的根源，而事故隐患则一般被认为是事故发生的直接原因。

二、煤矿事故隐患的产生机理及范围界定

通过总结煤矿事故案例，从风险演化的角度分析煤矿事故隐患与事故之间的演化关系，可以认为隐患是事故的致因，进而发展到事故发生的一个风险状态，该状态下具有较高的引发事故的可能性，事故隐患排查治理的重点就是控制风险演化进程，确保煤矿生产系统整体风险处于可接受的状态。然而在具体的煤矿生产系统中，由于事故致因的多样性及其相互之间存在的作用关系，事故隐患是多种致因相互作用下的风险演化的产物，因此煤矿事故隐患的产生机理和界定范围应进一步明确。

在《安全生产事故隐患排查治理暂行规定》（国家安全生产监督管理总局令第16号）中对煤矿的事故隐患的概念（定义）进行了界定，包括以下几个方面：首先是事故隐患的来源，事故隐患来源于生产经营单位的组织行为，如违法违规组织生产和运营；其次是事故隐患的界定，明确其危险状态，这种危险状态存在于企业生产系统中的人的行为、管理或具体的设备物资等方面；最后是表述了隐患与事故的关系，表明隐患导致事故发生的可能性，而非事故发生的充分条件。

事故隐患在定义中被归因为人的不安全行为等事故致因因素所引起的物的危险状态，或者是单纯的不安全行为及管理上的缺陷。由定义可知，事故隐患的产生可包含三方面的因素，即人、物、管三方面存在的致灾因素。同理，这三方面因素的综合作用同样会导致煤矿事故的产生。另外，对于煤矿而言，环境的不安全条件同样是一类容易引发事故的因素。因此，可以将煤矿事故的致灾因素划分为四类，即人的不安全行为、物的不安全状态、环境的不安全条件及管理缺陷，这四类致灾因素在事故致因层面上涵盖了所有导致事故发生的可能性。

同时，从事故致因的角度对事故的产生过程进行分析可知，隐患通常是导致煤矿事故发生的直接原因，隐患不一定会导致事故，但事故的发生则必然是由于隐患的存在所导致的。也就是说，隐患的存在可以认为是事故发生前的临界状态，这样，我们就可以从事故致因分析的角度入手，分析事故隐患的产生机理。

如前所述，事故轨迹交叉理论认为，事故的产生是由于人的不安全行为和物的不安全状态的运动轨迹发生时间和空间上的交叉，是发生事故的必要条件。任何单一因素的自身

发展均不能构成事故发生的条件，事故的发生是由多因素在时间和空间上的综合作用导致的。同样地，作为事故发生前的临界态，隐患的产生也不是由单一因素所导致的。这就需要我们分析在煤矿生产过程中，不同因素之间的何种时空关系会导致事故隐患的发生，并且在不同因素相互作用情况下的事故隐患产生规律。

从轨迹交叉理论的观点进行分析，可以将人、物、环、管四方面的因素划分为两类：一类是静态的固有危险因素，包括物的不安全状态和环境的不稳定条件，这部分危险因素的产生及发展是不受人主观因素所决定的，属于煤矿生产系统中的客观危险因素，也就是事故系统中的物理子系统；另一类为动态的危险因素，包括人的不安全行为和管理缺陷，这部分危险因素是在煤矿生产过程中由人的主观意识及行为所造成的，属于煤矿生产系统中的主观危险因素，即构成事故系统的行为子系统。

轨迹交叉理论认为，事故的产生包括两个因素和一个条件，即人的因素、物的因素及其时空条件。同样地，事故隐患的产生也包括以上两个因素和一个条件，即物理子系统的固有危险因素、行为子系统的动态危险因素及两者在时间与空间上的作用条件。结合事故系统风险演化的规律，物理子系统的风险演化为熵增，而行为子系统的风险则能够引入负熵流，控制和约束物理子系统的风险演化。虽然两个子系统中的各类事故致因因素相互之间具有复杂的影响作用关系，但从整体来说，人们希望行为子系统能够发挥有效约束物理子系统的因素的风险演化进程的作用，因此行为子系统引入的负熵流能否有效约束物理子系统的风险状态是事故隐患产生的时空条件。基于此，建立基于风险演化轨迹交叉理论的煤矿事故隐患致因模型，如图 2-10 所示。

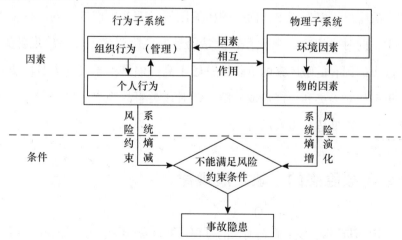

图 2-10　基于风险演化轨迹交叉理论的煤矿事故隐患致因模型

事故隐患作为事故发生前的临界状态，可以认为是由其在不受到外界作用的情况下，在自身流变作用下产生突变，即造成事故的发生。也就是说，事故隐患不需要任何作用机制即可造成事故。另一方面，在事故隐患存在的情况下，也可能在人的不安全行为及管理缺陷作用下产生突变，加速导致事故的发生。

煤矿的固有危险因素存在不同的演化规律，根据煤矿固有危险因素不同的演化规律以及其与动态危险因素的接触概率，事故隐患可以大致分为动态事故隐患和静态事故隐患两类，详见表2-1。

表 2-1　　　　　　　　　　　　　煤矿事故隐患分类

类型	动态事故隐患	静态事故隐患
主控因素	动态危险因素	固有危险因素
赋存地点	工作面、顺槽等主要生产活动场所	永久、半永久硐室等非生产活动场所
演化规律	固有危险因素危险性小，受动态危险因素的影响较大，演化过程迅速，容易反复出现	固有危险因素的危险性大，受动态危险因素的影响极小，演化过程缓慢，排查整改后很长一段时间处于安全状态
对应措施	加强日常排查，重点在于消除人的不安全行为习惯，杜绝事故隐患的重复产生	定期组织专业排查，确保其危险性低于可接受风险值
案例	工作面顺槽片帮冒顶	空压机安全阀检验到期

由表2-1可以发现，静态事故隐患具有危险值高而其危险爆发的可能性较低，如机电、水泵硐室内的各类电气设备，长期稳定性良好，受人员和管理因素的影响较小，但是其积聚了大量的危险势能，一旦出现险情则后果严重。因此，对于这类事故隐患应根据其演化规律，定期进行专项检查。

对于动态事故隐患，多发于工作面、顺槽等区域，随着生产进度的推进，不断出现新的隐蔽致灾因素，同时一线生产单元存在大量的动态危险因素，极易出现各类事故隐患。该类动态事故隐患的固有危险因素的危险性一般不高，但是由于受到人员的影响，其危险爆发的可能性极高，对人员和生产造成威胁。针对该类事故隐患，应重点对人员的不安全行为进行日常排查，降低危险爆发的可能性。

三、煤矿事故隐患的一般发展规律

煤矿事故隐患有其产生、发展直到消亡的过程，结合安全科学的"流变—突变"理论的角度，对其发展规律进行总结分析，将其发展分为4个阶段，如图2-11所示。

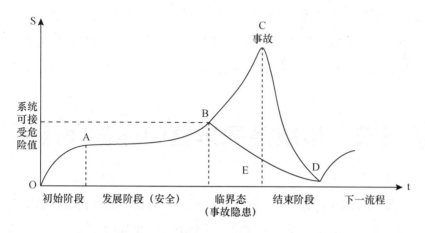

图 2-11　煤矿事故隐患发展规律趋势

第一阶段：初始阶段（OA 段）。此时还未形成煤矿事故隐患，作为煤矿固有危险因素，其危险值处于可接受风险范围内，而且具有较高的隐蔽性，排查费时费力。在初始阶段其发展规律处于快速增加阶段，即使将该危险因素的危险值降到最低，也会在短时间内恢复到当前水平，因此处于 OA 段的危险因素理论上不具备排查整改的价值。

第二阶段：发展阶段（AB 段）。该事故隐患处于稳定发展阶段，其危险值虽然较高，但是当前阶段的危险因素处于缓慢稳定发展阶段，其风险值并不高，但仍有存在危险爆发的可能性。该阶段的危险因素处于危险爆发的萌芽阶段，特别是当出现人的不安全行为或管理失误时，就有可能导致事故的发生。因此可以认为，AB 阶段是预防事故发生的最佳阶段。

第三阶段：临界阶段（BC 段）。该阶段事故隐患处于临界状态，任何小的扰动都有可能导致危险爆发产生事故。这阶段也是煤矿事故隐患排查的重点防控对象，应及时发现并采取技术和管理措施，降低该危险因素的危险值到可接受范围内，消除事故发生的可能性。

第四阶段：消亡阶段（CD/BED 段）。如果事故隐患没有得到及时排查治理，即演变为事故，该事故隐患则随着事故的发生而消亡，应及时总结事故发生的原因，直到该类事故隐患的排查治理，防止同类事故的再次发生。若事故隐患得到及时地排查治理，则其经由 BED 段而得到消解，杜绝了事故发生的可能性。

煤矿事故隐患到事故发生的演化是一个量变到质变的过程，隐患是事故的量变过程，事故是隐患的质变结果。事故隐患发展到事故的发生也是一个流变—突变的过程，事故隐患产生后即处于临界状态，在没有人为参与的情况下，随时都可能演变为事故。因此，及时发现、整改生产环境中的事故隐患是确保生产安全的重要措施。

由于事故隐患本身是由多种因素相互耦合形成的，在其形成后，也会由于其他危险因素或者其他事故隐患的影响，使其加速向事故转变。因此，应尽可能地排查出生产环节中的事故隐患，防止其与危险因素发生耦合作用。

第三节　事故隐患排查闭环管理体系

通过分析其形成机制与发展规律，能为建立规范化的煤矿事故隐患排查管理体系提供科学的理论依据。上一节分析了煤矿事故隐患的分类及演化规律，可以发现，煤矿事故隐患的分布具有较强的空间和时间层次。如动态事故隐患，具有发生频率高、间隔时间短的特点，需进行较为密集的排查。其主控因素主要为人的不安全行为，因此应有针对性地排查人的不安全行为习惯或意识，通过提高人的安全行为能力降低动态事故隐患的发生频率。而静态事故隐患具有发生频率低、间隔时间长的特点，而且该类事故隐患的专业性较强，很难在日常排查中被发现，因此需要根据其发生时间的统计规律，制订合理的排查计划，并严格按照计划组织专业排查，这样既能保证排查的质量，同时不会对生产造成太大的负担。

动态事故隐患和静态事故隐患的分布也存在一定的空间层次，如静态事故隐患主要分布于永久或半永久硐室、泵房等场所，而动态事故隐患则分布于人员活动较多的采掘工作面、运输大巷等场所。另一方面，不管是动态事故隐患还是静态事故隐患，均具有相似的风险演化规律和阶段，为实现精细化的排查治理提供了依据。

因此，应建立煤矿事故隐患排查的分级分类管理体系，并建立标准化的排查治理流程，提高排查整改的质量及效率。

一、闭环管理理论

（一）相关概念

1. 反馈

一般凡是把系统末端的某个或某些量用某种方式或途径作用于系统始端，该系统即为反馈系统。从反馈对系统所产生的作用划分，可将反馈分为正反馈和负反馈。正反馈可对系统的整体或某个功能起到增强作用，而负反馈则对系统整体或某个功能起到削弱作用。

2. 反馈环节

从系统环节角度来说，用来实现反馈的一定方法或途径所构成的环节即反馈环节。就某一系统而言，存在着多种模式的反馈环节，究竟采用哪种模式的反馈环节，就要从实际需要出发。

3. 开环系统和闭环系统

系统不加入反馈环节，就是开环系统；系统加入反馈环节，就是闭环系统。

4. 正反馈闭环管理系统

具有正反馈环节的管理系统即可称之为正反馈闭环管理系统，该类系统具有自激循环的性质。

（二）闭环管理的定义

一般而言，系统自然存在着始端对中间及末端的影响和作用，不存在末端对始端的影响和作用。实践中，人们为了改善系统功能，往往建立一定的反馈环节，形成末端对始端的影响和作用。正反馈闭环管理系统就是为了改善经营管理，在满足特定反馈条件时，经一定的反馈周期和反馈途径，系统末端发出脉冲式的利益流作用于系统始端，强化始端功能，进而强化中间功能及末端功能。整个系统功能提高后，一方面会降低系统利益的损耗，另一方面会从市场上获取利益增量，两方面利益之和大于反馈利益。因此，不仅可以补偿系统末端的利益，还可以增加其利益。系统末端利益增大后，反馈利益会相应增大。依次循环，系统功能会逐步提高，系统利益会逐步增大，这就产生了系统自激的良性循环。

闭环管理是一种质量管理方法，通过闭环实现系统的良性循环，提升管理的质量。煤矿事故隐患排查是煤矿安全管理方法的一种，通过排查事故隐患实现煤矿的安全生产，因此可以利用闭环管理的思想以优化煤矿事故隐患排查流程，实现其标准化闭环管理，保证排查质量，提升煤矿安全管理水平。

（三）PDCA 循环管理法

PDCA 循环（又常被称为"戴明环"）管理法是应用较为广泛的一种闭环管理理念，一些煤矿企业已经成功将其应用在安全管理过程中。为达到煤矿安全生产，实现超前预防事故的目的，借鉴 PDCA 循环管理的思想，设计煤矿事故隐患标准化闭环管理体系，实现事故隐患排查的闭环管理，通过提升排查治理的效率和质量，从而保证煤矿生产的安全运行。煤矿事故隐患标准化闭环管理体系包括排查机构的建立、运行及维护，风险控制与预警以及排查体系的持续改进机制，通过一系列的技术及管理措施实现煤矿事故隐患排查的闭环管理。闭环管理理念的实施有助于煤矿事故隐患排查治理体系的持续改进，最终实现其良性循环，提升煤矿的安全管理水平。

二、煤矿事故隐患排查的"五级四环"闭环管理体系

建立煤矿事故隐患闭环管理体系的前提是对排查治理流程进行细致的分解，根据 PDCA 循环管理方法重新规划制定遵循闭环管理流程。

煤矿事故隐患排查治理的闭环体现在两个方面：其一是事故隐患排查治理流程的闭环，分析煤矿各级事故隐患排查治理的一般规律，从整体层面上设计各级事故隐患排查治理需遵循的流程，建立各级规范化框架，实现各层级流程的闭环；其二是实现各级事故隐患排查业务的闭环，针对不同层级的需求，根据已建立的闭环管理流程对该组织结构内的人员进行角色划分，对不同的角色分配不同的任务流程，并遵循"谁排查谁消解"的原则，确保层级间的事故隐患排查业务流程的闭环。

（一）煤矿事故隐患排查流程的分析及关键环节的梳理

煤矿事故隐患排查管理的关键在于排查，并确保排查出的事故隐患得到整改治理，且在整改后应得以消除，实现事故隐患排查治理的目的。因此，煤矿事故隐患排查最基本的 3 个环节是"排查、整改、验收"，涉及人员包括排查人员，一般是专业技术人员，熟悉各生产环节中可能存在的事故隐患；整改人员，即煤矿普通职工，一般为该事故隐患的责任人；验收人员，一般由安全管理人员承担，负责检查事故隐患的整改情况是否达到

要求。

根据 PDCA 循环管理法，要求将各项工作按照"做出计划、计划实施、检查实施效果、将成功的计划纳入标准" 4 个阶段，实现事故隐患排查管理质量的不断提升。同时，为保证事故隐患排查流程的闭环，切实提高排查管理的效率和质量，增加反馈环节，闭环管理总体包含两个部分：

首先是消解环节，即在事故隐患整改完成并验收通过后，由排查人员进行消解，经消解后正式完成事故隐患排查的整个生命周期。增加该环节的目的在于实现事故隐患排查的闭环管理，杜绝排查工作浮于表面的情况，为煤矿事故隐患的有效排查治理提供制度保障。

其次是评估环节，即一条事故隐患经排查、整改、验收和消解之后，经过不同部门的人员参与，该条事故隐患的排查方法、整改措施和验收意见等都凝结了参与人员的智慧和专业知识。通过评估和总结，对好的排查经验进行固化，形成标准化的排查治理方法，对存在问题的事故隐患排查经验进行问题总结和提升。如此周而复始，形成螺旋式上升的煤矿企业事故隐患排查体系，促进排查工作的健康有序发展。

在此基础上，通过对煤矿事故隐患排查治理实际情况的分析，对具体环节的关键节点进行梳理，设计重构排查治理流程，使其适应煤矿各组织层级的排查需求。一般根据煤矿企业的组织架构，结合排查需求，可以将煤矿企业的事故隐患排查分为"五级"，分别是公司级、矿级、专业级、科段级和班组级。由于各层级涉及的事故隐患排查内容不同，参与人员不同，因此其排查流程也不尽相同。同时，不同地区不同企业的事故隐患排查需求不同，这也造成了排查流程的差异化需求，因此需要提炼煤矿事故隐患排查的全生命周期的关键节点和节点之间的业务流程，确保节点的精确性和全面性，并可适应不同层级的排查特点。同时，增加事故隐患升级上报环节，建立层级间的信息沟通机制，最终形成自适应的煤矿事故隐患排查治理的"四环"流程，见表 2-2。

其中，排查、整改、验收和消解环节是实现事故隐患闭环管理流程的基本环节，是必不可少的。消解过程的设立是为实现事故隐患排查业务上的闭环，通过"谁排查谁消解"原则的确立，确保每一条事故隐患的排查治理都能够得到闭环；上报子环节的设立则是为层级间的信息沟通提供渠道，实现层级间的事故隐患排查互联互动，评估子环节的建立则是实现事故隐患管理的闭环，通过对事故隐患的评估、分析，并将其反馈至整个排查管理流程当中，实现事故隐患排查管理体系的良性循环。

表 2-2 煤矿事故隐患排查治理流程分解

	流程	内容
排查环节	制订事故隐患排查计划	包括事故隐患排查日期、拟排查区域、排查人等，通常由排查组织人员制订
	事故隐患排查	根据排查计划，对照排查知识库或表单排查指定区域或专业事故隐患
	事故隐患上报	将排查出的事故隐患上报给对应专业负责人员以制订整改计划。班组排查事故隐患需上报给科段长；科段排查事故隐患、专业排查会排查事故隐患和矿级全面排查会排查事故隐患均由排查人员制订整改计划；公司专业排查会排查事故隐患需提交给公司安监站，由公司安监站人员制订整改计划
整改环节	制订整改计划	班组级事故隐患整改计划通常由本科段科段长制订；科段级、矿级事故隐患整改计划通常由排查人员制订或由排查人员组织专业技术人员制订；公司级事故隐患整改计划由公司安监站组织人员制定，主要内容包括"四定"，即定事故隐患整改负责人、定事故隐患整改计划完成时间、定事故隐患整改措施、定事故隐患整改资金，若需挂牌督办，还需定事故隐患整改督办部门。 其中，事故隐患整改负责人应为科段及以上的对应专业人员，一般事故隐患整改计划完成时间宜1~3天。事故隐患整改措施应包括：主要技术措施、安全保证措施、人员保障要求（整改过程中需2人及以上人员在场）和本规范未提及的其他必要措施
	事故隐患整改	需严格按整改计划执行，并落实整改保障措施。如超期未整改，事故隐患状态将变为超期，需重新制订整改计划并由上级单位挂牌督办
验收环节	事故隐患验收	需严格按照安全质量标准进行验收，验收不合格重新制订整改计划并由上级单位挂牌督办
消解环节	事故隐患消解	经验收合格的事故隐患由排查人员进行消解，表示本条事故隐患的治理流程已闭环
	事故隐患评估	对消解的事故隐患进行记录存档，并由专业排查会对治理效果进行评估，对治理流程及经验进行总结，对事故隐患整改措施进行改进

（二）事故隐患排查治理业务的闭环管理体系设计

根据煤矿的组织结构特点及生产实际中的事故隐患分布特点，将煤矿企业的组织机构由上至下划分为 5 个层级，分别是公司级、矿级、专业级、科段级和班组级，分别对应了 5 个风险等级的事故隐患，如图 2-12 所示。

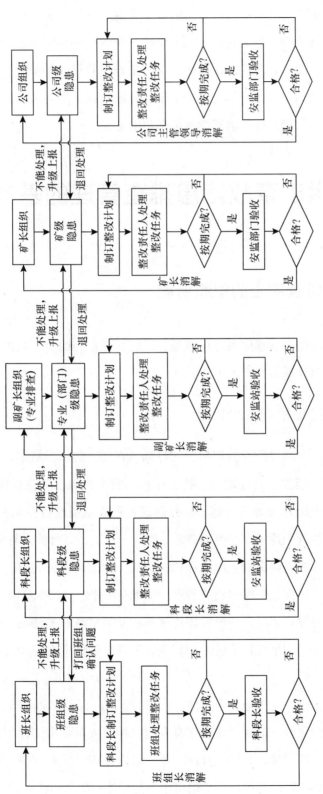

图 2-12 煤矿事故隐患排查闭环管理业务流程模型

煤矿事故隐患排查闭环管理业务流程模型的建立实现了事故隐患排查闭环管理的层级递进、环环相扣，该闭环管理模型的设计涵盖了煤矿企业各层级的事故隐患排查业务闭环及各层级之间问题上报的闭环管理，确保煤矿企业所排查出的每一条事故隐患在排查治理的业务逻辑上均能够实现闭环。通过信息化的手段，可跟踪显示当前未闭环事故隐患的处理状态，有效提高煤矿事故隐患排查治理的落实率和质量。

第四节　煤矿事故隐患排查管理的基本要素

一、事故隐患排查实施的组织制度

为确保煤矿事故隐患排查管理体系运行顺畅，需建立一系列的管理制度、组织机构及相应的责任认定，确保该体系运行有据可依。

（一）煤矿事故隐患排查管理制度

煤矿应建立健全与事故隐患排查治理相关的目标、责任、奖惩、举报、投入保障、风险控制、文化建设、安全会议、教育培训、技术审批、安全监测、应急救援、监督检查、考核评审、跟班带班、班组建设等管理制度，并确保各项规章制度贯彻到全体从业人员，应有相应的机构、部门负责上述规章制度的制定、修订、培训、监督检查与考核。

煤矿应建立并保持程序，以识别适用的法律、法规、标准和相关要求，并确保相关生产活动遵守适时的法律、法规、标准和相关要求；每年至少评价一次本单位对在用的法律、法规、标准和相关要求的遵守情况，并形成评价报告；及时更新有关法律、法规、标准和相关要求的信息，并将这些信息传达给员工和其他相关方；确保资料齐全完善，有目录清单。

煤矿应建立并保持程序，以规范体系文件、记录的管理，保证在体系运行的各个场所、岗位都能得到相关有效的文件、记录，并确保有专门机构或人员负责文件收发、传达、归档。文件的收发、归档应有记录，并形成目录清单，确保作废文件有标识，销毁文件有记录，无在用的无效、失效文件。与煤矿事故隐患排查治理体系相关的各种记录应字迹清楚、标识明确，并可追溯相关的活动，记录保存和管理应便于查阅，避免损坏、变质或遗失，并明确记录保存期限。

（二）煤矿事故隐患排查上报制度

煤矿应根据相关责任主体能否解决排查出的事故隐患，确保各级事故隐患得到相应级别的响应，建立事故隐患层级上报制度，即本层级排查出的事故隐患，在自身不能处理的情况下，需上报到上一级主管部门裁定或整改。

班组排查出的不能处理的事故隐患，需上报给科段，由科段裁定是否为班组级事故隐患，如是，则打回班组处理，如不是，则由科段进行整改或上报；科段排查出的不能处理的事故隐患，需上报给专业排查会，由专业排查会裁定是否为科段级事故隐患，如是，则打回科段处理，如不是，则由专业排查会讨论处理，如专业排查会不能处理，则提交矿级全面事故隐患排查会讨论处理；矿级排查出的不能处理的事故隐患或矿级全面事故隐患排查会不能处理的事故隐患，需上报给公司全面事故隐患排查会，由公司全面事故隐患排查会讨论处理。

同时，煤矿企业应根据安全监察部门的要求，按季度将本单位的事故隐患排查统计情况及重大事故隐患排查整改详细信息上报到所在地的主管安全监察部门以备案或分析。煤矿企业应实查实报，严禁出现统计数据造假或重大事故隐患瞒报的情况，事故隐患排查统计情况上报应包含事故隐患排查地点、时间、分类、分级、整改情况、事故隐患风险等级等信息。重大事故隐患排查整改情况上报应包含重大事故隐患的具体描述、排查地点、时间、整改计划、整改期限、整改资金落实情况、整改责任人、整改完成情况、验收单位负责人、验收报告等相关信息。

（三）煤矿事故隐患排查组织机构

煤矿事故隐患排查组织机构的责任是对相应级别事故隐患排查工作的组织、排查任务的制定、整改措施的制定、排查流程的监督，并负责事故隐患排查治理的闭环。煤矿企业应按照责任主体建立相应的事故隐患排查组织机构，按照公司级、矿级、专业级、科段级、班组级的"五级"事故隐患排查处理制度，对采煤、掘进、机电、运输、通风、地测防治水等专业进行专业技术排查。另外，将事故隐患排查延伸至班组，将排查工作落实到一线，尽早发现和治理，实现关口前移、超前防范。

各级排查机构的人员组成如下所示：

（1）公司级事故隐患排查。公司级事故隐患排查机构由安全监察部、生产技术研发部及相关部室负责人组成。

（2）矿级事故隐患排查。矿级事故隐患排查机构由煤矿主要负责人、分管负责人、安全监察部门和相关科室负责人组成。

（3）专业级事故隐患排查。专业级事故隐患排查机构是由分管不同专业的副矿级领导组织的针对本专业的涉及多个科段协作的排查。

（4）科段级事故隐患排查。科段级事故隐患排查机构由科段正职、副职、技术人员和班组长组成。

（5）班组级事故隐患排查。班组级事故隐患排查机构是由班组所在科段的科段长、班组长和班组成员组成的。

"五级"事故隐患排查方式对应的人员职能分配方式按照表2-3进行划分。

表2-3　　　　　　　　　煤矿事故隐患排查组织机构与责任划分标准

机构	描述	责任人划分					周期
		排查人	组织人	整改人	验收人	消解人	
公司级事故隐患排查机构	由公司安全监察部和公司主要领导组织，全面排查	公司安全监察部	安全监察部长	公司各部门主要负责人	公司安全监察部	安全监察部长	季度
矿级事故隐患排查机构	由矿长组织，各专业协作的分管副矿长全面排查	各生产部门及安全监察部	矿长	生产部门主要负责人	安全监察站	矿长	月度
专业级事故隐患排查机构	由分管副矿长组织，进行专业全面排查	专业技术人员及安全监察人员	副矿长	专业科室负责人	安全监察站	副矿长	每周
科段级事故隐患排查机构	由科段长组织，科段事故隐患日常排查	科段技术人员和安全监察员	科段长	科段技术人员	科段安全段长	科段长	每天
班组级事故隐患排查机构	班长组织，生产单元事故隐患实时排查	班组人员	班组长	班组人员	科段长	班组长	每班

（四）煤矿事故隐患排查职责划分与责任认定

煤矿事故隐患排查治理的主体责任人包括排查人员、组织人员、整改人员、验收人员及消解人员，其相应职责见表2-4。

表 2-4　　　　　　　　　　　煤矿事故隐患排查主体责任人职责划分

责任人	职　　责
排查人员	负责煤矿事故隐患的排查及上报
组织人员	负责煤矿事故隐患排查的组织工作，制定事故隐患排查任务，监督隐患排查治理闭环情况
整改人员	按照煤矿事故隐患相应的整改措施及要求，对存在的事故隐患进行整改，消除事故隐患风险
验收人员	对照整改记录单及有关规定，对事故隐患的整改情况进行审核，确认事故隐患是否消除
消解人员	对验收通过的煤矿事故隐患进行消解，事故隐患经消解人员消解后进入历史案例库

职责划分确定了各级事故隐患排查相关人员在闭环管理流程中所应承担的职责和任务，但煤矿事故隐患排查工作的开展不仅限于具体参与到业务中的相关人员，还包括各级领导的组织、监督及监管，因此需明确各级部门及领导在事故隐患排查工作中应担负的责任，确保事故隐患排查管理体系的运行。对各级领导的责任认定如下：

（1）公司总经理对全公司事故隐患排查治理工作负总责。

（2）公司分管安全、生产副总经理和总工程师对全公司事故隐患排查治理具体工作负责。

（3）公司安全监察部负责对各矿事故隐患排查治理的监督检查和事故隐患的信息管理工作负责。

（4）各生产矿矿长是本矿事故隐患排查治理的第一责任人。

（5）各专业副矿长是本专业事故隐患排查治理的第一责任人。

（6）各生产矿安全监察站长对本矿事故隐患排查治理的监督检查负责。

（7）各科段长是本科段作业范围事故隐患排查治理的第一责任人。

（8）各班（队）长对本作业工作面（岗位）事故隐患排查治理工作负责。

（五）煤矿事故隐患排查知识库

煤矿事故隐患排查知识库包括三部分：一是煤矿事故隐患基础信息库；二是煤矿事故隐患整改措施库；三是煤矿事故隐患排查治理记录库。煤矿事故隐患基础信息库包括事故隐患基础条款列表库，按类别、级别对本矿所需排查的事故隐患进行整理、编号、保存，事故隐患的描述应明确具体。煤矿事故隐患整改措施库则是对应于煤矿事故隐患排查基础信息库所列条款，由生产技术部组织制定整改相应事故隐患应采取的措施，包括技术措施、安全措施、人员措施等，为制定事故隐患整改措施时提供参考，整改措施仅具有建议性而不具有强制性，现场整改时可根据具体情况进行调整。煤矿隐患排查治理记录库的目的在于对消解后的事故隐患排查治理信息进行备案，用于评估及追溯。

这3个知识库的建立是实现煤矿事故隐患闭环管理和持续改进机制的重要环节。由上述分析可知，对已整改事故隐患的评估和反馈过程是实现闭环管理的主要措施，而知识库的建立则是将该过程获取的知识和经验作用于该闭环管理体系的初始端等各个环节，以实现事故隐患排查系统的正反馈作用。

实践证明，煤矿事故隐患标准化闭环管理体系的应用能够有效提高煤矿事故隐患排查治理水平，通过体系建立的正反馈闭环机制可有效提高整改质量，使煤矿事故隐患排查体系逐步得到完善，进而提高煤矿安全管理水平，切实保障安全生产。

二、事故隐患排查实施的技术要素

煤矿事故隐患闭环管理体系的建立需满足一定的技术要求，在此基础上，才能实现该事故隐患排查治理体系的标准化和规范化。

（一）煤矿事故隐患分类标准化

煤矿应对所需排查的事故隐患进行分类管理，确保各类事故隐患得到正确的分类，并有针对性地对各类事故隐患建立相应的整改措施。由于目前国家并未出台相关规定明确煤矿事故隐患的分类标准，对其分类可依据其所处专业、来源及可能导致的事故类型进行，见表2-5。

表2-5　　　　　　　　　　**煤矿事故隐患分类标准**

划分依据	事故隐患所在专业	事故隐患来源（4大类45小类）	事故类型
类别	1. 采煤专业事故隐患； 2. 掘进专业事故隐患； 3. 机电专业事故隐患；	1. 安全管理类：（1）生产经营单位资质证照类；（2）安全组织机构及安全管理人员配置类；（3）安全生产责任制类；（4）安全管理制度类；（5）图纸管理类；（6）作业（操作）规程类；（7）事故隐患排查治理类；（8）安全生产记录、台账档案类；（9）应急救援预案与实施类；（10）矿山救护类；（11）建设项目类；（12）事故管理类；（13）职业健康类；（14）安全文化类；（15）其他安全管理类	1. 顶板事故隐患； 2. 瓦斯事故隐患； 3. 机电事故隐患；

续表

划分依据	事故隐患所在专业	事故隐患来源（4大类45小类）	事故类型
类别	4. 运输专业事故隐患； 5. 通风专业事故隐患； 6. 地测防治水专业事故隐患	2. 从业人员类：（1）从业人员资格资质类；（2）从业人员教育培训类；（3）从业人员操作行为类；（4）其他从业人员类	4. 运输事故隐患； 5. 放炮事故隐患； 6. 水害事故隐患； 7. 火灾事故隐患； 8. 其他事故隐患
		3. 作业场所类：（1）采掘布置类；（2）顶板类；（3）通风类；（4）瓦斯类；（5）粉尘类；（6）防灭火类；（7）防治水类；（8）电气类；（9）提升运输类；（10）爆破作业类；（11）安全标志类；（12）其他作业场所类	
		4. 设备设施类：（1）采掘设备类；（2）通风设施设备类；（3）安全监控类；（4）人员定位类；（5）压风自救类；（6）供水施救类；（7）紧急避险类；（8）提升运输类；（9）排水设备类；（10）电气设备类；（11）爆破器材类；（12）通信设备类；（13）个人防护用品类；（14）其他设备设施类	

（二）煤矿事故隐患分级标准化

煤矿应依据相应标准对事故隐患进行分级管理，并明确不同等级事故隐患的响应等级及措施。《安全生产事故隐患排查治理暂行规定》（国家安全生产监督管理总局令第16号）中将煤矿事故隐患根据严重程度划分为两级，分别为重大事故隐患和一般事故隐患。其中，一般事故隐患是指危害和整改难度较小，发现后能够立即整改排除的事故隐患；重大事故隐患是指危害和整改难度较大，应当全部或者局部停产停业，并经过一定时间整改治理方能排除的事故隐患，或者因外部因素影响致使生产经营单位自身难以排除的事故隐患。在实际应用中，由于重大事故隐患明确规定应停产或局部停产以完成整改，因此在煤矿的实际排查工作中，经常需要解决的是在该规定下的一般事故隐患。为实现煤矿事故隐患排查的精细化管理，需要对国家规定的一般事故隐患根据煤矿实际生产情况进行进一步划分。可以根据事故隐患责任主体将一般事故隐患细分为公司级事故隐患、矿级事故隐患、科段级事故隐患及班组级事故隐患。该分级方法不仅明确责任主体，同时还可直接反映该事故隐患的风险范围和等级。

（三）煤矿事故隐患风险预警等级标准化

《风险管理术语》（GB/T 23694—2013）中对风险（Risk）的定义是：不确定性对目标的影响。通常用事件后果（包括情形的变化）和事件发生可能性的组合来表示风险。因此，煤矿事故隐患风险的含义即为煤矿事故隐患可能导致的事故的大小及导致事故发生的可能性的组合。对煤矿事故隐患风险的预警，不应仅依据其分级标准，还需制定针对事故隐患风险的预警等级标准。

根据煤矿事故隐患可能造成事故的风险、危害等级、紧急程度等因素，将其风险预警级别划分为四级，即红色预警、橙色预警、黄色预警和蓝色预警，不同风险预警等级对应不同的响应等级及响应措施。在治理过程中重复出现的事故隐患信息按照三进制原则积聚升级预警，即三起蓝色预警信息升级为黄色预警，三起黄色预警升级为橙色预警，三起橙色预警升级为红色预警，相应标准见表2-6。

表2-6 煤矿事故隐患风险预警标准

级别	划分原则	预警范围	职责归属
红色预警	最高等级的事故隐患预警。较大安全风险没有得到有效控制、级别为重大事故隐患或出现不可接受风险等状况，其发展态势为有可能发生各种伤亡事故	安全监察站长、矿主管副总工程师、安全副总、矿主要领导、公司生产部与安全监察部部长及以下领导、技术中心办公室主任、公司安全生产副总经理及总工程师、公司总经理	矿长为第一责任者，各矿主要领导负责制订解决控制方案，组织制定并贯彻安全技术措施，安排矿领导每班现场带班，职能科室管理人员现场盯岗，人、财、物调配及进度安排等，进行全过程风险控制；安全监察站长负责闭合跟踪验证
橙色预警	中等级的事故隐患预警。中等程度的事故隐患风险没有得到有效控制、级别为矿级事故隐患等状况，发展态势为有可能发生伤害事故	科段长、安全监察站长、矿主管副总工程师、安全副总、矿主要领导、公司生产部与安全监察部部长及以下领导、技术中心办公室主任、公司安全生产副总经理及副总工程师	各矿分管副矿长为第一责任者，负责制订解决控制方案，组织制定并贯彻安全技术措施，负责安排职能科室管理人员每班现场带班，人、财、物调配及进度安排，并进行全过程风险控制；安全监察站长负责闭合跟踪验证
黄色预警	一般等级的事故隐患预警。一般事故隐患风险没有得到有效控制、级别为一般事故隐患等状况，发展态势为有可能造成生产过程中断或部分财产损失	科段长、安全监察站长、主管副总工程师、安全副总及分管矿领导	各科段长为第一责任者，负责制订解决控制方案，组织制定并贯彻安全技术措施，负责安排科段管理人员每班现场盯岗，人、财、物调配及进度安排，并进行全过程风险控制；安全监察站分管副站长以上管理人员负责闭合跟踪验证
蓝色预警	最低等级的事故隐患预警。对等级未达到以上预警级别的事故隐患信息进行预警	班组长、科段技术员、科段长	事故隐患所在班组长为第一责任者，由科段长制订解决控制方案并负责督促当班班组长整改；由分管安全监察人员负责闭合跟踪验证

第三章 煤矿事故隐患辨识及排查治理知识库

煤矿事故种类繁多、危害程度大，而引起事故的隐患更加繁杂，辨识生产系统中的事故隐患是煤矿日常安全生产管理中的一项重要工作。但是大多数的煤矿事故隐患并非是由现象表现出来的，而是具有内涵性的，要透过现象才能分析判断，这就给煤矿安全管理工作带来了极大的难度。

为了加强煤矿事故隐患的治理工作，通过事故树分析技术来辨识煤矿安全生产系统中存在的事故隐患，按照类别进行归纳，形成煤矿事故隐患知识库，便于煤矿安全管理人员进行掌握。之后，通过对煤矿事故隐患知识库分类进行逐条分析，制定其治理措施，最终形成煤矿事故隐患治理措施知识库。

煤矿事故隐患知识库及其治理知识库建立后，可以通过信息检索的方法，将大量隐含知识编码化和数字化，使信息和知识从原来的混乱状态变得有序化。在煤矿事故隐患日常治理过程中，通过对事故隐患知识库及其治理知识库进行检索，可以快速地、全面地掌握煤矿生产各个环节中可能存在的事故隐患，并检索到相应的治理措施，从而加强煤矿的安全管理工作，提高煤矿企业的安全管理能力。

第一节 事故树分析方法

事故树分析是安全系统工程分析中运用最为广泛的、普遍的一种分析方法，由于它本身所具有的简便易学的特点，所以在目前安全评价和安全预测中，有着不可替代的重要作用。完全掌握和运用事故树分析技术，需要有丰富的安全管理经验和对生产系统的充分了解，同时对事故发生的模式也要有一定的了解。

事故树（Fault Tree，FT）是安全系统工程中常用的一种表示导致灾害事故各种因素之间的逻辑关系图，由时间符号和逻辑符号组成。其特点是直观明了、表达简洁、思路清晰、逻辑性强、易于掌握，具有广泛的应用性。

事故树分析（Fault Tree Analysis，FTA）又称故障树分析，是一种演绎的系统安全分析方法。它是从要分析的特定事故或故障（顶上事件）开始，层层分析其发生的原因，直到找出事故的基本原因，即故障树的最基本事件为止。这些最基本的事件又称为基本事件，它们的数据是已知的，或者已经有过统计或实验的结果。

FTA 是从结果开始，寻求影响事件发生的直接原因事件，是一种逆时序的分析方法，即将结果演绎成构成这一结果的多种原因，再按逻辑关系构建、寻求防止结果发生的措施。

FTA 技术是美国贝尔电话实验室于 1962 年开发的，1974 年美国原子能委员会发表了关于核电站危险性评价报告，即"拉姆森报告"，大量、有效地应用了 FTA，从而迅速推动了它的发展。FTA 可用于洲际导弹、核电站等复杂系统和其他各类系统的可靠性及安全性分析、各种生产的安全管理可靠性分析和伤亡事故分析等。

一、事故树的基本概念

事故树是由图论理论发展而来的。将图论中的树的节点看成是事件的代表，而树枝中的节点之间用逻辑门连接，这样连接而成的树图反映了事故的因果关系，这样的有向树就被称为事故树。

树的分析技术属于系统工程的范畴，是网络技术中的概念。为了更好地理解树的概念及事故树的应用，以下将有关概念进行简要介绍。

1. 图

图就是由若干个点和连接这些点的线所形成的形状，其中的点称为节点，线称为弧。在事故树中，点表现为某一具体事件或事物，线表示这些事件或事物之间的特定关系，如图 3-1 所示。

2. 树

树是一个非封闭的连通图。它在人们的日常生活中很普遍，如一个家庭、一个工

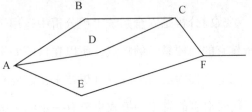

图 3-1　图

厂，都可以用树的形式表示，就像一个倒立的大树。

3. 事故树

事故树是从事故的结果到原因描绘事故发生的直接原因的有向树，这种方法也称演绎法。事故树分析是从一个可能的事故开始，一层一层地逐步分析引起事故的触发事件、直接原因和间接原因，直到基本事件，并分析这些事故原因之间的逻辑关系，用逻辑树图把这些原因以及它们之间的逻辑关系表示出来。该方法的实质是一个布尔逻辑模型，这个模型描绘了系统中事件之间的关系。这些事件的组合最终导致了一个结果的发生，即顶上事件。

二、事故树的分析过程

事故树可以直观地对生产过程中由于设备、装置故障或误动作，人的误判断、误操作，以及受环境影响而形成的危险性进行预测分析，并判断这些危险因素可能导致的灾害后果，指导我们采取措施和手段，消除危险或限制的发生，把事故损失降到最低限度。

事故树分析这一安全系统工程的分支，作为一种使用模式，或者说作为一种综合使用方法，在我国的生产实践应用中发挥了很大作用，并取得了一定的效果。事故树的分析使用模式如图 3-2 所示。

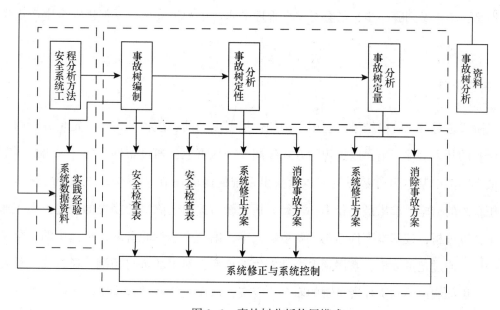

图 3-2　事故树分析使用模式

这种模式将整个事故树的分析过程分为 3 个阶段：第一阶段为事故树的分析准备阶段；第二阶段为事故树分析阶段；第三阶段为事故树分析结果及应用阶段。

1. 第一阶段

第一阶段要求在进行事故树分析之前，必须做好准备工作。在这个阶段，要收集系统的有关资料和数据，包括：系统的工艺流程、工作原理、运行条件、设备结构、操作规范等，以及系统的各种运行参数，系统的事故资料、数据及可能发生的事故情况；分系统或者子系统机械零部件的事故资料和故障率对系统的影响；人的操作、管理、指挥的失误；环境条件、原材料等以及它们对系统的影响。

在收集资料的工作完成后，要根据这些资料和数据，凭借操作人员、技术人员和管理人员的经验，绘制事故树。也可以根据事先对系统进行其他安全系统分析方法的分析，如危险性预先分析、故障类型和影响分析、事件树分析、危险度评价等，找出事故损失严重、发生频繁的事故作为分析的对象，确定顶上事件。

2. 第二阶段

第二阶段是在准备工作的基础上编制事故树，并对事故树进行定性分析和定量分析。每个人都可以按照自己的条件、文化水平的高低以及工作的需要，进行不同深度的分析和研究。但是，不论做到哪一步，都会对安全管理工作产生积极的效应，促进安全生产工作的开展。

3. 第三阶段

第三阶段是对第二阶段结果的应用。例如：根据编制的事故树和定性、定量分析的结果，将所有的基本事件列出，以提问的方式编制安全检查表；通过定性分析，求出最小割集，按最小割集中基本事件数量的多少，找出系统的薄弱环节（基本事件最少的割集），确定修正系统的措施；求出最小径集，进行分析比较，提出消除事故隐患的最佳方案；通过结果重要度分析，按基本事件结构重要系数大小，编制安全专职管理人员使用的安全检查表。同样，通过定量分析，掌握顶上事件发生的概率，对事故进行预测。通过临界重要度分析，可以编制由不同责任者负责的安全检查表，从而了解和掌握系统的危险性和安全性，形成一整套的事故分析资料，既可用于安全教育，传递安全知识，又可用作对发生的事故进行分析的工作，为系统的安全修正提供必要的信息，以改进系统，加强对人的控制，增加系统的安全性，使系统达到新的安全水平。

如果没有达到预期的目的，或计算的事故发生的概率与实际不符，则需要返回第一阶段，检查各个基本事件是否齐全，它们的故障率数值是否正确，然后重新进行分析，直至达到预期目的。

总之，事故树能够直观、形象地描绘事故发生的基本原因的情况，明确各个基本事件之间的逻辑关系。事故树能够科学地、全面地、系统地概括所有能够导致事故发生的各种因素，并对导致灾害事故的各种因素即逻辑关系做出较全面的、简洁的和形象的描述，便于发现与查明系统固有的或潜在的危险性，为安全设计和制造、制定安全技术措施及采取管理对策提供依据。事故树不仅包括设备和机械零部件的故障，还包括原材料、环境因素和人的失误（操作失误、管理失误等），并对其进行综合分析。它适合于对多种事故模式进行分析，了解事故发生的途径（最小割集），掌握事故发生的各种可能，使操作人员全面了解和掌握各种防止灾害的控制要点。事故树分析不仅能够进行定性分析，也能够进行定量分析，对事故的发生进行预测，对已发生的事故进行原因分析，吸取教训，防止类似事故的发生。通过事故树分析方法的使用，便于进行逻辑运算，定性、定量分析及安全评价，通过分析，找出改善系统的各种途径，选择最佳方案，达到优化系统的目的。

三、事故树的符号及其意义

事故树是由事件符号和逻辑符号按其相互之间的逻辑关系连接起来而组成的，表明基本事件之间关系的图。目前，对于事故树符号没有统一的规定，一般将其分为事件符号、逻辑符号和转移符号，本书只介绍几种最简单、最基本的符号。

（一）事件符号

1. 矩形符号

如图 3-3a 所示，矩形符号是表示"顶上事件"或"中间事件"即事故发生的结果或原因的符号，是通过逻辑门作用，由一个或多个原因而导致的故障事件。如木材着火是事故发生的结果（顶上事件），火源则是中间事件。

2. 圆形符号

如图 3-3b 所示，圆形符号表示最基本的原因事件。它可以是人的因素，也可以是机械故障和环境因素等所造成的事故原因，表示最基本的事件，没有必要进一步展开的基本引发故障事件。

3. 屋形符号

如图 3-3c 所示，屋形符号表示正常事件，也就是系统正常工作的状态，即系统正常状态下发挥正常功能的事件。如"机器运转"是正常事件，如果其他部位发生故障或误操作，就会引起事故。

4. 菱形符号

如图 3-3d 所示，菱形符号表示省略事件，是指因该事件影响不大或因情报不足，没有必要进一步展开的故障事件。它包含有两层含义：一是对于该事件的原因没有继续往下分析的必要；二是该事件再也无法进行分析。

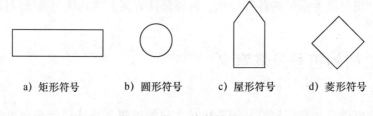

a）矩形符号　　　b）圆形符号　　　c）屋形符号　　　d）菱形符号

图 3-3　事件符号

（二）逻辑符号

逻辑符号是运用数理逻辑的原理，用符号表示事件之间纵向和横向逻辑关系。事故树中表示事件之间逻辑关系的符号称门，主要有与门、或门、条件与门、条件或门以及限制门等。

1. 与门符号

与门符号用于表示两个或两个以上事件同时发生时，它们所形成的结果事件才会发生，即代表当全部输入事件发生时，输出事件才发生的逻辑关系，表现为逻辑积的关系。如着火事故，只有当可燃物、助燃物、火源同时存在时，才可能发生。如图3-4a所示。

2. 或门符号

或门符号表示在多种原因事件中，只要有一个原因事件发生，结果事件就会发生。即一个或多个输入事件发生，即发生输出事件的情况。如着火事故中的火源，既可以是生产火源，又可以是电火花，只要有一个火源存在，就有了着火源。如图3-4b所示。

3. 条件与门符号

条件与门符号表示两个或两个以上事件同时发生时，还要有一个事件的发生，其结果事件才会发生。如瓦斯爆炸事故，有瓦斯和火源不一定发生爆炸，只有瓦斯浓度达到爆炸范围时，才会发生爆炸。如图3-4c所示。

4. 条件或门符号

条件或门符号表示事故树中的多个事件，在条件事件发生下，只要有一个事件发生，结果事件就会发生。条件事件不发生，结果事件就永远不会发生。实际中该符号运用不多。如图3-4d所示。

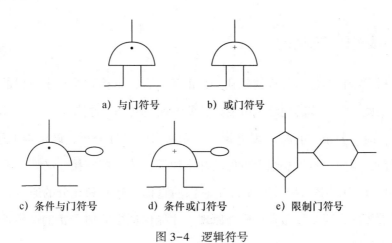

a) 与门符号　　　b) 或门符号

c) 条件与门符号　　　d) 条件或门符号　　　e) 限制门符号

图3-4　逻辑符号

5. 限制门符号

限制门符号是逻辑上的一种修正符号，是与门和或门的特殊情况，即当输入事件在满足发生条件的情况下，才会产生输出事件。它的输出事件是由单输入事件所引起的，但在输入造成输出之间，必须满足某种特定的条件。其意义与条件或门符号和条件与门符号是一样的。相反，如果不满足，则不会发生输出事件，其具体条件写在符号内。如图3-4e所示。

（三）转移符号

在绘制事故树过程中，往往由于纸张限制，需要用两张或更多纸张接续绘制，为了方便，规定了转移符号。在转移分支时，转移符号内应标出相应的阿拉伯数字。一般情况下，转移符号出现在事故树的中间事件（或纸张）的下方，在接续页则出现在中间事件（或纸张）的上方。如图3-5所示。

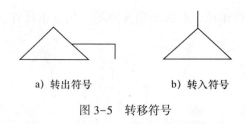

a）转出符号   b）转入符号

图3-5　转移符号

四、事故树的绘制

（一）事故树的绘制原则

事故树的树形结构是进行分析的基础，其正确与否，直接影响到事故树的分析结果及其可靠程度。因此，为了成功地绘制事故树，要遵循一套基本原则。

绘制事故树时主要按照直接原因进行。首先从顶上事件分析，确定顶上事件的直接、必要和充分原因，但应注意不是顶上事件的基本原因。将这些直接、必要和充分原因事件作为次顶上事件（即中间事件），再来确定它们的直接、必要和充分的原因，这样逐步展开。这是至关重要的，因为按照直接原因原理，才能保证事故树严密的逻辑性，并对事故的基本原因做详尽的分析。

（二）事故树的绘制步骤

除用于已发生的事故外，对未发生的或可能发生的事故，也可绘制事故树来进行分析。

事故树的绘制涉及人身安全、系统安全、环境保护等，具有综合性的特点。在绘制事故树时，既要了解过去发生的事故和有关资料，又要了解和懂得生理学、心理学、机械设备、工艺流程及环境保护等方面的知识。只有这样才能绘制出准确的事故树，进行正确的分析，提出确切的防护措施，起到真正的作用。

事故树绘制的步骤和内容，根据定性、定量分析，分为以下几步：

1. 确定所分析的系统

确定所分析的系统即确定系统所包括的内容及其边界范围。

2. 熟悉所分析的系统

熟悉所分析的系统是指熟悉系统的整体情况，包括系统性能、运行情况、操作情况及各种重要参数等，如工作程序、重要参数、作业情况、周围环境等。必要时，还要绘制出工艺流程图及人、机、环境之间的位置关系图。

3. 调查系统发生的事故

在熟悉系统后，开始进行调查过去已发生的事故，包括未遂事故。调查分析过去、现在和未来可能发生的事故，同时调查本单位及外单位同类系统曾发生的所有同类事故。

4. 确定事故树的顶上事件

确定事故树的顶上事件是指确定所要分析的对象事件，是事故发生的结果。对被调查的事故，分析危险程度和发生的频繁程度，找出容易发生且后果严重的事故，作为顶上事件。确定顶上事件的方法有直观分析法、危险性预先分析法、故障类型和影响分析法等。一般运用直观分析法即可达到目的。

5. 调查与顶上事件有关的所有原因事件和各种影响因素

这是一个关键步骤，事故树的准确、完善与否，要看对原因事件和各种影响因素的调查结果，需要与机械、工艺、管理及指挥人员、操作者共同查找，还可参照安全检查表。

6. 绘制事故树

按照绘制事故树的原则，从顶上事件起，对原因事件进行演绎分析，一层一层往下分析各自的直接原因事件。同时，根据彼此间的逻辑关系，用逻辑门连接上下层事件，直到所要求的分析深度，形成一株倒置的逻辑树形图，即事故树图。

7. 事故树定性分析

定性分析是事故树分析的核心内容之一，其目的是分析该类事故的发生规律及特点，通过求取最小割集（或最小径集），找出控制事故的可行方案，并从事故树结构、发生概率分析各基本事件的重要程度，以便按轻重缓急分别采取对策。按照事故树的结构和逻辑关系，把各基本原因事件转换为布尔代数模型，进行简化，得出最小径集和最小割集，从而确定基本原因事件的结构重要度。

8. 定量分析

定量分析包括确定各基本事件的故障率或失误率，求取顶上事件发生的概率，将计算结果与通过统计分析得出的事故发生概率进行比较。根据基本原因事件发生的概率（频率），运用布尔代数模型进行计算，得出顶上事件发生的概率。

9. 安全性评价

根据损失率的大小评价该事故的危险性，这就要从定性和定量分析的结果中找出能够降低顶上事件发生概率的最佳方案。

事故树的绘制和分析，原则上有以上步骤。实际工作中可以根据分析的目的以及投入人力、物力的多少适当掌握。当事故树规模很大时，也可以借助计算机进行分析。

第二节 基于事故树分析的煤矿事故
隐患辨识过程

一、基于事故树分析的煤矿事故隐患辨识原理

事故隐患是自然界和人类社会普遍存在的一种导致事故产生的因素。人们在探索生产

与隐患与事故的内在联系中认识到，事故隐患、事故都不是孤立存在的，均与生产实践违背生产规律产生的异常运动有着本质的联系。事故隐患是生产实践违背生产规律的异常运动的表现形式，事故是生产实践违背生产规律的异常运动，经过量变发生质变的表现形式。事故隐患是客观存在的，存在于煤矿安全生产的整个过程中，而且对煤矿从业人员的生命安全、国家财产安全和企业的生存发展都构成了直接的威胁。正确地辨识事故隐患和认识事故隐患的特征，对于熟悉和掌握事故隐患的产生原因、制定事故预防措施具有重要意义。

煤矿事故隐患的辨识就是确定或认定煤矿生产过程中，由于人的因素（例如管理能力、制度执行、操作技能、心理状态、知识水平、生理作用等），物的变化（例如设备电气老化、锈蚀，安全防护设施的拆除、位移和施工进度的不衔接等），以及环境的影响（例如积水、煤尘、照明不佳等）等形成的不安全因素。通过对煤矿生产过程中存在的事故隐患进行辨识，防止产生不安全因素激发潜能（如动能、势能、化学能、热能等）的条件，从而防治煤矿事故的发生。

煤矿事故隐患有些是外露性的，如裸露的巷道顶板、运行中的电机车、矿山架空乘人索道等，它们由状态现象表现出来。有些则是内涵性的，要透过现象才能分析判断，如内在本质的薄弱点（或危险点、危险源），靠人的知识和经验，靠科学的评估和计算，靠科学检测仪器的探测和监视才能发现。

由于煤矿事故隐患是变化的、发展的，从管理的角度不可能全部列入控制范围，且有可能在发展中产生新的现象，出现新的问题，各种事故隐患治理措施和事故预防措施总是滞后于煤矿的生产发展。在这种情况下，需要根据煤矿的实际现场工作经验和已发生的煤矿事故案例来辨识煤矿事故隐患，此时需要借助安全系统工程中的事故树分析技术对煤矿事故隐患进行辨识。

事故树分析技术可以详细描述煤矿生产中已经发生的或可能发生的生产安全事故的原因及其相互之间的逻辑关系，便于发现煤矿生产系统中存在的潜在事故隐患，找到预防煤矿事故发生的关键点，并采取相应的治理措施，将煤矿事故消灭在萌芽状态，以保证煤矿安全生产工作的顺利进行，提高煤矿生产效益。

二、基于事故树分析的煤矿事故隐患辨识步骤

利用事故树分析技术对煤矿生产系统中存在的事故隐患进行辨识时，主要通过绘制事

故树来实现。事故树的绘制，首先要详细掌握煤矿生产系统中有关事故发生和可能发生的原因，以及事故发生的严重程度等。在煤矿事故突然发生的情况下，应仔细寻找引发事故的原因和相关因素。其次确定顶上事件，并扼要计入事件符号内，继续分析下一层的原因，指导最基本的原因事件，最后形成事故树。事故树各事件上下层之间用逻辑符号连接，在运用原因逻辑符号时，切不可含糊用错，否则，将直接影响事故树的分析结果和煤矿事故隐患排查治理措施的制定。

1. 熟悉煤矿生产系统

煤矿的生产系统主要包括七大系统，即通风系统、运输系统（煤流、排矸）、排水系统、供电系统、供风供水系统、防尘系统和安全监测监控系统。每个生产系统中都可能存在事故隐患，需要对各个生产环节从人、机、环、管4个角度进行分析。

2. 调查近年来煤矿发生的各类事故

收集整理近年来发生的具有代表性的各类煤矿事故，从人、机、环、管4个角度分析各个事故发生的原因，分析影响事故发生的直接原因和间接原因。

3. 确定顶上事件

通过对煤矿事故进行分析，分别以每个典型的煤矿事故所造成的直接伤害作为事故树分析中的顶上事件。

4. 调查事故原因事件，绘制事故树

绘制事故树时，应该注意上下层事件之间为直接关系，同一层事件之间的关系有两种情况：一种是相互依赖，同时出现，又有区别；另一种是相互之间无任何联系，独立存在即可导致顶上事件的发生。同一基本事件只在事故树的一个分支上出现，避免重复。

由于每个人思维和经验存在差异，对同一事故树的绘制也会存在明显的差异，在绘制事故树时要熟悉煤矿生产系统的各个环节，否则分析结果就会存在差异。

5. 制定事故隐患治理措施

根据事故树中各原因事件，分析原因事件发生的条件，根据原因事件发生的条件，采

取相应的预防措施，防止各原因事件的发生，即对煤矿生产系统中存在的各类事故隐患进行治理。

利用事故树分析方法对煤矿事故隐患进行辨识时，不需要对事故发生的可能性进行预测，因此，不需要在事故树分析过程中进行定量分析与安全评价。

三、事故树分析实例

（一）煤矿瓦斯爆炸事故树模型

构建事故树首先是厘清存在哪些导致顶上事件发生的中间事件乃至基本事件，以及各中间事件、基本事件间的逻辑关系，再以时间符号和逻辑门符号的形式串联而成。根据事故树的作图规则和事故树的符号，以下以瓦斯爆炸事故为例，说明通过事故树分析技术辨识煤矿生产中的事故隐患。

众所周知，瓦斯爆炸必须具备 3 个条件，即瓦斯浓度为 5%～16%、氧气浓度不小于12%、火源温度不小于 650℃，且明火存在的时间大于感应时间。瓦斯爆炸的影响因素很多，通过对事故致因的直接原因和基本原因事件分析，再对重特大煤矿瓦斯事故调查通报统计及生产矿井的具体特点，确定煤矿瓦斯爆炸事故为事故树的顶上事件，根据煤矿瓦斯爆炸发生机理，得知导致顶上事件发生的直接原因事件（中间事件）有：瓦斯聚集并达到爆炸浓度 5%～16%、点火源和氧气供应。由于煤矿环境条件都能满足氧气供应，即使在瓦斯爆炸时，由于气流成分改变，氧气供应条件也是满足的，因此在煤矿，只要有瓦斯、点火源两个条件因素同时出现并符合条件，瓦斯爆炸就会发生。因此，将氧气供应因素条件去掉，仅将瓦斯聚集达到爆炸浓度和点火源作为煤矿瓦斯爆炸的直接原因事件，再找出导致直接原因事件的基本原因事件，依此类推，建立事故树。煤矿瓦斯爆炸事故树如图 3-6所示。

（二）煤矿发生瓦斯爆炸的事故隐患

通过图 3-6 中瓦斯爆炸事故树模型可以得出，影响瓦斯爆炸事故的最基本原因事件就是引起瓦斯爆炸的事故隐患，然后从人、机、环、管 4 个方面对得到的瓦斯爆炸事故隐患进行整理和归纳。瓦斯爆炸事故隐患按照造成事故的成因分为瓦斯类事故隐患、通风类事

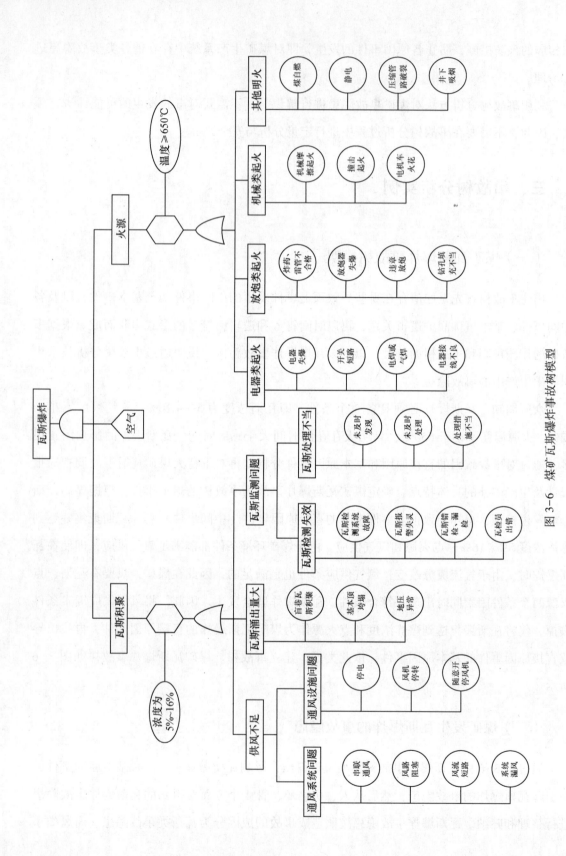

图 3-6 煤矿瓦斯爆炸事故树模型

故隐患和火源类事故隐患，而煤矿井下瓦斯浓度的大小还受通风因素的影响。由于在煤矿井下要保证足够的空气来供井下人员呼吸，影响瓦斯爆炸的另一个因素氧气浓度无法进行控制，因此在事故隐患辨识过程中，忽略空气对瓦斯爆炸的影响，只考虑瓦斯类事故隐患、通风类事故隐患和火源类事故隐患。

1. 瓦斯类事故隐患

（1）采空区域盲巷瓦斯积聚。

（2）基本顶垮塌导致瓦斯涌出。

（3）地压异常导致瓦斯涌出。

（4）瓦斯检测系统出现故障，不能检测到准确的瓦斯浓度。

（5）瓦斯超限报警装置失灵，不能及时超限报警。

（6）瓦斯检测员因操作失误，未检测到正确的瓦斯浓度。

（7）瓦斯错检、漏检。

（8）瓦斯异常、超标时未被及时发现。

（9）瓦斯异常、超标时虽已被发现，但未及时处理。

（10）瓦斯异常、超标时，虽及时被发现并采取措施，但采取的措施不当。

2. 火源类事故隐患

（1）开关短路引起的电火花、电弧光引起的火源。

（2）井下进行电焊或气焊作业时引起的火源。

（3）在对井下电气设备进行检修时，带电违章检修引起的火源。

（4）井下电气设备漏电、失爆或接触不良引起的火源。

（5）井下机械设备因为摩擦引起的火源。

（6）井下的设备或工具与坚硬岩石或钢架撞击产生的火源。

（7）井下架线电机车与电线摩擦产生的火源。

（8）井下放炮时由于炸药、雷管不合格产生的火源。

（9）钻孔填充不当或放炮器失效引起的火源。

（10）违章放炮引起的火源。

（11）井下吸烟引起的火源。

（12）井下静电产生的火源。

（13）煤炭自燃引起的火源。

（14）压缩管路破裂引起的火源。

3. 通风类事故隐患

（1）井下通风系统内存在串联通风。

（2）井下通风系统中存在局部阻力大，整体通风系统阻力大。

（3）井下通风系统存在风门漏风、密闭漏风等问题。

（4）井下通风系统中存在风流短路现象。

（5）矿井通风机停转、随意停机开机。

（6）矿井通风机能力不足或不在合理的工况点上运转。

（三）瓦斯爆炸事故隐患治理措施

根据以上瓦斯爆炸事故树分析结果得到的瓦斯爆炸事故隐患，采取相应的事故隐患治理措施，预防瓦斯爆炸事故的发生。瓦斯爆炸的事故隐患主要分为瓦斯类、火源类和通风类，其治理措施也是按照这三大类来制定，具体内容如下。

1. 瓦斯类事故隐患治理措施

（1）采空区域盲巷瓦斯积聚：

1）停风的地点立即设置栅栏、警示标识，禁止人员进入。

2）长期停风地点必须在 24 小时内进行封闭。

3）停用的煤巷、半煤岩巷，停用时间不超过 1 个月的可采用栅栏封闭。

4）停用的煤巷、半煤巷，停用时间超过 1 个月，但不足 6 个月的，可用临时密闭封闭。

5）停用的煤巷、半煤巷，停用时间超过 6 个月的，必须用永久密闭封闭。

6）采区、工作面等有人作业地点，由生产单位负责处理。无人作业地点，由通风部门负责处理。

7）采区、工作面回采结束后，45 天内必须进行密闭。

（2）基本顶垮塌导致瓦斯涌出：

1）实现正规循环作业，确保工作面控顶距符合规定。

2）按规定及时回柱，分段长度符合规定。

3）按规定及时调整台阶高度。

（3）地压异常导致瓦斯涌出：

1）工作面设专职听顶工，加强听顶工作，顶板来压异常应及时撤出人员。

2）矿压检测工作面支护阻力恢复正常后，方可恢复工作。

3）加强工作面支护质量巡查，发现泄液柱、坏柱、死柱应及时补液或更换。

（4）瓦斯检测系统出现故障或瓦斯超限报警装置失灵，不能检测到准确的瓦斯浓度并超限报警：

1）生产班组的带班人确保工作面甲烷传感器位置设置符合要求。

2）安监员、通风瓦斯检查工每班巡查甲烷传感器的设置情况。

3）因损害或移动的甲烷传感器，要恢复正常工作状态后方可进行生产。

（5）瓦斯检测员因操作失误，未检测到正确的瓦斯浓度：

1）由专业人员检查瓦斯。

2）按瓦斯检查布点计划检测瓦斯。

3）通风系统及工作地点改变，及时修订瓦斯检查布点计划。

（6）瓦斯错检、漏检：

1）由专业人员检查瓦斯。

2）按照瓦斯巡回检查路线检查瓦斯。

3）检查瓦斯的次数为：采掘工作面和其他工作地点每班不少于2次；重点区域每班不少于3次；采掘工作面瓦斯检查的时间间隔不能大于2小时；机电硐室、密闭、栅栏前每班检查1次。

（7）瓦斯异常、超标时未及时发现：

1）瓦斯检查员发现瓦斯超标时，立即责令现场人员停止工作，断电撤人，汇报调度室和通风部门。

2）处理瓦斯超标时，要采取"限量排放"的原则，严禁采用"一风吹"方式处理瓦斯积聚。

3）排放过程中，对回风侧瓦斯含量实时监测。

4）出现瓦斯超标时，必须查清超标原因，并制定预防措施。

（8）瓦斯异常、超标时虽已被发现，但未及时处理：当发现瓦斯异常、超标时，必须立即采取措施，并向上级汇报情况。

（9）瓦斯异常、超标时，虽及时被发现并采取措施，但采取的措施不当：

1）作业人员必须认真学习瓦斯治理专项安全技术措施。

2）熟知瓦斯治理工作的实施工序及相关标准。

3）熟知《煤矿安全规程》相关内容，一旦出现问题，能采取正确的技术措施。

2. 火源类事故隐患治理措施

（1）开关短路的电火花、电弧光引起的火源：

1）井下电气开关必须使用本质安全型产品。

2）定期检修维护电气设备开关，发现问题及时更换或维修。

（2）井下进行电焊或气焊作业时引起的火源。井下电气焊施工前，必须制定电气焊施工措施：

1）电气焊施工地点 20 m 范围内，不许有任何可燃物。

2）必须按措施规定执行现场监督。

3）必须按规定检测施焊地点的瓦斯。

4）监护人必须掌握施焊措施相关内容。

5）严格执行"先清后焊，先湿后焊，焊后检查"的规定。

（3）在对井下电气设备进行检修时，带电违章检修引起的火源：

1）井下电气设备维修人员必须参加过培训，持证上岗。

2）电气设备维修时，必须严格按照操作规程进行。

（4）井下电气设备漏电、失爆或接触不良引起的火源：

1）采区变电所、工作面配电点和皮带运输巷按规定配置防灭火设施。

2）通风部门定期对所有的防灭火设施进行检查。

3）安监部门对防灭火设施的检查和使用进行督察。

（5）井下架线电机车与电线摩擦产生的火源：

1）在支架梁与直流架空线之间，加装可靠的绝缘装置（如石棉瓦、阻燃皮带等）。

2）绝缘装置的宽度不应小于电机车集电器宽度的 2 倍。

3）支架顶、帮的填充材料，严禁使用可燃物。已经使用可燃物填充的，要使用绝缘材料隔开，任何地点不许外漏可燃物。

4）在此段巷道内，严禁存放可燃材料。

（6）井下放炮时由于炸药、雷管不合格产生的火源：使用矿用炸药和合格的雷管进行井下爆破。

（7）钻孔填充不当或放炮器失效引起的火源：

1）对放炮器进行定期检修。

2）钻孔填充时严格按照操作规程进行操作。

（8）违章放炮引起的火源：

1）严格按照《煤矿安全规程》放炮。

2）放炮人员必须定期培训。

（9）井下吸烟引起的火源：

1）在进风井口附近 20 m 范围内，严禁烟火或用火炉取暖。

2）在进风井口附近 20 m 范围内，不得堆积杂物或易燃物。

3）无人看管的井口，以井口为中心，以半径 20 m 范围设置围墙或铁丝网，清出可燃物，井口设置栅栏门，由通风部门负责，至少每月检查一次，发现问题及时处理。

4）井下严禁吸烟。

（10）井下静电产生的火源：人员入井严禁穿化纤衣服，防止静电火花。

（11）煤炭自燃引起的火源：

1）测定煤的自然发火期，采煤进度必须小于自然发火期。

2）建立束管监测系统，对采空区遗煤的氧化状态进行监测。

3）向采空区内注入惰性气体或采取黄泥灌浆的方式预防煤的自燃。

（12）压缩管路破裂引起的火源：定期检查压缩管路的状态，发现问题及时更换维修，防止压缩管路破裂。

3. 通风类事故隐患治理措施

（1）井下通风系统中存在串联通风：调整局部通风机的设置，改变不合理风路。

（2）井下通风系统中存在局部阻力大，造成整体通风系统阻力大：

1）由所在生产单位制定措施，及时修理进、回风巷道，确保断面满足要求。

2）因巷道底鼓、浮煤导致巷道断面变小的，生产班组及时进行拉底、清理浮煤。

3）通风、安监等职能部门定期巡查采区、采掘工作面的进、回风路线，发现问题及时责令生产班组进行处理。

4）施工过程中，要采取防止巷道塌冒的措施，严禁浮煤、浮矸及杂物堵塞巷道。

5）全风压通风的地点，应调整通风设施，增加风量。

6）清理本采区通风巷道，增大通风巷道断面。

（3）井下通风系统存在风门漏风、密闭漏风等问题：

1）构筑风门必须开帮、拉底、掏槽。

2）风门墙体要用不燃材料构筑，厚度不应小于 0.5 m，墙体四周与围岩或煤体接触严密，墙体平整光滑。

3）刮板运输机通道必须设置橡胶皮带或风筒布防止漏风。

4）风门门扇必须保证关闭严密不漏风，门面平整，能自动关闭。

5）行车风门门扇下部设挡风帘，挡风帘制作要采用较柔软的皮带或风筒布。

6）局部通风机风筒穿过风门墙体时，应在墙上安装与胶质风筒直径匹配的硬质风筒。

7）风门应闭锁齐全有效，控制可靠。

8）因爆破或其他外力致使风门损害的，应及时设置临时挡风帘，且在 24 小时内修复。

（4）井下通风系统中存在风流短路现象：

1）及时排查井下的通风系统，发现有风流短路时应立即采取措施治理。

2）通过添加风门、密闭的形式调节矿井的通风系统。

（5）矿井通风机停转、随意停机开机：

1）矿井通风机应由专人看管值守，确保风机正常运转，禁止风机停转。

2）矿井通风机应采用"一用一备"，防止通风机故障导致矿井停风。

3）矿井通风机一旦停转，应立即撤出井下所有人员，并及时维修，尽快运转。

（6）矿井通风机能力不足或不在合理的工况点上运转：

1）要根据矿井的生产能力选择合适的通风机。

2）一旦发现通风机能力不足时，可以按照通风机特性曲线调节风机的频率和风扇的偏转角度。

3）可以设置多组风机共同运转，以增大矿井的通风能力。

第三节　事故隐患排查治理知识库的 建立及其应用

按照第二节中事故树分析方法，并根据北京昊华能源股份有限公司下属大台煤矿、大安山煤矿、木城涧煤矿及高家梁煤矿的生产系统特点，按照采煤专业、巷道掘进专业、机电专业、运输专业、"一通三防"专业和地测防治水专业统一编报，建立了适用于该公司所属煤矿的事故隐患排查治理知识库。在实际工作中，该知识库的应用能够显著提高煤矿的事故隐患排查效率，且其标准化的知识库设计为后续的扩展及完善提供了适当的框架。实践证明，事故隐患排查治理知识库是实现煤矿事故隐患排查治理信息化、高效化及标准化的重要工具和载体。通过不断地完善和发展，该知识库的适用范围能够进一步扩大，对煤矿事故隐患排查治理工作的开展具有良好的指导作用及实用价值。

一、采煤专业

（一）综合机械化回采工作面存在的事故隐患及治理措施

1. 工作面煤壁局部冒顶片帮

治理措施：

（1）采取追机、带压移架的方式对顶板进行及时支护。

（2）工作面初次和周期来压期间，局部冒顶或片帮段严格执行"敲帮问顶"制度，割煤后及时追机移架、打开护帮板，冒顶片帮严重时要及时超前移架，采煤机司机要在架间操作。

（3）工作面顶板初次来压和周期来压期间，应加强来压的预测预报工作。

（4）工作面支架以及上下顺槽和上下端头所有单体液压支柱必须达到初撑力，及时采取措施预防冒顶片帮。

（5）当工作面局部地段顶板破碎或片帮较严重时，为了有效地防止顶板冒落、控制煤壁片帮，应采取及时伸出护帮板、超前移架的方法维护顶板。

（6）移架时，必须执行带压擦顶移架。

（7）单体柱、铰接梁必须采取防倒防滑措施。

2. 工作面特殊地点管理不善

治理措施：

（1）两巷超前支护分别距工作面煤壁不小于 20 m，其中：工作面顺槽超前支护 0~10 m 范围内打双排单体液压支柱挂金属铰接顶梁；10~20 m 范围内沿顺槽巷道上帮侧打单排单体液压支柱挂金属铰接顶梁；单体液压支柱挂金属铰接顶梁连续铰接，沿顺槽巷道走向支护；顺槽超前支护单体柱打在铰梁的中间位置。

（2）工作面上下端头支护符合作业规程规定。

（3）移动端头支护时必须依次移动，端头及超前支护不能出现单梁单柱。

（4）移梁卸载支柱时，人员必须站在倾斜上方，使用带有安全绳的卸载手把进行远方卸载。

（5）巷道高度大且上梁有困难时，安装或移动金属铰接顶梁和 π 型钢梁要使用凳子（梯子）。使用凳子（梯子）时要放置平稳，且有专人扶持，保证操作人员的安全。

（6）移铰接梁前必须"敲帮问顶"，拆净活（煤）石，无事故隐患后再操作。

（7）前移铰接梁时，必须保证至少两人进行，一人托梁、一人支柱，顶板不平时要使用木料垫平。

（8）机头处前移铰接梁或 π 型钢梁时，不能开溜子和转载机，要把溜子开关打零位。

（9）单体柱必须打在底板上。如果底板是煤且松软，单体液压支柱（上下端头切顶排密集柱除外）必须"穿鞋"。

（10）所有支护用支柱必须拴好防倒绳。

（11）综采工作面上下端头的高度不低于 1.8 m，人行道宽度不小于 0.8 m，安全出口 30 m 以内不准存放物料和闲置设备，保证通风、行人、运输畅通无阻。

（12）综采工作面上下出口要进行超前支护，支护形式要在作业规程中明确规定，超前支护支柱的初撑力不低于 90 kN，底软时"穿鞋"。上下出口的顶梁与采面液压支架要平整，其间隙不得大于 0.5 m。

3. 上下顺槽两巷支护失效、变形严重

治理措施：

（1）严禁使用支护的顶梁、帮梁、锚杆、锚索起吊重物，以防锚梁失效。损坏的网应重新连接或修补。巷道变形严重时，必须及时扩帮、卧底，高度不低于 1.8 m，宽度达到通风、运料、行人要求。

（2）两巷的维修应设专职人员负责，两巷的最低高度不得低于 1.8 m。架棚巷道支架完整，撑木或拉杆齐全，无缺梁少柱或断梁折柱，无空帮空顶。锚梁网巷道，无网兜、无破网漏渣现象，两帮无片帮。维修巷道应有专项安全技术措施。

（3）两巷维修后，要把浮矸、浮煤及杂物清理干净，搞好文明生产，对各种管线电缆要按规定吊挂好。运料巷轨道距采面出口距离不得大于 50 m，保证运料畅通。

4. 采区检漏继电器、选漏继电器不灵敏可靠

治理措施：

（1）采区检漏继电器、选漏继电器不能甩掉。

（2）发现采区检漏继电器、选漏继电器出问题时应立即汇报调度室，调度室通知维修单位。

（3）采区检漏继电器、选漏继电器未状态正常前，工作面停止施工。

5. 采区配电点接地装置不合格

治理措施：

（1）采区配电点电气设备安装接地极。

（2）接地极电阻值符合规定。

（3）定期检查维修接地极。

6. 液压泵站运行管理不符合规定

治理措施：

（1）按照规程规定定期清洗泵箱和过滤器。

（2）泵箱添加水、乳化液时，执行配比规定。

（3）两台液压泵按照规定时间轮换作业。

（4）泵站出液口压力符合规程规定。

（5）按照规定期限检修，并填写检修运行日志。

7. 采区运输系统安全设施不齐全

治理措施：

（1）采区口铁鞋数量符合规定，并能够正常使用。

（2）架线闸完好，并能够正常使用。

（3）防跑车别子数量符合规定，装车使用车别子。

（4）接煤台处架线用绝缘胶皮捆绑。

（5）架线带电语音提示装置正常。

（6）大巷阻车器完好，并能够正常使用。

8. 大巷和斜坡运输提升绞车安装、运行不符合规定

治理措施：

（1）绞车稳固地锚（压盘撑）、护网齐全有效。

（2）钢丝绳定期检查并有记录。

（3）声光信号位置合理且灵敏可靠。

9. 斜坡口安全设施不齐全

治理措施：

（1）梯子扶手齐全有效。

（2）语音报警、声光信号灵敏有效。

（3）操作空间满足安全要求。

（4）下煤眼防护装置齐全。

（5）防跑车装置齐全有效。

10. 采区料场物料未按要求码放

治理措施：

（1）物料按照规定位置码放。

（2）物料码放高度符合规定。

（3）物料码放上架挂牌。

11. "一通三防"设备不完好、设施不齐全有效

治理措施：

（1）风量、风速满足规程要求。

（2）通风设施位置合理，数量符合工作面要求，通风设施安设满足工作面通风系统要求。

（3）各转载点防降尘、喷雾设施位置和数量符合规定，并能够正常使用。

（4）盲巷封闭位置、标准符合规定，瓦斯传感器位置合理且显示正常。

（5）注水设备完好，并正常使用。

（6）防灭火设施齐全有效。

（7）风电闭锁使用正常。

12. 刮板运输机不完好

治理措施：

（1）机头、机尾地锚（压盘撑）齐全有效。

（2）刮板运输机不斜链、飘链。

（3）刮板无弯曲，中部槽磨损不超限。

（4）跨越刮板运输机设行人过桥。

（5）信号、急停灵敏可靠。

13. 皮带运输机不完好，各项保护不齐全

治理措施：

（1）皮带不跑偏，各项保护设施齐全有效。

（2）皮带防灭火设施齐全、位置合理，并在使用期限内。

（3）消防管路、压缩氧自救器设置位置和数量符合要求且完好有效。

（4）需行人处有过桥。

14. 采煤机不完好，保护装置不齐全

治理措施：

（1）严格按照规定时间检修采煤机。

（2）采煤机工作前先试运转，有问题先处理确保操控灵敏可靠。

（3）采煤机各项保护装置齐全有效。

15. 放炮地点、警戒位置数量不符合规定

治理措施：

（1）警戒、放炮地点由工程技术人员确定，满足工作面放炮要求。

（2）放炮地点符合躲炮距离规定。

（3）警戒执行三道防线。

16. 药、管箱不完好，存放位置不符合规定

治理措施：

（1）药、管箱应完好、无破损。

（2）药、管箱实行挂牌管理。

（3）药、管箱存放在顶板完好、支护牢固可靠的安全地点。

17. 放炮母线长度不符合规定，母线破损严重

治理措施：

（1）放炮母线长度满足在放炮地点的放炮要求。

（2）放炮母线破损处用绝缘胶布缠好。

（3）破损处多的放炮母线需及时更换。

18. 直线放炮安全挡设置位置、设置标准不符合规定

治理措施：

（1）直线躲炮的安全挡位置符合规程规定。

（2）安全挡宽度符合规程规定，上部接顶板。

（3）安全挡强度符合规定。

19. 工作面出现拒爆、残爆

治理措施：

（1）处理拒爆、残爆时，必须在班组长指导下进行，并应在当班处理完毕。如果当班未能处理完毕，当班爆破工必须在现场向下一班爆破工交接清楚。

（2）处理拒爆、残爆时，必须遵守下列规定：

1）由于连线不良造成的拒爆，可重新连线起爆。

2）在距拒爆或残爆炮眼0.3 m以外，另打与拒爆或残爆炮眼平行的新炮眼，重新装药起爆。

3）严禁用镐刨或从炮眼中取出原放置的起爆药卷或从起爆药卷拉出电雷管。不论有无残余炸药，严禁将炮眼残底继续加深，严禁用打眼的方法往外掏药，严禁用风吹拒爆（残爆）炮眼。

（3）处理拒爆、残爆的炮眼爆炸后，爆破工必须详细检查炸落的煤、矸，收集未爆的电雷管。

（4）在拒爆、残爆处理完毕以前，严禁在该地点进行与处理拒爆、残爆无关的工作。

20. 现场无检测支柱工作阻力和乳化液浓度工具

治理措施：

（1）泵站配备乳化液浓度检测仪器。

（2）工作面配备液压支柱支护阻力检测仪表。

（3）仪器使用前检查其状况完好，确保读数准确。

21. 高压风管、水管连接不使用专用卡子

治理措施：

（1）高压风管、水管之间连接及风锤、风钻连接处使用专用卡子。

（2）专用卡子必须完好无破损。

（3）高压风管、水管吊挂捆绑牢固。

22. 工作面通信不畅通

治理措施：

（1）检查线路完好情况，疏通线路。

（2）更换成完好的通信设备。

（3）放炮前将通信设备撤离爆破影响区域，爆破后恢复原位置。

23. 特殊工种无证上岗

治理措施：特殊工种作业人员必须持证上岗，无证人员不许从事相应工种的作业。

（二）高档普采回采工作面存在的事故隐患及治理措施

1. 工作面煤壁局部冒顶片帮、支护不合格

治理措施：

（1）单体液压支柱必须配合铰接梁进行工作面支护，支柱支撑顶梁时支柱必须卡在梁牙上，支柱初撑力不得小于 90 kN。

（2）若遇顶板不平整、地质条件变化等特殊情况，铰接顶梁不能连续铰接时，可另行挂梁后再连续铰接顶梁（在另行挂梁前支护临时安全点时，以不影响挂梁为前提）并做到支柱、铰梁成排成行，严禁单梁单柱。

（3）支柱成排成行，排距、柱距符合要求，工作面最大、最小控顶距符合规程规定，支柱迎山有力，无失效柱。

（4）顶梁必须铰接，架设铰梁要保持平直并与工作面垂直。

（5）支柱迎山合顶、牢固有效，支柱做到硬底有麻面，软底有柱窝或"穿鞋"。

（6）支柱时严禁留伪顶、抓顶煤，有伪顶、顶煤、底煤时，必须先处理，后支护。

（7）顶板不平时，应用木板背实，增大顶梁和顶板的接触面积。

（8）盯岗干部、班长是顶板管理的责任者，要经常巡视检查顶板。

（9）在顶帮出现断茬、裂缝或其他情况时，在拆撬不下来的情况下，必须及时加补点柱支护，以确保作业人员的安全。

（10）基本柱、临时柱、密集柱、对柱、戗棚等支护工艺、操作程序及支设质量必须

符合作业规程规定。

（11）工作面初次来压和周期来压期间，局部冒顶片帮段严格执行"敲帮问顶"制度，割煤后及时挂梁。

（12）工作面顶板初次来压和周期来压期间，应加强来压的预测预报工作。

（13）工作面上下顺槽和上下端头所有单体液压支柱必须达到初撑力，及时采取措施预防冒顶片帮。

（14）当工作面局部地段顶板破碎或片帮较严重时，为了有效地防止顶板冒落、控制煤壁片帮，应采取打贴帮柱。

2. 工作面特殊地点管理，包括上下端头、超前支护不符合规程规定

治理措施：

（1）两巷超前支护分别距工作面煤壁不小于 20 m，其中：工作面顺槽超前支护 0～10 m 范围内打双排单体液压支柱挂金属铰接顶梁；10～20 m 范围内沿顺槽巷道上帮侧打单排单体液压支柱挂金属铰接顶梁；单体液压支柱挂金属铰接顶梁连续铰接，沿顺槽巷道走向支护；顺槽超前支护单体柱打在铰梁的中间位置。

（2）工作面上下端头支护符合作业规程规定。

（3）移动端头支护时必须依次移动。端头及超前支护不能出现单梁单柱。

（4）移梁卸载支柱时人员必须站在倾斜上方，使用带有安全绳的卸载手把进行远方卸载。

（5）巷道高度大且上梁有困难时，安装或移动金属铰接顶梁和 π 型钢梁要使用凳子（梯子），使用凳子（梯子）时要放置平稳，且有专人扶持，保证操作人员的安全。

（6）移铰接梁前必须"敲帮问顶"，拆净活（煤）石，无事故隐患后再操作。

（7）前移铰接梁时，必须保证至少两人进行，一人托梁、一人支柱，顶板不平时要使用木料垫平。

（8）机头处前移铰接梁或 π 型钢梁时，不能开溜子和转载机，要把溜子开关打零位。

（9）单体柱必须打在底板上。如果底板是煤且松软，单体液压支柱（上下端头切顶排密集柱除外）必须"穿鞋"。

（10）所有支护用支柱必须拴好防倒绳。

（11）工作面上下端头的高度不低于 1.6 m，人行道宽度不小于 0.8 m，安全出口 30 m

以内不准存放物料和闲置设备，保证通风、行人、运输畅通无阻。

（12）工作面上下出口要进行超前支护，支护形式要在作业规程中明确规定，超前支护支柱的初撑力不低于 90 kN，底软时"穿鞋"。工作面采高大于上顺槽高度，上端头与上顺槽衔接处高度一致。

3. 上下顺槽两巷支护失效、变形严重

治理措施：

（1）严禁使用支护的顶梁、帮梁、锚杆、锚索起吊重物，以防锚梁失效。损坏的网应重新连接或修补。巷道变形严重时，必须及时扩帮、卧底、高度不低于 1.6 m，宽度达到通风、运料、行人要求。

（2）两巷的维修应设专职人员负责，两巷的最低高度不得低于 1.6 m。架棚巷道支架完整，撑木或拉杆齐全，无缺梁少柱或断梁折柱，无空帮空顶。锚梁网巷道，无网兜、无破网漏渣现象，两帮无片帮。维修巷道应有专项安全技术措施。

（3）两巷维修后，要把浮矸、浮煤及杂物清理干净，搞好文明生产，对各种管线电缆要按规定吊挂好。运料巷轨道距采面出口距离不得大于 50 m，保证运料畅通。

4. 采空区悬顶面积超作业规程规定

治理措施：

（1）若发现工作面有异常情况，如顶板急剧下沉、断裂，单体柱三用阀普遍存在安全阀泄液、信号柱断裂、顶板响声频繁等来压征兆，应采取以下措施：

1）靠工作面切顶排和戗棚每隔 2 m 打一对柱，防止来压时摧垮工作面。

2）靠采空区沿倾向预留信号柱，5 m 一排、10 m 一柱，顶板来压能及时发出信号，保证人员安全。

3）要及时发出撤退信号，工作面所有人员必须迅速撤至安全地点，并立即向段值班室和矿调度室汇报。

（2）矿压管理部门必须对工作面支护质量进行监测，包括支柱初撑力、工作阻力、支护密度等，根据监测数据分析，若发现异常，立即进行预报，并将工作面所有人员迅速撤至安全地点，同时通知有关领导和部门按职责采取措施。

（3）必须设置专职听顶工。

5. 工作面顶板有活煤、活石

治理措施：

（1）工作面备好拆活煤、活石用的长把工具。

（2）作业人员进入工作面前必须检查顶帮，做到"一问、二撬、三支护"，发现活煤、活石要及时处理掉，方法是：一人站在安全地点，找好退路，在另一人为其照明监护的前提下，用长把工具（把长不小于 1.5 m）拆除。

（3）"敲帮问顶"时，必须站在支护完好、倾斜上方的安全地点，看好退路，一手持镐、锤或撬棍，一手托顶，先轻敲，无破裂声再重敲，由外向里、由上向下地进行。"敲帮问顶"时要停止附近运转的机器，避免干扰。

（4）在顶帮出现断茬、裂缝或其他情况时，在拆撬不下来的情况下，必须及时加补点柱支护，以确保作业人员的安全。

6. 工作面有泄液柱和死柱，单体柱初撑力不够

治理措施：

（1）专人巡查工作面支护质量，及时补液，失效柱及时更换，不卸载的死柱及时运出工作面。

（2）泵站压力达到规程规定。

（3）工作面所有单柱拴好防倒绳。

7. 工作面控顶距超过规定

治理措施：

（1）工作面推壁实现正规循环作业，最大最小控顶距符合规程规定。

（2）推壁后及时挂铰梁支设单柱，管理好顶板。

（3）移动端头支护时必须依次移动，端头及超前支护不能出现单梁单柱。

（4）移梁卸载支柱时人员必须站在倾斜上方，使用带有安全绳的卸载手把进行远方卸载。

（5）巷道高度大且上梁有困难时，安装或移动金属铰接顶梁和 π 型钢梁要使用凳子（梯子），使用凳子（梯子）时要放置平稳，且有专人扶持，保证操作人员的安全。

（6）移铰接梁前必须"敲帮问顶"，拆净活（煤）石，无事故隐患后再操作。

（7）前移铰接梁时，必须保证至少两人进行，一人托梁、一人支柱，顶板不平时要使用木料垫平。

（8）机头处前移铰接梁或π型钢梁时，不能开溜子和转载机，要把溜子开关打零位。

（9）单体柱必须打在底板上。如果底板是煤且松软，单体液压支柱（上下端头切顶排密集柱除外）必须"穿鞋"。

（10）有支护用支柱必须拴好防倒绳。

8. 采区检漏继电器、选漏继电器不灵敏可靠

治理措施：

（1）采区检漏继电器、选漏继电器不能甩掉。

（2）采区检漏继电器、选漏继电器出问题时应立即汇报调度室，由调度室通知维修单位及时维修。

（3）采区检漏继电器、选漏继电器状态未正常前，工作面停止施工。

9. 采区配电点接地装置不合格

治理措施：

（1）采区配电点电气设备安装接地极。

（2）接地极电阻值符合规定。

（3）定期检查维修接地极。

10. 液压泵站运行管理不符合规定

治理措施：

（1）按照规程规定定期清洗泵箱和过滤器。

（2）泵箱添加水、乳化液时，执行配比规定。

（3）两台液压泵按照规定时间轮换作业。

（4）泵站出液口压力符合规程规定。

（5）按照规定期限检修，并填写检修运行日志。

11. 采区运输系统安全设施不齐全完好

治理措施：

（1）采区口铁鞋数量符合规定，并能够正常使用。

（2）架线闸完好，并能够正常使用。

（3）防跑车别子数量符合规定，装车使用车别子。

（4）接煤台处架线用绝缘胶皮捆绑。

（5）架线带电语音提示装置正常。

（6）大巷阻车器完好，并能够正常使用。

12. 大巷和斜坡运输提升绞车安装、运行不符合规定

治理措施：

（1）绞车稳固地锚（压盘撑）、护网齐全有效。

（2）钢丝绳定期检查并有记录。

（3）声光信号位置合理且灵敏可靠。

13. 斜坡口安全设施不齐全

治理措施：

（1）梯子扶手齐全有效。

（2）语音报警、声光信号灵敏有效。

（3）操作空间满足安全要求。

（4）下煤眼防护装置齐全。

（5）防跑车装置齐全有效。

14. 采区料场物料未按要求码放

治理措施：

（1）物料按照规定位置码放。

（2）物料码放高度符合规定。

（3）物料码放上架挂牌。

15. "一通三防"设备不完好、设施不齐全有效

治理措施：

（1）风量、风速满足规程要求。

（2）通风设施位置合理，数量符合工作面要求，通风设施安设满足工作面通风系统要求。

（3）各转载点防降尘、喷雾设施位置和数量符合规定，并能够正常使用。

（4）盲巷封闭位置、标准符合规定，瓦斯传感器位置合理且显示正常。

（5）注水设备完好，并正常使用。

（6）防灭火设施齐全有效。

（7）风电闭锁使用正常。

16. 刮板运输机不完好

治理措施：

（1）机头、机尾地锚（压盘撑）齐全有效。

（2）刮板运输机不斜链、飘链。

（3）刮板无弯曲，中部槽磨损不超限。

（4）跨越刮板运输机设行人过桥。

（5）信号、急停灵敏可靠。

17. 皮带运输机不完好，各项保护不齐全

治理措施：

（1）皮带不跑偏，各项保护设施齐全有效。

（2）皮带防灭火设施齐全、位置合理，并在使用期限内。

（3）消防管路、压缩氧自救器设置位置和数量符合要求且完好有效。

（4）需行人处有过桥。

18. 采煤机不完好，保护装置不齐全

治理措施：

（1）严格按照规定时间检修采煤机。

（2）采煤机工作前先试运转，有问题先处理确保操控灵敏可靠。

（3）采煤机各项保护装置齐全有效。

19. 放炮地点、警戒位置数量不符合规定

治理措施：

（1）放炮地点、警戒位置由工程技术人员确定，满足工作面放炮安全要求。

（2）放炮地点符合躲炮距离规定。

（3）警戒执行三道防线。

20. 药、管箱不完好，存放位置不符合规定

治理措施：

（1）药、管箱完好，无破损。

（2）药、管箱实行挂牌管理。

（3）药、管箱存放在顶板完好、支护牢固可靠的安全地点。

21. 放炮母线长度不符合规定，母线破损严重

治理措施：

（1）放炮母线长度满足在放炮地点放炮要求。

（2）放炮母线破损处用绝缘胶布缠好。

（3）放炮母线破损处多的及时更换。

22. 直线放炮安全挡设置位置、设置标准不符合规定

治理措施：

（1）直线躲炮的安全挡位置符合规程规定。

（2）安全挡宽度符合规程规定，上部接顶板。

（3）安全挡强度符合规定。

23. 工作面出现拒爆、残爆

治理措施：

（1）处理拒爆、残爆时，必须在班组长指导下进行，并应在当班处理完毕。如果当班未能处理完毕，当班爆破工必须在现场向下一班爆破工交接清楚。

（2）处理拒爆、残爆时，必须遵守下列规定。

1）由于连线不良造成的拒爆，可重新连线起爆。

2）在距拒爆或残爆炮眼 0.3 m 以外另打与拒爆或残爆炮眼平行的新炮眼，重新装药起爆。

3）严禁用镐刨或从炮眼中取出原放置的起爆药卷或从起爆药卷拉出电雷管。不论有无残余炸药，严禁将炮眼残底继续加深，严禁用打眼的方法往外掏药，严禁用风吹拒爆（残爆）炮眼。

（3）处理拒爆、残爆的炮眼爆炸后，爆破工必须详细检查炸落的煤、矸，收集未爆的电雷管。

（4）在拒爆、残爆处理完毕以前，严禁在该地点进行与处理拒爆、残爆无关的工作。

24. 现场无检测支柱工作阻力和乳化液浓度工具

治理措施：

（1）泵站配备乳化液浓度检测仪器。

（2）工作面配备液压支柱支护阻力检测仪表。

（3）仪器使用前检查其状况完好，确保读数准确。

25. 高压风管、水管连接不使用专用卡子

治理措施：

（1）高压风管、水管之间连接及风锤、风钻连接处使用专用卡子。

（2）专用卡子必须完好无破损。

（3）高压风管、水管吊挂捆绑牢固。

26. 工作面通信不畅通

治理措施：

（1）检查线路完好情况，疏通线路。

（2）更换成完好的通信设备。

（3）放炮前将通信设备撤离爆破影响区域，爆破后恢复原位置。

27. 特殊工种无证上岗

治理措施：特殊工种作业人员必须持证上岗，无证人员不许从事相应工种的作业。

二、巷道掘进专业

（一）平巷掘进事故隐患及治理措施

1. 掘进工作面空顶距离不符合规定

治理措施：

（1）掘进工作面严禁空顶作业，支护不到位禁止其他工作。

（2）锚喷、锚网喷支护最大和最小空顶距符合规程规定。

（3）撬棍、手镐、大锤等安全工具齐全，支护材质符合规定。

2. 锚喷支护巷道未按规定检测支护强度

治理措施：

（1）锚喷支护巷道，按比例配对水灰比，喷层厚度达到设计要求。

（2）锚杆拉拔力、喷砼强度按规程规定进行检测。

（3）顶板完整时，每300根检测1组，一组不少于3根。

（4）顶板为复合顶板时，每200根检测1组，一组不少于3根。

（5）树脂锚杆拉拔力必须达到70 kN，锚索张拉力必须达到150 kN。

（6）检测时如有被拔出或不合格的，立即重新补打。

（7）掘进工作面配齐支护强度检测工具。

（8）由技术部门、安监站监督检查。

3. 调车场设置、调车人员操作不符合规定

治理措施：

（1）规范空、重车存放位置，并实行挂牌管理。

（2）防跑车装置完好有效。

（3）车场安装照明。

（4）调车方式和调车人员操作符合规定。

（5）调车完毕打好车别子，设置好挡车器。

（6）新工人不得从事调车工作。

4. 开口不符合规定

治理措施：

（1）按开口位置开口。

（2）加固开口前后 5 m 巷道。

（3）由技术员确定警戒、放炮地点，并挂牌明示。

（4）掩护好开口位置附近的设备设施。

（5）响炮前检测杂散电流。

5. 工作面通信不畅通

治理措施：

（1）检查线路完好情况，疏通线路。

（2）更换成完好的通信设备。

（3）放炮前将通信设备撤离爆破影响区域，爆破后恢复原位置。

6. 防杂散电流规定没有严格执行

治理措施：

（1）安装管、线及轨道绝缘装置。

（2）专人检查绝缘装置的完好状况。

（3）专人检测杂散电流。

（4）装药前断开通向炮区的电源。

7. 锚网（索）支护巷道未执行"打一根锚一根"

治理措施：

（1）在超前支护掩护下进行打眼工作。

（2）打完眼及时锚固锚杆，锚杆外露符合规定。

（3）药卷搅拌时间符合规定。

8. 锚杆拉拔力、锚索预紧力不到位

治理措施：

（1）所有施工人员必须熟知锚杆拉拔力、锚索预紧力规定数值。

（2）按照规程规定的根数检测锚杆拉拔力和锚索预紧力。

（3）发现锚杆拉拔力和锚索预紧力达不到设计值90%的要重新紧固。

（4）发现锚杆和锚索支护失效的要及时补打。

（5）每一片都要检测锚杆拉拔力和锚索预紧力，并有检测报告。

9. 锚杆、锚索松动失效未及时补打

治理措施：

（1）每班派专人巡视检查支护质量。

（2）发现失效的锚杆、锚索及时补打。

（3）需要挂网或挂钢带的，及时上齐并紧固锚杆。

（4）所有施工人员必须清楚锚杆拉拔力和锚索张拉力规定数值。

10. "一通三防"设备不完好、设施不齐全有效

治理措施：

（1）风量、风速满足规程要求。

（2）通风设施位置合理，数量符合工作面要求，通风设施安设满足工作面通风系统要求。

（3）各转载点防降尘、喷雾设施位置和数量符合规定，并能够正常使用。

（4）盲巷封闭位置、标准符合规定，瓦斯传感器位置合理且显示正常。

（5）注水设备完好，并正常使用。

（6）防灭火设施齐全有效。

（7）风电闭锁使用正常。

11. 炮烟未吹净进入工作面

治理措施：

（1）放炮后等待 15 min。

（2）待炮烟吹净后，方可进入工作面。

（3）放炮员随身携带便携式瓦斯检测报警仪进入工作面检测。

12. 喷砼质量不合格

治理措施：

（1）按比例配对水灰比。

（2）喷砼厚度符合规定。

（3）定期洒水养护。

13. 放炮母线长度不符合规定，母线破损严重

治理措施：

（1）放炮母线长度满足在放炮地点放炮要求。

（2）放炮母线破损处用绝缘胶布缠好。

（3）放炮母线破损处多的应及时更换。

14. 放炮后，顶板检查不到位

治理措施：

（1）进入工作面检查沿途支护，发现锚杆、锚索松动的及时紧固。

（2）使用长把工具拆净伪顶活煤、活石。

（3）拆茬从顶板开始，先拆上部后拆下部。

15. 放炮地点、警戒位置数量不符合规定

治理措施：

（1）放炮地点、警戒位置由工程技术人员确定，满足工作面放炮安全要求。

（2）放炮地点符合躲炮距离规定。

（3）警戒执行三道防线。

16. 喷砼作业不按规定施工

治理措施：

（1）喷砼作业按程序操作。

（2）风机正常运转，开启喷雾。

（3）拌料均匀，符合规定。

（4）掩护设备设施。

（5）冲洗煤岩尘。

（6）佩戴劳动防护用品。

17. 高压风管、水管连接不使用专用卡子

治理措施：

（1）高压风管、水管之间连接及风锤、风钻连接处使用专用卡子。

（2）专用卡子必须完好无破损。

（3）高压风管、水管吊挂捆绑牢固。

18. 起吊物料未按规定操作

治理措施：

（1）严禁使用支护的顶梁、帮梁、锚杆、锚索起吊重物，以防锚梁失效。

（2）起吊前必须了解物料的重量、形状、性能以及被起吊物料的捆绑情况等。

（3）承载设备的承重能力必须符合要求，其承载能力要大于所起吊物料的重量。

（4）起吊物料时，人员严禁在物料坠落的下方。

（5）现场专人指挥，与起吊工作无关人员躲到安全地点。

19. 未拆净工作面活石就进行其他作业

治理措施：

（1）未拆净活石严禁其他作业。

（2）大锤、撬棍、手镐等安全工具齐全有效。

（3）一人监护、一人用长把工具由外向里依次拆除，其他人员躲到安全地点。

20. 绝缘装置失效没有及时更换

治理措施：

（1）专人负责定期检查、清理、维护绝缘装置。

（2）绝缘装置失效及时更换。

21. 倒车不规范

治理措施：

（1）按规定进行倒车。

（2）鸣哨指挥顶拉车，车辆停稳摘挂车。

（3）开车启动前后看，人员撤到安全点。

（4）人前车后分道走。

22. 不使用专用工具起复落道车

治理措施：

（1）使用起道器起复落道车辆。

（2）严禁使用车头顶拉复轨落道车辆。

（3）统一指挥，无关人员躲至安全地点。

23. 蓄电池电机车不完好

治理措施：

（1）不得带病使用蓄电池电机车，有专人负责检修。

（2）车灯、闸、铃保持完好，沙箱装满沙子。

（3）开车前试运行，有问题立即处理。

24. 耙斗机不完好

治理措施：

（1）定期检修、保养。

（2）卡轨器紧固，连接螺栓无松动。

（3）耙斗运转有照明、绳道之间无行人。

（4）护杆接顶、停止运转锁电源。

25. 特殊工种无证上岗

治理措施：特殊工种作业人员必须持证上岗，无证人员不许从事相应工种作业。

（二）斜巷掘进事故隐患及治理措施

1. 掘进工作面空顶距离不符合规定

治理措施：

（1）掘进工作面严禁空顶作业，支护不到位禁止其他工作。

（2）锚喷、锚网喷支护最大和最小空顶距符合规程规定。

（3）撬棍、手镐、大锤等安全工具齐全，支护材质符合规定。

2. 锚喷支护巷道未按规定检测支护强度

治理措施：

（1）锚喷支护巷道，按比例配兑水灰比，喷层厚度达到设计要求。

（2）锚杆拉拔力、喷砼强度按规程规定进行检测。

（3）顶板完整时，每 300 根检测 1 组，一组不少于 3 根。

（4）顶板为复合顶板时，每 200 根检测 1 组，一组不少于 3 根。

（5）树脂锚杆拉拔力必须达到 70 kN，锚索张拉力必须达到 150 kN。

（6）检测时如有被拔出或不合格的，立即重新补打。

（7）掘进工作面配齐支护强度检测工具。

（8）由技术部门、安监站监督检查。

3. 调车场设置、调车人员操作不符合规定

治理措施：

（1）规范空、重车存放位置，并实行挂牌管理。

（2）防跑车装置完好有效。

（3）车场安装照明。

（4）调车方式和调车人员操作符合规定。

（5）调车完毕打好车别子，设置好挡车器。

（6）新工人不得从事调车工作。

4. 开口不符合规定

治理措施：

（1）按开口位置开口。

（2）加固开口前后 5 m 巷道。

（3）由技术员确定警戒、放炮地点，并挂牌明示。

（4）掩护好开口位置附近的设备设施。

（5）响炮前检测杂散电流。

5. 工作面通信不畅通

治理措施：

（1）检查线路完好情况，疏通线路。

（2）更换成完好的通信设备。

（3）放炮前将通信设备撤离爆破影响区域，爆破后恢复原位置。

6. 防杂散电流规定没有严格执行

治理措施：

（1）安装管、线及轨道绝缘装置。

（2）专人检查绝缘装置的完好状况。

（3）专人检测杂散电流。

（4）装药前断开通向炮区的电源。

7. 锚网（索）支护巷道未执行打"一根锚一根"

治理措施：

（1）在超前支护掩护下进行打眼工作。

（2）打完眼及时锚固锚杆，锚杆外露符合规定。

（3）药卷搅拌时间符合规定。

8. 锚杆拉拔力、锚索预紧力不到位

治理措施：

（1）所有施工人员必须熟知锚杆拉拔力、锚索预紧力规定数值。

（2）按照规程规定的根数检测锚杆拉拔力和锚索预紧力。

（3）发现锚杆拉拔力和锚索预紧力达不到设计值90%的要重新紧固。

（4）发现锚杆和锚索支护失效的要及时补打。

（5）每一片都要检测锚杆拉拔力和锚索预紧力，并有检测报告。

9. 锚杆、锚索松动失效未及时补打

治理措施：

（1）每班派专人巡视检查支护质量。

（2）发现失效的锚杆、锚索及时补打。

（3）需要挂网或挂钢带的，及时上齐并紧固锚杆。

（4）所有施工人员必须清楚锚杆拉拔力和锚索张拉力规定数值。

10. "一通三防"设备不完好、设施不齐全有效

治理措施：

（1）风量、风速满足安全规程要求。

（2）通风设施位置合理，数量符合工作面要求，通风设施安设满足工作面通风系统要求。

（3）各转载点防降尘、喷雾设施位置和数量符合规定，并能够正常使用。

（4）盲巷封闭位置、标准符合规定，瓦斯传感器位置合理且显示正常。

（5）注水设备完好，并正常使用。

（6）防灭火设施齐全有效。

（7）风电闭锁使用正常。

11. 炮烟未吹净进入工作面

治理措施：

（1）放炮后等待 15 min。

（2）待炮烟吹净后，方可进入工作面。

（3）放炮员随身携带便携式瓦斯检测报警仪进入工作面检测。

12. 喷砼质量不合格

治理措施：

（1）按比例配兑水灰比。

（2）喷砼厚度符合规定。

（3）定期洒水养护。

13. 放炮母线长度不符合规定，母线破损严重

治理措施：

（1）放炮母线长度满足在放炮地点放炮要求。

（2）放炮母线破损处用绝缘胶布缠好。

（3）放炮母线破损处多的应及时更换。

14. 放炮后，顶板检查不到位

治理措施：

（1）进入工作面检查沿途支护，发现锚杆、锚索松动的及时紧固。

（2）使用长把工具拆净伪顶活煤、活石。

（3）拆茬从顶板开始，先拆上部后拆下部。

15. 放炮地点、警戒位置数量不符合规定

（1）放炮地点警戒位置由工程技术人员确定，满足工作面放炮要求。

（2）放炮地点符合躲炮距离规定。

（3）警戒执行三道防线。

16. 喷浆作业不按规程施工

治理措施：

（1）喷砼作业按程序操作。

（2）风机正常运转，开启喷雾。

（3）拌料均匀，符合规定。

（4）掩护设备设施。

（5）冲洗煤岩尘。

（6）佩戴劳动防护用品。

17. 高压风管、水管连接不使用专用卡子

治理措施：

（1）高压风管、水管之间连接及风锤、风钻连接使用专用卡子。

（2）专用卡子必须完好无破损。

（3）高压风管、水管吊挂捆绑牢固。

18. 起吊物料未按规定操作

治理措施：

（1）严禁使用支护的顶梁、帮梁、锚杆、锚索起吊重物，以防锚梁失效。

（2）起吊前必须了解物料的重量、形状、性能以及被起吊物料的捆绑情况等。

（3）承载设备的承重能力必须符合要求，其承载能力要大于所起吊物料的重量。

（4）起吊物料时，人员严禁在物料坠落的下方。

（5）现场专人指挥，与起吊工作无关人员躲到安全地点。

19. 未拆净工作面活石就进行其他作业

治理措施：

（1）未拆净活石严禁其他作业。

（2）大锤、撬棍、手镐等安全工具齐全有效。

（3）一人监护、一人用长把工具由外向里依次拆除，其他人员躲到安全地点。

20. 绝缘装置失效没有及时更换

治理措施：

（1）专人负责定期检查清理维护绝缘装置。

（2）绝缘装置失效及时更换。

21. 倒车不规范

治理措施：

（1）按规定进行倒车。

（2）鸣哨指挥顶拉车，车辆停稳摘挂车。

（3）开车启动前后看，人员撤到安全点。

（4）人前车后分道走。

22. 不使用专用工具起复落道车

治理措施：

（1）使用起道器起复落道车辆。

（2）严禁使用车头顶拉复轨落道车辆。

（3）统一指挥，无关人员躲至安全地点。

23. 蓄电池电机车不完好

治理措施：

（1）不得带病使用蓄电池电机车，有专人负责检修。

（2）车灯、闸、铃保持完好，沙箱装满沙子。

（3）开车前试运行，有问题立即处理。

24. 不按规程规定操作耙斗机

治理措施：

（1）定期检修、保养。

（2）卡轨器紧固，连接螺栓无松动。

（3）耙斗运转有照明、绳道之间无行人。

（4）护杆接顶、停止运转锁电源。

25. 接车台安全设施不全

治理措施：

（1）接车台有操作安全平台、防滑行人梯。

（2）接车台按规定安装照明。

（3）砑挡高度符合规定，缓冲装置齐全有效。

（4）声光信号位置合理且灵敏可靠。

26. 斜坡绞车安装、运行不符合规定

治理措施：

（1）绞车地锚螺栓紧固，压盘撑上下端结实有效。

（2）护网齐全可靠。

（3）钢丝绳定期检查并有记录。

（4）声光信号位置合理且灵敏可靠。

（5）绞车运行时，绳道内严禁有人。

27. 特殊工种无证上岗

治理措施：特殊工种作业人员必须持证上岗，无证人员不许从事相应工种作业。

三、机电专业

（一）主要提升装置事故隐患及治理措施

1. 立井提升信号装置不符合要求

治理措施：

（1）从不同水平发出的信号有区别。

（2）井底车场的信号由井口信号工转发（紧急停车信号允许直发）。

（3）井口信号装置与绞车控制回路联锁。

（4）井口、井底和中间运输巷的安全门与提升信号联锁。

（5）井口、井底和中间运输巷的罐位与提升信号联锁。

（6）井口、中间运输巷摇台与罐笼停止位置、阻车器、提升信号联锁。

（7）井底罐座设置联锁，罐座未打开，发不出开车信号（提人时禁止使用罐座）。

（8）操控系统设置与信号联锁。

（9）除常用的信号装置外，有完好的备用信号装置。

2. 立井提升容器没有防坠器或防坠器不完好

治理措施：

（1）按规定安装防坠器。

（2）制订检修计划，按计划检修，定期清理油污。

（3）按规定进行试验，满足使用要求。

3. 立井提升容器罐耳间隙超标，罐道和罐耳的磨损超过规定

治理措施：

（1）测量罐道和罐耳的间隙、磨损量，准备新罐道或新罐耳。

（2）更换磨损超过规定的罐道或罐耳。

（3）紧固罐道和罐耳固定螺母，调整罐道和罐耳间隙满足规定要求。

4. 速度大于 3 m/s 的立井提升系统没有防撞梁和托罐装置，或装置功能失效

治理措施：

（1）按规定安装防撞梁和托罐装置。

（2）按检修计划检查、维修防撞梁和托罐装置。

（3）定期试验防撞梁和托罐装置的可靠性。

5. 立井过卷高度和过放距离不符合规定或未安设性能可靠的缓冲装置

治理措施：

（1）按规定安装防撞梁和托罐装置。

（2）测量并调整过卷高度，满足要求。

（3）清理过放距离内的杂物，确保过放距离符合规定。

6. 立井提升容器没有使用楔形连接装置或楔形连接装置不完好

治理措施：

（1）定期检测楔形连接装置。

（2）备用检测合格的楔形连接装置。

（3）更换楔形连接装置。

（4）定期维护检查楔形连接装置。

7. 斜井提升信号装置不符合要求

治理措施：

（1）从不同水平发出的信号有区别。

（2）井底车场的信号由井口信号工转发（紧急停车信号允许直发）。

（3）井口信号装置与绞车控制回路联锁。

（4）操控系统与信号联锁。

（5）除常用的信号装置外，有完好的备用信号装置。

8. 斜井提升的阻车器、跑车防护装置或挡车栏设置不规范或失效

治理措施：

（1）在倾斜井巷内安设能够将运行中断绳、脱钩的车辆阻止住的跑车防护装置。

（2）在各车场安设能够防止带绳车辆误入非运行车场或区段的阻车器。

（3）在上部平车场入口安设能够控制车辆进入摘挂钩地点的阻车器。

（4）在上部平车场接近变坡点处，安设能够阻止未连挂的车辆滑入斜巷的阻车器。

（5）在变坡点下方略大于1列车长度的地点，设置能够防止未连挂的车辆继续往下跑车的挡车栏。

（6）定期检查试验阻车器和防跑车装置。

（7）安装视频监控装置，监视防跑车装置的开闭状态。

9. 提升钢丝绳选用不符合要求

治理措施：

（1）钢丝绳悬挂时的安全系数符合规定。

（2）单绳提升的 2 根主提升钢丝绳必须采用同一捻向或不旋转钢丝绳。

（3）提升装置的天轮、滚筒、摩擦轮、导向轮和导向滚等的最小直径与钢丝绳直径之比值符合要求。

（4）天轮、导向轮的直径或滚筒上绕绳部分的最小直径与钢丝绳中最粗钢丝的直径之比值符合要求。

（5）核对选用钢丝绳参数指标与提升装置匹配。

（6）更换钢丝绳时，保存钢丝绳铭牌、证书资料。

10. 提升钢丝绳锈蚀严重、断丝或磨损超标、安全系数不够

治理措施：

（1）定期检测钢丝绳使用状况。

（2）主要备用提升钢丝绳检测合格。

（3）更换钢丝绳。

（4）定期维护检查、涂油。

11. 提升装置的滚筒上缠绕的钢丝绳层数及钢丝绳头的固定不符合规定

治理措施：

（1）立井升降人员和物料不超过 1 层，余绳剁掉或更换钢丝绳。

（2）斜井升降物料不超过 3 层，余绳剁掉或更换钢丝绳。

（3）钢丝绳头固定有特备的容绳或卡绳装置，严禁系在滚筒轴上。

（4）绳孔不得有锐利的边缘，钢丝绳的弯曲不得形成锐角。

（5）滚筒上经常缠留 3 圈绳，用以减轻固定处的张力。

（6）定期检查钢丝绳缠绕情况。

（7）经常紧固钢丝绳头固定装置。

12. 提升容器的最大速度和加、减速度不符合要求

治理措施：

（1）设计时按要求选型。

（2）定期维护加、减速度功能装置。

13. 提升装置必须装设的保险装置内容不全，或保护失效

治理措施：

（1）按《煤矿安全规程》要求设置保险装置。

（2）定期检查试验保险装置。

（3）定期维护检修保险装置。

14. 提升装置制动系统不可靠

治理措施：

（1）经常维护检修制动系统。

（2）测量调整闸间隙，使之符合规定。

（3）更换磨损超标的闸皮、蝶簧。

（4）紧固调整制动系统零部件。

15. 提升装置电控系统出现异常

治理措施：

（1）经常维护检修电控系统。

（2）更换损坏元件、配件。

（3）调试电控系统，满足使用要求。

16. 主提升操作人员未持证上岗，未执行"一人操作一人监护"制度

治理措施：

（1）经常检查人员持证上岗情况。

（2）按要求配置操作人员。

（3）经常查岗。

17. 井筒、井架设施检查、检修安全防护设施不齐全、不完好

治理措施：

（1）安全帽、安全带、防滑胶靴等劳动防护用品配置要完好齐全。

（2）设置工作警戒区域。

（3）安全梯、安全护栏、安全伞、安全挡设置合理有效。

18. 架空人车驱动装置制动器不可靠、失灵

治理措施：

（1）经常维护检修制动器。

（2）测量调整闸间隙，使之符合规定。

（3）更换磨损超标的闸皮。

（4）紧固调整制动器零部件。

（5）更换完好的制动器。

19. 架空人车掉座、掉绳、钢丝绳打滑、吊杆与钢丝绳固定不牢固

治理措施：

（1）紧固空人车座椅吊杆。

（2）更换磨损严重的托绳轮。

（3）紧固调整托绳轮。

（4）清理钢丝绳表面的油污、加大摩擦阻力。

20. 架空人车保护装置设置不规范、失灵

治理措施：

（1）按规定设置保护装置。

（2）定期检查、试验保护装置。

（3）定期维护、检修保护装置。

（4）更换失灵的保护装置，满足要求。

（二）主提升胶带运输机事故隐患及治理措施

1. 主提升胶带运输机主要保护装置不齐全完好

治理措施：

（1）按《煤矿安全规程》要求设置保护装置。

（2）定期检查试验保护装置。

（3）经常维护检修保护装置。

2. 主提升胶带运输机驱动装置、液力耦合器、传动滚筒、尾部滚筒没有保护罩和保护栏杆

治理措施：

（1）安装保护罩和保护栏杆。

（2）经常维护、检修保护罩和保护栏杆。

（3）紧固调整保护罩和保护栏杆。

3. 钢丝绳芯输送带严重磨损漏出芯胶层

治理措施：

（1）经常维护、检修输送带。

（2）更换输送带。

4. 钢丝绳芯输送带纵向撕裂或横向撕裂超过10%

治理措施：

（1）经常维护、检修输送带。

（2）测量核准撕裂宽度。

（3）更换输送带。

5. 钢丝绳芯输送带接头未定期透视探伤或接头有松动、鼓包等异常现象

治理措施：

（1）经常维护、检修输送带。

（2）测量核准探伤或接头松动情况。

（3）重新做接头。

6. 主提升胶带输送机人行道侧没有敷设消防管路，水龙头、灭火软管配备不齐或没有消防水

治理措施：

（1）按《煤矿安全规程》要求设置消防管路。

（2）经常维护、检修消防管路。

（3）经常检查、试验消防水龙头。

7. 钢丝绳牵引带式输送机主要保护装置不齐全完好

治理措施：

（1）按规定要求设置保护装置。

（2）定期检查、试验保护装置。

（3）经常维护、检修保护装置。

8. 主提升胶带运输机设施检查、检修安全防护设施不齐全、不完好

治理措施：

（1）制订检修工作方案。

（2）配齐合格的劳动防护用品。

（3）设置工作区域警戒。

（4）材料、配件、工具准备齐全。

（5）安全设施设置合理有效。

（三）主要排水设备事故隐患及治理措施

1. 水泵排水能力不符合要求，排水管路与水泵能力不匹配

治理措施：

（1）按规定要求设置水泵和排水管路。

（2）经常维护、检修水泵和排水管路。

2. 排水泵房硐室及进出口防水密闭门不符合要求

治理措施：

（1）按规定要求设置水泵硐室。

（2）按规定要求设置防水密闭门。

（3）定期试验防水密闭门的开启、关闭。

（4）经常清理防水密闭门周围的杂物。

（5）保管好防水密闭门启、闭工具。

3. 排水泵房硐室变形影响排水设施正常运行

治理措施：

（1）掩护受影响排水设施。

（2）加固、修理泵房硐室。

（3）拆除受影响排水设施。

4. 排水泵房供电系统、启动控制设施及保护不符合要求

治理措施：

（1）按要求设置保护装置。

（2）定期检查、维护泵房供电系统、启动控制设施。

（3）更换保护装置、启动控制设施。

5. 水仓进口处没有安设箅子或箅子失效

治理措施：

（1）按要求安设箅子。

（2）定期检查、维护箅子。

（3）清理箅子周围杂物。

6. 水仓、沉淀池和水沟淤泥堆积，未及时清理，不能满足排水要求

治理措施：

（1）定期测量、核算水仓、沉淀池和水沟储水排水能力。

（2）定期检查、巡视水仓、沉淀池和水沟淤泥堆积情况。

（3）清理淤泥杂物。

7. 主排水设施检查、检修安全防护设施不齐全、不完好

治理措施：

（1）材料、配件、工具准备齐全。

（2）配齐合格的劳动防护用品。

（3）高空作业系好安全带、做好防护措施。

（4）有限空间作业，加强通风。

（5）大件搬运使用专用工具。

（四）主要通风机事故隐患及治理措施

1. 主要通风机发生振动、异响，不能保证连续稳定运转

治理措施：

（1）按要求设置振动检测装置。

（2）经常维护、检修主要通风机。

（3）更换轴承及配件。

2. 风机房内仪器、仪表不全

（1）按要求设置仪器、仪表。

（2）经常维护、检修仪器、仪表。

（3）更换仪器、仪表。

（4）定期检测仪器、仪表。

3. 轴承超温保护失效

（1）检测修理轴承超温保护装置。

（2）更换轴承超温保护装置。

4. 主要通风机房供电、启动控制设施及保护不符合要求

治理措施：

（1）经常维护、检修电控系统。

（2）更换损坏元件、配件。

（3）试验、检修保护装置。

5. 不能够保证在 10 min 内启动另一台主要通风机

治理措施：

（1）经常维护、检修电控系统。

（2）更换损坏元件、配件。

（3）试验、检修保护装置。

（4）培训操作人员，熟练掌握通风机启动、轮换程序。

6. 主要通风机及其供电线路、变配电、控制设备未进行轮换工作

治理措施：

（1）经常维护、检修电控系统。

（2）轮换主要通风机工作。

7. 主要通风机轴承润滑不良

治理措施：

（1）核对润滑油脂牌号。

（2）按要求加入适量的润滑油脂。

（3）定期检查轴承润滑情况。

8. 主要通风机检查、检修时安全防护设施不齐全、不完好

治理措施：

（1）材料、配件、工具准备齐全。

（2）配齐合格的劳动防护用品。

（3）高空作业系好安全带、做好防护措施。

（4）大件搬运使用专用工具。

（五）空气压缩机事故隐患及治理措施

1. 空气压缩机无断水、断油保护或保护失效

治理措施：

（1）检测、修理断水、断油保护装置。

（2）更换断水、断油保护装置。

2. 排气温度超标，超温保护失效

治理措施：

（1）检测、修理排气超温保护装置。

（2）更换排气超温保护装置。

（3）试验确认排气超温保护装置动作正常。

3. 风包无超温保护或失效

治理措施：

（1）检测、修理超温保护装置。

（2）更换超温保护装置。

（3）试验确认超温保护装置动作正常。

4. 风包安全附件配置不全

治理措施：

（1）按《煤矿安全规程》要求设置安全附件。

（2）定期检查、试验安全附件。

（3）经常维护、检修安全附件。

5. 固定式压缩机和风包在井下没有分别设置在两个硐室内

治理措施：

（1）按要求设计施工。

（2）重新安装压缩机，使压缩机和风包设置在 2 个硐室内。

（3）重新安装风包，使压缩机和风包设置在 2 个硐室内。

（4）重新设计压缩机硐室，重新安装压缩机和风包。

（5）采取修建隔离墙措施，隔断压缩机和风包。

6. 空气压缩机风包上没有装设动作可靠的安全阀和放水阀

治理措施：

（1）按要求安装安全阀和放水阀。

（2）试验安全阀和放水阀的灵活性。

（3）送检、校准安全阀。

（4）更换安全阀、维修放水阀。

7. 各部截门、逆止阀、电动球阀、电动截门等损坏或开启、关闭不灵活

治理措施：

（1）检查、修理各部截门、逆止阀、电动球阀、电动截门等。

（2）更换不灵活的截门、逆止阀、电动球阀、电动截门等。

8. 在用空气压缩机没有按要求检测

治理措施：

（1）停止运行。

（2）按要求检测。

（3）检测合格后恢复运行。

9. 压风自救系统的空气压缩机未安装在地面，不能在 10 min 内启动

治理措施：

（1）按要求安装在地面，并试验启动情况。

（2）检修电控系统。

（3）更换损坏元件、配件。

（4）试验、检修保护装置。

10. 空气压缩机检查、修理安全防护设施不齐全、不完好

治理措施：

（1）材料、配件、工具准备齐全。

（2）配齐合格的劳动防护用品。

（3）高空作业系好安全带、做好防护措施。

（4）有限空间作业，保证通风良好。

（5）大件搬运使用专用工具。

（六）采掘设备存在事故隐患及治理措施

1. 采煤机

（1）采煤机存在的事故隐患：

1）采煤机截煤滚筒松动或截齿松动。

2）采煤机与工作面刮板运输机运行的闭锁装置失灵。

3）采煤机无水或喷雾装置损坏。

4）采煤机电控系统保护发生故障。

5）采煤机其他事故隐患。

（2）采煤机事故隐患治理措施：

1）紧固或焊接截煤滚筒、截齿。

2）检查闭锁装置，恢复闭锁功能。

3）疏通水路、更换喷雾装置。

4）维修电控系统故障，恢复保护功能。

2. 刮板输送机

（1）刮板输送机存在的事故隐患：

1）刮板输送机在运行中有飘链。

2）刮板输送机机头、机尾翻翘、溜槽拱翘。

3）刮板输送机液力耦合器使用不合格的充填液、易爆片、易熔合金塞。

4）刮板输送机刮板链磨损超限。

5）刮板输送机联轴器无对轮罩或对轮罩不合格。

6）刮板输送机其他事故隐患。

（2）刮板输送机事故隐患治理措施：

1）停止刮板输送机运行，紧固输送链。

2）调整刮板输送机机头、机尾、溜槽。

3）更换合格的充填液、易爆片、易熔合金塞。

4）更换刮板输送机刮板链。

5）加装或更换合格的刮板输送机联轴器对轮罩。

3. 带式输送机

（1）带式输送机存在的事故隐患：

1）胶带输送机驱动装置、传动滚筒、尾部滚筒没有保护栏杆。

2）胶带输送机液力偶合器使用不合格的充填液、易爆片、易熔合金塞。

3）胶带输送机联轴器无对轮罩或对轮罩不合格。

4）人员需要横跨胶带输送机处无过桥。

5）胶带输送机保护不全或保护失效。

（2）带式输送机事故隐患治理措施：

1）安装保护栏杆。

2）使用合格的充填液、易爆片、易熔合金塞。

3）加装或更换合格的刮板输送机联轴器对轮罩。

4）安装行人过桥。

5）按要求安装胶带输送机保护装置，并试验有效。

4. 掘进机

（1）掘进机存在的事故隐患：

1）掘进机警报信号失效。

2）掘进机前照明灯、尾灯失效。

3）掘进机紧急停止运转按钮失效。

4）掘进机无水或喷雾装置损坏。

5）掘进机其他事故隐患。

（2）掘进机事故隐患治理措施：

1）检查掘进机警报信号，恢复警报功能。

2）检修掘进机照明灯、尾灯，恢复照明。

3）检修掘进机紧急停止按钮，恢复功能。

4）疏通水路、更换喷雾装置。

5. 侧卸式装岩（煤）机

（1）侧卸式装岩（煤）机存在的事故隐患：

1）行走部履带架有裂纹，弹簧不完整、不齐全，履带板破裂，松弛度超过 30～50 mm。

2）液压系统油缸动作不灵活、不可靠，油管及接头牢固不可靠，油路不畅通、漏油。

3）油压分配阀手把动作不正确、不灵活。

4）压力表不齐全，动作不灵敏不正确。

5）电气系统照明灯不齐全，按钮开关不完好、损坏。

6）工作机构结构件不完好、变形、开焊等。

7）棚子整体变形，紧固螺栓不齐全、紧固失效。

8）不能前进、后退、左右拐弯，动作不灵活。

（2）侧卸式装岩（煤）机事故隐患治理措施：

1）更换、调整行走部履带、履带架。

2）疏通液压油路、紧固管路连接装置。

3）调整油压分配阀手把，恢复其灵活性。

4）按要求安装压力表，更换为校验合格的压力表。

5）按要求安装照明，更换按钮开关。

6）焊接、整形、修补工作机构。

7）焊接、整形、修补工作棚，紧固螺栓。

8）调整前进、后退、左右拐弯工作机构，确保动作灵活。

6. 耙斗装岩机

（1）耙斗装岩机存在的事故隐患：

1）机体卡轨器松动，机架晃动、异响。

2）牵引绞车滚筒有裂纹，钢丝绳固定松动。

3）制动闸动作不灵活。

4）闸带断裂，磨损超标。

5）钢丝绳与耙斗固定松动。

6）导料槽严重变形、磨损、漏矸，防护栏不齐全。

7）尾轮破损，转动不灵活，固定不可靠、晃动。

8）尾轮没有防止钢丝绳出槽的保护装置。

（2）耙斗装岩机事故隐患治理措施：

1）紧固机体卡轨器、机架。

2）更换牵引绞车，紧固钢丝绳固定装置。

3）调整制动闸，动作灵活。

4）更换闸带，调整闸带。

5）紧固钢丝绳与耙斗的连接。

6）整形修补导料槽，安装防护栏保持完好。

7）焊接、修补尾轮，调整转动机构，紧固固定螺栓。

8）安装防尾轮钢丝绳出槽保护装置。

7. 挖掘式装载机

（1）挖掘式装载机存在的事故隐患：

1）电动机声音异常，转向不正确。

2）输送机刮板链条松，有卡链现象。

3）液压系统油管及接头牢固不可靠，油路不畅通、漏油。

4）操纵手柄动作不灵活。

5）压力表不完好。

6）行走部履带架有裂纹，弹簧不完整齐全，履带板破裂，松弛度超过 30~50 mm。

7）不能前进、后退、左右拐弯，动作不灵活。

8）照明灯不齐全，按钮开关不完好、损坏。

9）链轮严重磨损。

（2）挖掘式装载机事故隐患治理措施：

1）检查维修使电动机完好，转向正确。

2）调整输送机刮板链条。

3）疏通液压系统油管，检查紧固油管接头。

4）调整操纵手柄，动作灵活。

5）按要求安装照明，更换按钮开关。

6）焊接、整形、修补工作机构。

7）焊接、整形、修补工作棚，紧固螺栓。

8）调整前进、后退、左右拐弯工作机构，确保动作灵活。

8. 液压支架

（1）液压支架存在的事故隐患：

1）软管被堵死或被砸伤，破裂、漏液。

2）软管接头脱落或扣压不紧，接头密封损坏、漏液。

3）操纵阀动作不灵活。

（2）液压支架事故隐患治理措施：

1）疏通、修理液压软管。

2）紧固软管接头，更换接头密封件。

3）调整操纵阀，确保动作灵活。

9. 转载机

（1）转载机存在的事故隐患：

1）冷却水管、高压软管有损坏、漏液。

2）各传动装置有异常振动。

3）在运行中有飘链。

（2）转载机事故隐患治理措施：

1）疏通、修理冷却水管、高压软管。

2）调整各传动装置。

3）调整链条。

10. 乳化液泵、喷雾泵

（1）乳化液泵、喷雾泵存在的事故隐患：

1）连接管路折叠、损坏，连接处渗油。

2）缺油运行。

3）泵站压力表损坏或失灵。

4）泵站轴瓦、连杆损坏继续运行。

（2）乳化液泵、喷雾泵事故隐患治理措施：

1）疏通、修理连接管路。

2）经常观察油位，及时补油，确保油量充足。

3）更换合格的压力表。

4）修理更换泵站轴瓦、连杆配件。

11. 锤式破碎机

（1）锤式破碎机存在的事故隐患：

1）进、出料口的（皮带）挡煤帘不完好。

2）锤头磨损严重、锤轴运转不平衡。

（2）锤式破碎机事故隐患治理措施：

1）修理挡煤帘，确保完好。

2）修理或更换锤头、调整锤轴确保运转平衡。

12. 煤矿用液压掘进钻车

（1）煤矿用液压掘进钻车存在的事故隐患：

1）液压油箱缺油、空压机缺油运行。

2）支腿不完好或缺支腿。

3）压力表损坏或失灵。

（2）煤矿用液压掘进钻车事故隐患治理措施：

1）经常观察油位，及时补油，确保油量充足。

2）修理或更换支腿，确保支腿完好有效。

3）更换合格的压力表。

13. 混凝土喷射机

（1）混凝土喷射机存在的事故隐患：

1）连接部件不牢固，旋转滑移部位不灵活。

2）压力表损坏或失灵。

（2）混凝土喷射机事故隐患治理措施：

1）紧固连接部件，调整旋转滑移部位，动作灵活。

2）更换完好的压力表。

14. 炮土机

（1）炮土机存在的事故隐患：

1）连接部件不牢固，旋转滑移部位不灵活。

2）停止使用后，开关不打零位、闭锁。

（2）炮土机事故隐患治理措施：

1）紧固连接部件，调整旋转滑移部位，动作灵活。

2）停止使用后，开关打零位、闭锁。

15. 凿岩机

（1）凿岩机存在的事故隐患：

1）风路、水管路密封不严。

2）凿岩工没有穿工作服，头灯线、帽斗带没扎好。

3）领钎工戴手套。

（2）凿岩机事故隐患治理措施：

1）疏通风路、水管路，紧固风路、水管路连接件、密封件。

2）凿岩工穿好工作服，头灯线、帽斗带扎好。

3）领钎工禁止戴手套。

16. 风镐

（1）风镐存在的事故隐患：

1）管路、连接头损坏，连接部位不牢固。

3）更换镐钎时，未关闭风管截门。

（2）风镐事故隐患治理措施：

1）疏通管路，紧固连接头、连接部位。

2）更换镐钎时，关闭风管截门。

17. 气动手持式钻机

（1）气动手持式钻机存在的事故隐患：

1）风管、水管不严，连接头不牢固。

2）操作工戴手套，用手去握持钻杆。

（2）气动手持式钻机事故隐患治理措施：

1）疏通风管、水管，紧固连接头。

2）操作工严禁戴手套，严禁用手去握持钻杆。

18. 锚杆钻机

（1）锚杆钻机存在的事故隐患：

1）风管、水管不严，连接头不牢固。

2）更换钻钎时，未关闭风管截门。

3）凿岩工未穿工作服，头灯线、帽斗带没扎好。

4）领钎工戴手套。

5）支腿不完好或缺支腿。

（2）锚杆钻机事故隐患治理措施：

1）疏通风管、水管，紧固连接头。

2）更换钻钎时，关闭风管截门。

3）凿岩工穿好工作服，头灯线、帽斗带扎好。

4）领钎工严禁戴手套。

5）检修或更换完好支腿，确保支腿有效。

（七）电气安全方面存在的事故隐患及治理措施

1. 线路不合格

高压架空线路安全距离不满足规程要求或线杆不合格，线杆避雷器接地不合格，拉线丢失等。

治理措施：

（1）调整高压架空线相间距离，确保架空线相间安全距离满足相应电压等级的要求。

（2）清理进入高压架空线路安全距离范围内的导电体，确保架空线路对地安全距离。

（3）更换合格的线杆。

（4）检查紧固接地线、拉线、线杆固定件，确保高压架空线路线杆稳固、完好。

2. 高压开关柜防误操作装置不完善或失效

治理措施：

（1）停止运行设备。

（2）安装防误操作装置或更换具有防误操作装置的新开关柜。

（3）试验防误操作闭锁灵活可靠。

（4）投入运行。

3. 变压器不合格

变压器渗油、漏油或油质不合格，运行温度超过规定，不能满足运行条件。

治理措施：

（1）停止运行设备。

（2）更换变压器油、维修变压器或更换变压器。

（3）消除了事故隐患之后再投入运行。

4. 电缆不合格

电缆悬挂不符合规程要求以及拖地、浸泡、修巷时不进行防护，严重发热等。

治理措施：

（1）用专用电缆卡悬挂电缆。

（2）电缆与风管或水管应分开悬挂，电缆与压风管、供水管在巷道同一侧敷设时，必须敷设在管子上方，并保持 0.3 m 以上的距离，并不得遭受淋水。

（3）掩护电缆，清理电缆上吊挂的杂物。

（4）高、低压电缆敷设在巷道同一侧，高、低压电缆之间的距离应大于 0.1 m。高压电缆之间、低压电缆之间的距离不得小于 50 mm。

（5）定期巡视电缆的吊挂、使用情况。

5. 变电所不合格

地面变电所和井下中央变电所高压馈电线的接地保护选择性及可靠性达不到要求。

治理措施：

（1）停止高压馈电线馈电开关运行。

（2）更换馈电线馈电开关的选择性保护装置。

（3）试验高压馈电线馈电开关选择性保护装置的灵敏可靠。

（4）馈电线馈电开关消除了事故隐患之后再投入运行。

6. 井下电气设备不合格

井下电气设备的接地极、接地线不完好，接地电阻不符合规程要求。

治理措施：

（1）更换不合格的接地线、接地极。

（2）紧固接地线、接地极连接，固定牢固。

（3）局部接地装置，与主接地极连接成 1 个总接地网。

（4）连接主接地极的接地母线，应采用截面不小于 50 mm² 的铜线，或截面不小于 100 mm² 的镀锌铁线，或厚度不小于 4 mm、截面不小于 100 mm² 的扁钢。

（5）定期检查、检测电气设备的接地装置。

7. 低压供电系统漏电保护动作不符合要求

治理措施：

（1）停止低压开关运行。

（2）更换低压开关的漏电保护装置。

（3）调试低压开关的漏电保护装置。

（4）试验低压开关漏电保护装置灵敏可靠。

（5）低压开关消除了事故隐患之后再投入运行。

8. 防爆电气设备失爆

治理措施：

（1）停止防爆电气设备运行。

（2）紧固防爆螺栓。

（3）防爆面涂油处理。

（4）更换完好的防爆电气设备。

（5）防爆电气设备消除了事故隐患之后再投入运行。

9. 变电硐室不合格

变电硐室变形、淋水、用可燃型材料支护，超过 6 m 时只有一个出口，灭火器配置不符合要求，防火门不符合要求。

治理措施：

（1）变电硐室不得有影响设备运行的变形，若有必须挪出设备另选硐室。

（2）变电硐室有淋水必须用风筒布或石棉瓦、瓦楞铁等做引水，避免电气设备直接淋水。

（3）变电硐室若用可燃型材料支护，必须更换为不延燃材料支护，不能更换的另选硐室。

（4）超过 6 m 只有一个出口的硐室，严禁设为电气硐室，否则必须挪出设备另选硐室。

（5）灭火器按要求配置。

（6）防火门按要求设置。

10. 未按规定装设防雷电装置

治理措施：

（1）经由地面架空线路引入井下的供电线路和电机车架线，必须在入井处装设防雷电装置。

（2）由地面直接入井的轨道及露天架空引入（出）的管路，必须在井口附近将金属体进行不少于 2 处的良好的集中接地。

（3）通信线路必须在入井处装设熔断器和防雷电装置。

（4）定期检查接地装置，满足要求。

11. 井下电气设备选用不符合规定

治理措施：

（1）按矿井防爆要求选用电气设备。

（2）建立防爆电气设备入井许可制度，不符合要求的严禁入井。

（3）定期巡视、检查设备，有不符合要求的立即出井。

12. 易碰到的、裸露的带电体防护不合格

（1）易碰到的、裸露的带电体按电压等级做隔离防护网、栅栏、围墙等防护措施。

（2）在隔离防护网、栅栏、围墙上挂明显的警示标志。

（3）定期巡视检查电气设备隔离防护网、栅栏、围墙的完好情况。

13. 局部通风机没有风电闭锁装置或闭锁装置控制的停电范围不符合要求

治理措施：

（1）停止电气设备运行。

（2）按要求安装风电闭锁装置，确保闭锁装置控制的停电范围符合要求。

（3）电气设备消除了事故隐患之后再投入运行。

14. 高、低压供电系统设备没有定期进行电气试验及保护整定校验

治理措施：

（1）停止电气设备运行。

（2）按要求进行电气试验和保护整定校验。

（3）电气设备消除了事故隐患之后再投入运行。

15. 供电系统安装不规范，不能满足使用要求

治理措施：

（1）停止电气设备运行。

（2）按规范安装，满足使用要求。

（3）电气设备消除了事故隐患之后再投入运行。

16. 固定设备、供电线路、电控设备安装不经验收就投入使用

治理措施：

（1）停止电气设备运行。

（2）按要求组织验收。

（3）验收合格后，电气设备再投入运行。

17. 井下照明不合格

井下照明和信号装置未采用短路、过载荷漏电保护的综合保护装置或甩保护运行。

治理措施：

（1）停止照明或信号装置运行。

（2）按要求安装综合保护装置或更换完好的综合保护装置。

（3）照明或信号装置消除了事故隐患之后再投入运行。

18. 井下电、气焊作业不符合规定

治理措施：

（1）井下电、气焊施工前，必须制定电、气焊施工措施。

（2）电、气焊施工地点 20 m 范围内，不许有任何可燃物。

（3）必须按措施规定执行现场监督。

（4）必须按规定检测施焊地点的瓦斯。

（5）监护人必须掌握施焊措施相关内容。

（6）严格执行"先清后焊，先湿后焊，焊后检查"的规定。

19. 电气设备设施检修时，检修流程和安全防护不符合规定

治理措施：

（1）制订电气设备检修计划和流程。

（2）按检修计划和检修流程进行检修。

（3）准备充足、完好的验电笔，以及绝缘手套、绝缘靴、绝缘台等劳动防护用品。

（4）按要求佩戴或使用劳动防护用品。

四、运输专业

（一）主要运输巷道存在的事故隐患及治理措施

1. 巷道规格不满足行人、运输及设备安装、检修、施工的需要

治理措施：

（1）进行刷帮、卧道、调整轨道或挑顶。

（2）制定专项措施。

2. 运输巷两侧及双轨运输巷交锋之间的距离不符合要求

治理措施：

（1）调整轨道确保交锋间距。

（2）对大巷局部不合格地点刷帮处理。

（3）运输设备与巷道两侧突出部分之间的距离符合要求。

3. 电机车、矿车的连接装置没有按规定试验或试验结果不能满足要求

治理措施：

（1）退出使用，进行试验。

（2）对不满足要求的立即更换。

（3）指定专人对连接装置定期试验。

4. 用其他物品代替连接装置

治理措施：

（1）更换成专用连接装置。

（2）严禁用其他物品代替，发现一个处理一个。

（3）车辆运行前检查每辆矿车的连接装置。

5. 人员不按规定行走、乘车

治理措施：

（1）在大巷行走时，严格遵守"行车不行人"制度，上下班排队乘车。

（2）在大巷行走时，要走巷道两边的人行道，严禁走道心。

（3）乘车必须在规定的人车场上下车，听从跟车工和司机的指挥。

（4）每辆人车按规定人数乘车，严禁超员。

（5）列车运行中，严禁上下车，严禁蹬车、扒车和跳车。

（6）车辆运行中，严禁身体任何部位探出车外。

6. 同一运输水平，同时运行5台以上机车无信号集中闭塞系统

治理措施：

（1）在弯道或司机视线受阻的区段，设置列车占线闭塞信号。

（2）在井底车场和运输大巷，设置信号集中闭塞系统。

（3）制订机车运行专项方案及措施并认真执行。

（4）定期检查确保电机车通信系统畅通。

（5）电机车司机随时与调度站保持联系。

7. 在危险区段及弯道等处未安装自动声光报警信号

治理措施：

（1）按要求安装自动声光报警信号。

（2）电机车在进入弯道 40 m 以外鸣笛、减速。

（3）电机车行驶在危险区段及弯道时，车速不得超过 2 m/s。

（4）司机随时做好刹车准备。

8. 主要运输巷道及各车场照明不充足

治理措施：

（1）主要运输巷道及调车场的照明间距不大于 15 m。

（2）接车台前后 100 m 范围内照明间距不大于 20 m。

（3）人车停车场安装不少于一列车长度的照明，照明间距不大于 15 m。

9. 主要运输大巷或车场安装局部通风机时，局部通风机无消声装置

治理措施：

（1）局部通风机安装消声装置。

（2）大巷或车场安装局部通风机时，避开调车区域。

（3）使用完好、低噪节能型局部通风机。

10. 主要巷道标识牌不全

治理措施：

（1）主要巷道、石门口必须设置标识牌。

（2）道岔、扳道器、弯道应有警冲标和责任牌。

11. 斜巷运输安全设施装备不齐全、不完好

治理措施：

（1）在斜巷内安设能够将运行中断绳、脱钩的车辆阻止住的跑车防护装置。

（2）在车场安设能够防止车辆误入非运行车场的阻车器。

（3）在上部平车场入口安设能够控制车辆进入摘挂钩地点的阻车器。

（4）在上部平车场接近变坡点处，安设能够阻止未连挂的车辆滑入斜巷的阻车器。

（5）在变坡点下方略大于 1 列车长度的地点，设置能够防止未连挂的车辆继续往下跑车的挡车栏。

（6）斜巷运输上下车场、变坡点挡车装置和防对码信号必须齐全完好，信号装置声光具备、灵敏可靠。

（7）"一坡三挡"及常闭挡车栏每班检查、试验。

（8）每班工作前必须对安全装置进行一次手动试验。

（9）修理或更换不完好的挡车装置。

12. 斜巷串车提升未执行"一坡三挡"检查制度，各挡车器不能经常关闭

治理措施：

（1）斜坡上车场的第一道阻车器必须处于阻车状态，放车时，方准打开。

（2）检查确认第二道阻车器灵活可靠，处于关闭状态。

（3）检查确认第三道阻车器灵活可靠，处于关闭状态。

（4）检查上下把钩挡车栏、阻车器灵活可靠。

（5）清理上下把钩挡车器淤泥、积水。

（6）严格执行手接手交接班制度，认真填写交接班记录。

13. 提升时，上下车场人员没有进入安全躲避硐

治理措施：

（1）发开车信号前，人员必须进入安全躲避硐。

（2）车辆运行中上下车场严禁有人工作，工作人员必须进入安全躲避硐。

（3）绞车运行前，发出示警信号，人员立即就近躲入安全躲避硐。

（4）绞车正在运行，其他人员严禁进入绞车运输区域。

14. 长度大于 15 m 的斜巷未设声光信号，各坡口未加挡车栏

治理措施：

（1）绞车牵引斜长超过 15 m 时，必须安装声光信号。

（2）严禁用呼喊或使用摆灯作为替代信号。

（3）变坡点"一坡三挡"必须完好，正确使用，保证常闭状态。

（4）绞车运行区段两端、中间入口等处悬挂"正在提升，严禁行人"的警示牌。

15. 斜巷维修未执行不作业制度

治理措施：

（1）斜巷进行维修作业时，上下信号工负责看护工作，防止其他物件滑入斜坡或其他人员进入斜坡。

（2）斜巷上下车场进口处应安装"斜坡提升，禁止入内"的声光警示装置。

（3）车辆运行中，上下车场严禁有人工作，工作人员必须进入躲避硐。

（4）严格执行"行车不行人，行人不行车"的作业制度。

16. 斜巷运输不使用保险绳或者保险绳不合格

治理措施：

（1）每班工作前必须检查保险绳的完好情况。

（2）不合格和超长的保险绳立即更换。

（3）严禁不使用保险绳。

17. 矿车的连接装置以及矿车与钢丝绳的连接装置不符合规定

治理措施：

（1）必须使用专用连接装置。

（2）对不合格的连接装置立即更换。

（3）严禁用其他物品代替连接装置。

18. 斜井运输时，矿车的连接装置未使用防脱销装置

治理措施：

（1）必须使用专用防脱销装置。

（2）对不合格的连接装置立即更换。

（3）严禁用其他物品代替连接装置。

19. 斜巷轨道设施不符合规定

治理措施：

（1）轨道的铺设质量符合规定，并采取轨道防滑措施。

（2）托绳轮（地滚）按设计要求设置，并保持转动灵活。

（3）斜巷上端有足够的过卷距离，并有 1.5 倍的备用系数。

（4）斜巷各车场信号硐及安全躲避硐有足够的空间。

（5）提升物料时，必须检查牵引车数、各车的连接和装载情况。

20. 车辆落道上道时，不使用专用工具，用机车硬拉上道，上道时人员站在车辆两侧

治理措施：

（1）车辆落道时，电机车司机必须及时向调度站汇报，司机用复轨器、起道机、手动葫芦或千斤顶起复落道车上道。

（2）处理落道车时，必须专人负责指挥。

（3）处理落道车时，把落道车和该列车的其他车辆的连接装置断开，并将其他车辆打好专用车别子。

（4）操作人员必须检查专用工具及安全设施，确认无问题后方可使用。

（5）车辆上道时，人员必须站在安全地点。

（二）轨道存在的事故隐患及治理措施

1. 轨型与要求不符

治理措施：

（1）逐步更换不符合要求的轨道。

（2）新开拓水平轨型一致，符合要求。

2. 敷设轨道不符合规定

治理措施：

（1）扣件必须齐全、牢固，与轨型相符。

（2）轨道接头的间隙不得大于 5 mm，高低和左右错差不得大于 2 mm。

（3）直线段和加宽后的曲线段轨距上偏差不得大小+5 mm，下偏差不得大小−2 mm。

（4）曲线段内应设置轨距拉杆。

（5）轨枕的规格及数量应符合标准要求，间距偏差不得超过 50 mm。

（6）同一段线路必须使用同一型号钢轨。

3. 在有机车运行的线路上处理故障、施工时，该区段的两端 60 m 以外未设红灯示警和专人警戒

治理措施：

（1）在机车运行的线路上处理故障和维修轨道时，必须通知调度站并填写工作票。

（2）维修轨道前在维修地点前后 60 m 以外，必须派专人设警示标、挂红灯。

（3）通车轨道如需停车作业，通知调度站和有关人员，并在来车方向 60 m 外设置停车标志，悬挂警示红灯。

4. 运送物料、钢轨未使用专用车

治理措施：

（1）必须使用专用车运送。

（2）检查专用车捆绑情况。

（3）对未按要求执行的不予运输。

5. 机车与运送钢轨的车辆没有用矿车隔开，速度大于 2 m/s

治理措施：

（1）运送长料和大件时必须用矿车隔开。

（2）控制速度不超 2 m/s。

6. 井下电、气焊作业不符合规定

治理措施：

（1）井下电、气焊施工前，必须制定电、气焊施工措施。

（2）电、气焊施工地点 20 m 范围内，不许有任何可燃物。

（3）必须按措施规定执行现场监督。

（4）必须按规定检测施焊地点的瓦斯浓度。

（5）监护人必须掌握施焊措施相关内容。

（6）严格执行"先清后焊，先湿后焊，焊后检查"的规定。

（三）架空线存在的事故隐患及治理措施

1. 架空线架设质量不符合规定

治理措施：

（1）轨面至接触线最低高度，不行人的巷道为 1.9 m。

（2）行人的巷道内、车场内及人行道与运输巷道的交叉地方，架空线高度不得小于 2 m。

（3）井底车场内和从井底车场到乘车场，架空线高度不得小于 2.2 m。

（4）在工业广场内不与其他道路交叉的地方，架空线高度不得小于 2.2 m，与其他道路交叉的地方应采取吊桥式金属过线或软导线过线。

（5）电机车架空线与巷道顶或棚梁之间的距离不得小于 0.2 m。

（6）悬吊绝缘子距电机车架空线的距离，每侧不得超过 0.25 m。

（7）电机车架空线悬挂点的间距，在直线段内不得超过 5 m，在曲线段内不得超过规定值。

2. 架线作业时未穿戴规定的劳动保护用品

治理措施：

（1）按规定配备充足、完好的劳动保护用品。

（2）作业时必须按要求穿戴劳动保护用品。

（3）定期对劳动保护用品进行检查、实验。

（4）不合格的劳动保护用品严禁使用。

3. 检修、更换、延长牵引网路未征得调度站同意

治理措施：

（1）延长牵引网路提前填写工作票交调度站。

（2）施工前必须与调度站联系。

（3）检修、更换、延长牵引网路都必须征得调度站的同意后方可施工。

4. 施工时带电作业

治理措施：

（1）严禁带电作业。

（2）停电后，挂接地线和警示牌。

（3）施工时必须设专人看闸。

5. 未执行"谁停电谁送电"制度

治理措施：

（1）严禁约时停送电。

（2）严禁非专人停送电。

（3）作业人员必须学习停送电制度。

（4）停送电工作必须按规定执行。

6. 停电闭锁、停电作业牌无专人看管

治理措施：

（1）停电检修工作时，必须将开关闭锁。

（2）在开关手把上挂"有人工作、禁止合闸"警示牌。

（3）开关闸、警示牌、必须设专人看管。

7. 接地线未设在电源侧距施工地点前 10 m 处

治理措施：

（1）在施工地点来电方向设一组接地线。

（2）短路接地线一端紧固在架线上，另一端紧固在钢轨上。

（3）接地线必须设在电源侧距施工地点 10 m 外（可视范围内）。

（4）接地线时，先接接地端，后接架线端。

（5）拆地线时，先拆架线端，后拆接地端。

8. 施工地点两端未设专人警戒

治理措施：

（1）施工前，准备充足的警戒牌、警示红灯。

（2）在施工地点两端派专人警戒。

（3）警戒人员做好本职工作，防止车辆和人员误入。

9. 站在电机车上检查、检修牵引网路

治理措施：

（1）禁止站在电机车上检查、检修牵引网路。

（2）检查、检修牵引网路登高时，必须使用绝缘工具。

10. 地面检修在大风及雷雨天作业

治理措施：

（1）雷雨天禁止地面作业。

（2）大风天不允许登高作业。

（四）架线电机车存在的事故隐患及治理措施

1. 架线电机车不符合规定

治理措施：

（1）定期检修机车，及时处理故障。

（2）机车的闸、灯、警铃（喇叭）、集电器、连接装置和撒砂装置，任何一项不完好时，都不得使用该机车。

（3）列车或单独机车都必须前有照明，后有红灯，不完好不得运行。

（4）电机车制动距离必须满足以下规定：在运送物料时不得超过 40 m；运送人员时不得超过 20 m。

2. 架线电机车运行不符合规定

治理措施：

（1）正常运行时，机车必须在列车前端。

（2）机车在石门口、硐室口、弯道、道岔等地段，以及视线有障碍时，必须减速，并发出警笛。

（3）列车通过的风门，必须设有当列车通过时能够发出在风门两侧都能接收到声光信号的装置。

（4）两机车或列车在同一轨道的同一方向行驶时，必须保持不少于 100 m 的距离。

（5）调车时，严禁顶车运行。

3. 架线电机车运送人员不符合规定

治理措施：

（1）长度超过 1.5 km 的主要运输平巷，上下班时应采用机械运送人员。

（2）每班发车前，应检查各车的连接装置、轮轴和车闸等。

（3）严禁同时运送爆炸、易燃、腐蚀性的物品，或附挂物料车。

（4）列车行驶速度不得超过 4 m/s，严禁超员乘坐。

（5）听从司机的指挥，开车前必须关上车门或挂上防护链。

（6）机车运行中，严禁将头或身体探出车外。

（7）人体及所携带的工具和零件严禁露出车外。

（8）列车行驶中和未停稳时，严禁上下车和在车内站立。

（9）车辆落道时，必须立即向司机发出停车信号。

4. 电机车通信系统不畅通

治理措施：

（1）停止机车运行。

（2）及时与调度站联系。

（3）通知维修人员。

5. 电机车牵引的矿车数量超过规定

治理措施：

（1）电机车牵引矿车数量符合规程规定。

（2）司机及接车工清点矿车数量。

（3）及时与调度站联系。

（4）倒出超规定数量的矿车。

6. 使用电机车顶、拉落道机车复轨时，不符合规定

治理措施：

（1）制定可靠的专项措施。

（2）使用专用工具。

（3）人员躲开远离机车周围。

（4）统一指挥。

7. 运输大件时未使用专用车

治理措施：

（1）运输大件时制定专门的措施。

（2）使用专用运输车。

（3）检查专用车的完好与大件的捆绑情况。

（4）不完好不得使用。

8. 运输爆破材料不按规定执行

治理措施：

（1）炸药和雷管不应在同一列车内运输。

（2）如果用同一列车运输时，装有炸药和雷管的车辆之间，以及炸药或雷管的车辆同机车之间，都必须用两个空车隔开。

（3）爆破材料必须专人护送，严禁其他人员乘车。

（4）护送人员必须坐在尾车内。

（5）列车的行驶速度不得超过 2 m/s。

（6）装有爆破材料的列车不得同时运送其他物品或工具。

（五）蓄电池电机车存在的事故隐患及治理措施

1. 使用蓄电池电机车不符合规定

治理措施：

（1）定期检修蓄电池电机车，及时处理故障。

（2）蓄电池电机车的闸、灯、警铃（喇叭）、连接装置必须齐全完好。

（3）井下蓄电池充电室内必须采用矿用防爆型电气设备。

（4）测定蓄电池电压时，可使用普通型电压表，但必须在揭开电池盖 10 min 以后进行。

（5）蓄电池电机车的电气设备，必须在车库内打开检修。

2. 蓄电池电机车运行不符合规定

治理措施：

（1）正常运行时，机车必须在列车前端。

（2）正常行驶速度不大于 3 m/s，倒车速度不大于 1 m/s。

（3）机车通过弯道、道岔、局部通风机处以及巷道交叉点时，必须减速，并发出警笛。

（4）蓄电池电机车连接矿车必须使用专用销子。

3. 蓄电池电机车牵引矿车数量超过规定

治理措施：

（1）蓄电池电机车牵引矿车数量符合规定。

（2）蓄电池电机车运行前，司机及跟车工清点矿车数量。

4. 蓄电池电机车未在规定区域内行驶

治理措施：

（1）蓄电池电机车运行巷道边界必须悬挂"电瓶车严禁进入架线区域"标识牌。

（2）严禁将蓄电池电机车驶出规定的运行区域以外。

（3）进入架线巷道时，必须与调度室联系，得到同意后方可进入。

5. 蓄电池电机车倒车不符合规定

治理措施：

（1）蓄电池电机车司机在双轨巷倒车，一股道上有车，另一股道上有行人时，不得倒车。

（2）倒车道岔装车时，装好的第一个矿车要打专用车别子。

（3）顶车作业时，必须有倒车工指挥。

（4）倒车工确认道岔正确，躲至安全区域后，方可发出顶、拉车信号。

（5）车场倒车必须使用专用工具顶车、带车。

6. 蓄电池电机车落道，未使用专用工具复轨

治理措施：

（1）机车落道时不准强行牵引上道。

（2）落道时，使用起道器起复落道机车。

（3）起复落道机车必须有专人指挥。

7. 非专业人员焊接防爆蓄电池极柱

治理措施：

（1）防爆蓄电池极柱焊接由培训合格的专业人员操作。

（2）非专业人员严禁操作。

（3）现场监督检查。

8. 配置硫酸电解液时不用纯水或蒸馏水

治理措施：

（1）配制电解液的水必须采用纯水、蒸馏水或饮用纯净水。

（2）严禁采用自来水、污水。

（3）严禁采用井下防降尘静压水、裂隙水、水沟污水。

9. 配置电解液时不按规定穿戴劳动防护用品

治理措施：

（1）配齐胶靴、橡胶围裙、橡皮手套、护目眼镜和口罩等劳动防护用品。

（2）掌握配置电解液操作注意事项。

（3）正确使用胶靴、橡胶围裙、橡皮手套、护目眼镜和口罩等劳动防护用品。

10. 不按规定调和电解液

治理措施：

（1）掌握调和电解液操作工艺。

（2）严禁将水直接往硫酸里倒。

（3）将水先倒入容器内，然后将浓硫酸缓缓倒入水中，并不断搅拌溶液。

（六）矿车存在的事故隐患及治理措施

1. 矿车不完好

治理措施：

（1）立即停止运行。

（2）由专业维修人员进行修理。

（3）检修完好后验收合格方可使用。

2. 使用不符合规定的连接装置

治理措施：

（1）停止使用。

（2）更换成合格的连接装置。

3. 因故障必须在运输线路上修理矿车时，施工前未征得调度站同意、未在施工地点前后 60 m 处设安全警示标识

治理措施：

（1）必须请示调度站，并征得同意。

（2）在线路上检修，列车前后 60 m 处必须设安全警示标识。

4. 矿车装载的物料轮廓超规定

治理措施：

（1）检查超出部分是否符合规定。

（2）指定专人负责运送。

（3）捆绑牢固。

（4）超限则严禁运输。

（七）运送人员过程中存在的事故隐患及治理措施

1. 架空索道运送人员不符合规定

治理措施：

（1）在下人地点的前方，必须设有能自动停车的安全装置。

（2）在运行中人员要坐稳，不得引起吊杆摆动，不得手扶牵引钢丝绳，不得触及邻近的任何物体。

（3）运行中非紧急情况不得拉急停拉线。

（4）携带物料重量、长度符合规定。

（5）严禁同时运送携带爆炸物品的人员。

（6）每班必须对整个装置检查 1 次，发现问题要及时处理。

2. 平巷人车运送人员不符合规定

治理措施：

（1）每班发车前，应检查各车的连接装置、轮轴和车闸等。

（2）严禁同时运送有爆炸性、易燃性或腐蚀性的物品，或附挂物料车。

（3）列车行驶速度不得超过 4 m/s。

（4）人员上下车地点应有照明，人员上下车时必须切断该区段架空线电源。

（5）双轨巷道乘车场必须设信号区间闭锁，人员上下车时，严禁其他车辆进入乘车场。

3. 立井罐笼提升人员不符合规定

治理措施：

（1）罐笼每层内 1 次能容纳的人数应明确规定。

（2）升降人员和物料的单绳提升罐笼、带乘人的箕斗，必须装设可靠的防坠器。

（3）人员上下井时，必须遵守乘罐制度，听从信号工指挥。

（4）严禁在同一层罐笼内人员和物料混合提升。

4. 平巷人车运送人员时，乘车人员乘坐不规范

治理措施：

（1）乘车人员听从司机指挥，排队上下车，开车前必须关上车门或挂上防护链。

（2）人体及所携带的工具和零件严禁露出车外。

（3）列车行驶中和未停稳时，严禁上下车和在车内站立走动。

（4）严禁在机车上或两车厢之间搭乘。

（5）严禁超员乘坐。

（6）车辆落道时，必须立即向司机发出停车信号。

（八）煤仓放煤过程中存在的事故隐患及治理措施

1. 信号不清或无联系信号时开动给煤机

治理措施：

（1）给煤机司机要经常用电话与有关人员取得联系，了解煤仓中的储煤情况。

（2）给煤机司机每班要对斜坡环境、给煤机、液压闸门、信号按钮、载波电话等进行一次全面检查。

（3）给煤机司机开机前必须发信号联系，确认信号无误后，方能启动。

2. 大块物料、矸石、铁件等未及时处理

治理措施：

（1）发现有大块物料、矸石、铁件等，发信号联系停止放煤。

（2）发现设备出现异常，如异响、异味及不灵活时，停止放煤，检修处理。

（3）处理设备故障或大块物料、矸石、铁件时，必须一人操作一人监护。

（4）盯岗人员和班长现场指挥。

3. 溜煤槽放煤时，空槽距离超过规定

治理措施：

（1）充槽顺序符合规定，严禁两段同时充槽。

（2）禁止空槽溜放，空槽距离不得超过 20 m。

（3）在放煤过程中，工作人员要随时注意溜煤情况，发现异常及时处理。

4. 煤和矸石未分装分运

治理措施：

（1）工作面接煤台在装车时，专人负责进行分装。

（2）运输过程进行分运。

（3）入仓前，派专人清理大块矸石及杂物。

5. 处理煤仓、溜煤槽、溜煤嘴堵塞不符合规定

治理措施：

（1）处理溜煤嘴堵塞时必须设专人监护，严禁单人操作。

（2）煤仓棚仓时，人员严禁进入仓内，必须向盯岗人员汇报。

（3）放煤工在处理堵槽时，严禁进入槽内，必须系保险绳，用 2 m 以上的工具处理。

（4）捅煤工具不准正对操作人员，严禁人员钻入仓口内进行捅煤工作。

（5）煤仓下口被物料卡住、堵塞时，不得用手直接清除。

6. 放炮处理溜煤嘴堵塞不符合规定

治理措施：

（1）必须制定专项安全技术措施。

（2）放炮前将警戒区内的设备及架空线断电。

（3）爆破时炸药、雷管尽量贴近堵仓位置。

（4）放炮时应缩小放煤口，以防大量煤涌出。

（5）使用炮杆放炮时，把火药捆绑牢固后，伸到堵仓位置，将炮杆固定好。

（6）爆破前必须安排专人设置警戒，警戒设置符合爆破要求。

7. 溜煤嘴松动

治理措施：

（1）停止溜煤坡放煤。

（2）安排专业维修人员修理。

（3）处理前把仓内放空，确保安全防护设施齐全有效。

8. 煤仓有水未采取治理措施

治理措施：

（1）水量小时，关小放煤口，让水慢慢流出。

（2）水量大时，必须使用水泵排水。

（3）治理水源，防止水煤泥涌出。

9. 煤仓入口未安装篦子

治理措施：

（1）煤仓入口必须安装篦子。

（2）每班由专人负责检查。

（3）发现篦损坏立即修理或更换。

（九）矿用绞车存在的事故隐患及治理措施

1. 矿用绞车固定不符合规定

治理措施：

（1）绞车固定必须符合规定。

（2）开车前先检查压柱、戗柱是否松动。

（3）检查地脚螺栓是否紧固。

（4）及时紧固、松动螺栓。

2. 钢丝绳不完好

治理措施：

（1）严禁使用打结、硬弯、接疙瘩的钢丝绳。

（2）钢丝绳在一个捻距内断丝或磨损超过原钢丝绳截面积 10% 时必须更换。

（3）在用钢丝绳必须每班由专人检查一次，并认真填写钢丝绳检查记录，发现问题及时处理。

3. 滚筒上缠绕的钢丝绳层数及绳头的固定不符合规定

治理措施：

（1）钢丝绳与滚筒的连接必须采用穿入绳眼再用双压板压紧的方式连接。

（2）滚筒上的容绳量最外层距滚筒边缘高度不小于该绳直径的 2.5 倍。

（3）钢丝绳在滚筒上留有不少于 3 圈的余绳。

（4）滚筒备绳使用两副绳卡，固定牢固。

4. 矿用绞车护绳板不可靠

治理措施：

（1）按要求加装护绳板。

（2）绞车操作侧护绳板的规格和强度应符合要求。

（3）护绳板必须固定牢固、可靠。

（4）绞车护网规格尺寸符合要求，固定牢固。

5. 钢丝绳绳头、绳皮不合格

治理措施：

（1）绳头的绳环必须套绳皮，主绳头采用卡子数量必须满足要求。

（2）钢丝绳卡在同一侧布置，卡子螺母不得位于主绳同侧。

（3）紧固绳卡时必须考虑每个绳卡的合理受力，离套环最远处的绳卡不得首先单独紧固。

（4）绳皮与钢丝绳匹配，紧固件齐全。

6. 矿用绞车制动装置不完好

治理措施：

（1）绞车闸把、闸带无变形。

（2）各部位销子、螺栓、拉杆螺栓及背帽完整齐全。

（3）闸带无断裂，磨损余厚不得小于 4 mm（不得磨到铆钉）。

（4）施闸后，闸把位置在水平线以上 30°~40°。

7. 矿用绞车操作安全间隙不符合要求

治理措施：

（1）绞车原则上必须安装在绞车硐室内，与周围墙壁有效间距不少于 0.5 m。

（2）绞车正向安装时，提升中心线与轨道中心线误差不超过 50 mm。

（3）绞车侧向安装时，其最外缘距轨道外侧不得小于 0.5 m，钢丝绳不磨帮、顶。

8. 有严重咬绳、爬绳现象

治理措施：

（1）有咬绳、爬绳现象时，重新排绳。

（2）钢丝绳排列整齐。

（3）设专人负责排绳工作。

9. 连接装置不符合规定

治理措施：

（1）必须采用具有防脱性能的连接插销和三环连接装置。

（2）连接装置的各构件外观完整、无缺失部件，无裂纹、变形、破损现象。

（3）连接装置必须经过抽样检测试验，合格后方可使用。

（4）不得使用钢丝绳头和其他物品代替连接装置。

五、"一通三防"专业

（一）通风存在的事故隐患及治理措施

1. 主要进、回风巷道失修率超过规定

治理措施：

（1）由通风部门负责，确定需要修理巷道的区域、长度。

（2）维修施工单位制定巷道维修安全技术措施，并组织实施。

（3）修理后的巷道断面，主要通风运输巷不小于设计规格，其他巷道满足通风要求。

（4）巷道维修有困难或维修后巷道断面达不到要求时，可补打绕道。

（5）施工过程中，要采取防止巷道塌冒的措施，严禁浮煤、浮矸及杂物堵塞巷道。

2. 采区、采掘工作面的进、回风路线出现一处爬行或实际断面小于设计断面的2/3

治理措施：

（1）由所在生产单位制定措施，及时修理进、回风巷道，确保断面满足要求。

（2）因巷道底鼓、浮煤导致巷道断面变小的，生产班组及时进行拉底、清理浮煤。

（3）通风、安监等职能部门定期巡查采区、采掘工作面的进、回风路线，发现问题及时责令生产班组进行处理。

（4）施工过程中，要采取防止巷道塌冒的措施，严禁浮煤、浮矸及杂物堵塞巷道。

3. 采掘工作面及其他巷道风速不符合规定

治理措施：

（1）按规定测风，及时上报。

（2）采用局部通风机通风的地点，更换风筒或风机。

（3）全风压通风的地点，调整通风设施，增加风量。

（4）清理本采区通风巷道，增大通风巷道断面。

4. 局部通风机出现循环风

治理措施：

（1）对安装局部通风机的采区进行全面测风。

（2）调整局部通风机的安装位置。

（3）构筑设施，增加安装局部通风机巷道的进风量。

（4）调整风筒，改变局部通风机功率匹配。

5. 风筒出口距工作面距离不符合作业规程规定

治理措施：

（1）及时延接风筒，确保风筒末端到工作面距离符合规定。

（2）及时修补风筒破口，减少漏风，确保风筒出口风量。

（3）及时调整、吊挂风筒，确保风筒平直无死弯。

（4）工作面配备2条以上同规格备用风筒（包括一条长度为5 m左右的风筒）。

6. 局部通风机不能连续运转

治理措施：

（1）立即撤出停风地点的人员，查明停机原因。

（2）处理故障或更换局部通风机。

（3）按相关规定启动局部通风机，恢复通风。

（4）井下要有一定数量的备用风机。

7. 局部通风机防护罩不完好，安装、吊挂不合格

治理措施：

（1）局部通风机入井前，应确保机体完整。

（2）局部通风机防护罩损坏，应加装临时防护罩并及时更换。

（3）安装局部通风机必须使用专用架子或吊挂，离地高度和距轨道间距符合规定。

（4）采用吊挂风机的，其吊挂点不少于2处。

（5）风机运行时，运转平稳无晃动，无异常响声。

8. 采用局部通风机通风的工作面出现无计划停电、停风

治理措施：

（1）立即撤出人员至全风压通风地点。

（2）设置栅栏，禁止人员进入。

（3）长期停风地点，在第一时间拉绳挂牌，禁止人员进入，且必须在 24 小时内进行封闭。

9. 局部通风机恢复通风前不按规定检查瓦斯

治理措施：

（1）由专职瓦斯检查员检查瓦斯。

（2）由专职人员开启局部通风机。

（3）当瓦斯浓度超过规定时，严禁开启局部通风机。

10. 巷道贯通不符合规定

治理措施：

（1）巷道贯通 20 m 前，必须由地测部门下达贯通通知书。

（2）通风部门根据贯通地点的实际情况，制订专门的通风系统调整方案和安全技术措施，绘制调整前后通风系统图。

（3）巷道贯通前，将需要构筑的通风设施施工完成。

（4）巷道贯通前，必须检查停掘巷道的瓦斯和其他有害气体。透老空前，必须先打探眼检查瓦斯，若瓦斯超限，必须采取措施后，方可接透。

（5）巷道贯通时，必须有通风部门管理人员和段队盯岗人员在现场指挥。

（6）巷道贯通后，必须停止采区内的一切工作，立即调整通风系统，风流稳定后，方可恢复工作。

11. 采区、采掘工作面风门不合格

治理措施：

（1）构筑风门必须开帮、拉底、掏槽。

（2）风门墙体要用不燃材料构筑，厚度不应小于 0.5 m，墙体四周与围岩或煤体接触严密，墙体平整光滑。

（3）刮板运输机通道必须设置橡胶皮带或风筒布防止漏风。

（4）风门门扇必须保证关闭严密不漏风，门面平整，能自动关闭。

（5）行车风门门扇下部设挡风帘，挡风帘要使用较柔软的皮带或风筒布制作。

（6）局部通风机风筒穿过风门墙体时，应在墙上安装与胶质风筒直径匹配的硬质风筒。

（7）风门闭锁齐全有效，控制可靠。

（8）因爆破或其他外力致使风门损害的，应及时设置临时挡风帘。

12. 工作面爆破后，炮烟未吹尽人员即进入工作

治理措施：

（1）响炮前，必须确保局部通风机正常运转，高压部位不漏风，风筒吊挂平直，接口严密，出口距工作面距离符合规定。

（2）爆破后，按作业规程规定等够躲炮时间。

（3）如因爆破损害风筒导致工作面炮烟难以排除，由班长、放炮员和瓦斯检查员 3 人，采用逐步修理、延接风筒的方法，逐段排除巷道炮烟。

（4）全负压通风的回采工作面，应首先清通机道浮煤，确保风道畅通。

13. 测风站设置位置不合理

治理措施：

（1）矿井的总进、总回风巷设置测风站。

（2）大巷的每一处分风点设置测风站。

（3）回采工作面的进、回风巷设置测风站。

（4）掘进工作面的回风巷设置测风站。

14. 采用沿空留巷作进、回风巷的回采工作面，未采取防止漏风的措施

治理措施：

（1）采用沿空留巷作进、回风巷的回采工作面，在工作面上下端头悬挂挡风帘。

（2）挡风帘应封严采空侧，确保不漏风。

（3）采用"U"型通风的工作面，挡风帘长度沿空留巷侧不小于 10 m，工作面切顶排侧不小于 5 m。

（4）采用"Z"型通风的工作面，挡风帘长度沿空留巷侧不小于 30 m，工作面切顶排侧不小于 5 m。

（5）及时修复损坏的挡风帘。

15. 回采工作面风量不足

治理措施：

（1）调整采区通风设施，增加工作面风量。

（2）增加工作面通风设施，减少漏风，提高有效风量。

（3）清理进、回风巷道，增大进、回风巷道断面。

（二）防治瓦斯过程中存在的事故隐患及治理措施

1. 瓦斯检查重点不符合规定

治理措施：

（1）采煤工作面瓦斯检查重点有工作面进风流，工作面风流，上隅角，工作面回风流，进、回风巷高冒区及有可能渗出瓦斯的裂隙处，电气设备安装地点。

（2）掘进工作面瓦斯检查重点有掘进工作面风流，掘进工作面回风流，局部通风机前后各 10 m 以内的风流，局部高冒区，电气设备安装地点。

（3）爆破地点瓦斯检查重点有采煤工作面爆破地点的瓦斯检查应在工作面煤壁上下各 20 m 范围内的风流中；掘进工作面爆破地点的瓦斯检查应在该地点向外 20 m 范围内的巷道风流中。

（4）其他瓦斯检查重点有机电硐室，密闭、栅栏前。

2. 瓦斯检查次数及间隔时间不符合规定

治理措施：

（1）瓦斯检查的次数为：采掘工作面和其他工作地点，每班不少于 2 次。

（2）重点区域每班不少于 3 次。

（3）采掘工作面瓦斯检查的时间间隔不小于 2 小时。

（4）机电硐室、密闭、栅栏前每圆班检查 1 次。

3. 瓦斯超限处理不符合规定

治理措施：

（1）瓦斯检查员发现瓦斯超限时，立即责令现场人员停止工作，断电撤人，汇报调度室和通风部门。

（2）处理瓦斯超限时，要采取"限量排放"的原则，严禁采用"一风吹"方式处理瓦斯积聚。

（3）排放过程中，对回风侧瓦斯含量实时监测。

（4）出现瓦斯超限时，必须查清超限原因，并制定预防措施。

4. 启封栅栏、密闭不符合规定

治理措施：

（1）启封栅栏、密闭应有安监人员和通风部门管理人员在现场监督指导。

（2）栅栏、密闭内的瓦斯检查工作，由救护队员进行。

（3）启封栅栏、密闭前要做好排放瓦斯、恢复通风的准备工作。

（4）启封后的栅栏、密闭必须在 24 小时内恢复通风。

5. 采煤工作面上隅角瓦斯管理不符合规定

治理措施：

（1）及时在工作面上隅角设置甲烷传感器。

（2）当发现上隅角有瓦斯积聚时，由当班瓦斯检查员负责，及时在回风侧设置挡风帘，将风流引导至上隅角稀释瓦斯。

（3）生产单位要采取措施，控制顶帮，防止局部冒顶片帮形成瓦斯积聚。

（4）临时采取措施时，可在工作面上隅角设置便携式甲烷检测报警仪。

6. 盲巷管理不符合规定

治理措施：

（1）停风的地点立即设置栅栏，禁止人员进入。

（2）长期停风地点必须在 24 小时内进行封闭。

（3）停用的煤巷、半煤岩巷，停用时间不超过 1 个月的可采用栅栏封闭。

（4）停用时间超过 1 个月，不足 6 个月的，可用临时密闭封闭。

（5）停用时间超过 6 个月的，必须用永久密闭封闭。

（6）采区、工作面有人作业地点，由生产单位处理；无人作业地点，由通风部门负责处理。

（7）采区、工作面回采结束后，45 天内必须进行密闭。

7. 掘进巷道有预透旧巷或老空时，不执行瓦斯管理规定

治理措施：

（1）距离预透地点 5 m 左右，专职瓦斯检查员在现场盯班。

（2）预透地点探透后，加强通风，减小风筒出口距煤壁的距离，将瓦斯传感器前移。

（3）预透地点探透后，瓦斯检查员要通过探眼检测预透地点的瓦斯含量。

（4）当预透地点瓦斯含量超限时，应采取以下措施。

1）爆破时，人员严禁在回风侧躲炮。

2）爆破后，延长躲炮时间。

3）爆破找透后，在距回风巷口 1 m 处检测瓦斯含量。

（5）当预透地点瓦斯含量为 4%~16% 时，停止找透，另行制定措施。

8. 掘进、回采工作面甲烷传感器位置设置不符合规定

治理措施：

（1）甲烷传感器垂直悬挂，距顶板（顶梁、屋顶）不得大于 300 mm，距巷道侧壁（墙壁）不得小于 200 mm。

（2）采煤工作面甲烷传感器在进行设置时，其中的一个设置在距离工作面不大于 10 m 的回风巷中，另一个设置在距离总回风巷 10~15 m 的回风巷中，并在工作面上隅角设置一个甲烷传感器。如果属于串联通风的，被串工作面的进风巷必须设置甲烷传感器（距离总进风巷 10~15 m 处）。

（3）掘进工作面甲烷传感器在进行设置时，其中的一个设置在距离工作面煤壁不大于

5 m 的回风侧，另一个设置在距离总进风巷 10~15 m 的掘进巷道中。如果属于串联通风的，被串工作面的风机入风侧 3~5 m 处必须设置甲烷传感器。

（4）因爆破原因需要临时后撤的甲烷传感器，在爆破后要及时恢复至原位。

（三）防降尘过程中存在的事故隐患及治理措施

1. 矿井防降尘系统不健全

治理措施：

（1）矿井必须具有静压供水系统，坚持使用净化水。静压供水的蓄水池，其容量不得小于 100 m³，蓄水量不得小于井下连续两小时的防尘用水。动压供水必须安装管道过滤器。

（2）防降尘管路应铺设到所有的采掘工作面和其他产尘地点，其主管路管径不得小于 100 mm，采区的支管路管径不得小于 50 mm。

（3）主要运输巷中，皮带井、皮带运输平巷以及采掘工作面输送机转载点等处，必须设防尘管路。皮带井和皮带运输平巷内的防尘管路（兼做消防管路）每隔 50 m 设 1 个三通阀门，其他管路每隔 100 m 设 1 个三通阀门。

（4）防尘供水管路必须安设平直，吊挂牢固，避免有小于 90° 的死弯，并做到接头严密不漏水（滴水成线即被视为漏水）。

2. 岩巷、半煤岩巷掘进工作面不执行综合防降尘措施

治理措施：
（1）施工人员佩戴防尘口罩。
（2）湿式凿岩。
（3）炮眼填装水炮泥。
（4）放炮前、后冲洗顶帮，放炮后洒水浇渣、湿式装渣。
（5）设置净化水幕，能覆盖巷道全断面，保持经常使用。
（6）锚喷作业采用潮料喷浆。

3. 采煤工作面、煤巷掘进工作面不执行综合防降尘措施

治理措施：

（1）施工人员佩戴防尘口罩。

（2）湿式打眼。

（3）采煤机、掘进机截煤时必须使用内外喷雾。

（4）液压支架和放顶煤工作面的放煤口，必须安装喷雾装置，降柱、移架、放顶煤时同步喷雾。

（5）炮眼填装水炮泥。

（6）进、回风侧设置净化水幕，能覆盖巷道全断面，保持经常使用。

4. 运输和转载点不执行综合防降尘措施

治理措施：

（1）主要入风井、主要运输巷、采区入风巷道设置风流净化水幕，并能够封闭巷道全断面，保持经常使用。

（2）刮板输送机、皮带运输机转载点及采区装煤点设置喷雾洒水装置，工作时喷雾降尘。

（3）矿车完好无漏煤。

（4）井下翻车机设置喷雾洒水装置，翻车时喷雾降尘。

5. 转载点喷雾洒水装置不合格

治理措施：

（1）喷雾洒水装置固定牢固。

（2）喷雾洒水能覆盖产尘点。

（3）喷雾洒水装置不影响行人和设备运行。

（四）防灭火过程中存在的事故隐患及治理措施

1. 进风井口附近20 m范围内，防火管理不符合规定

治理措施：

（1）在进风井口附近20 m范围内，严格禁止烟火或用火炉取暖。

（2）在进风井口附近20 m范围内，不得堆积杂物或易燃物。

（3）无人看管的井口，以井口为中心半径 20 m 范围内，设置围墙或铁丝网，清除可燃物，井口设置栅栏门，由通风部门负责，至少每月检查一次，发现问题及时处理。

2. 井下可燃物的使用或存放不符合规定

（1）井下使用的汽油、煤油和变压器油装入盖严的铁桶内，剩余的汽油、煤油和变压器油运回地面，严禁在井下存放。

（2）井下使用的润滑油、棉纱、布头和纸等，存放在盖严的铁桶内，用过的棉纱、布头和纸，也要放在盖严的铁桶内，并由专人定期送到地面处理，不得乱放乱扔。

（3）严禁将剩油、废油泼洒在井巷或硐室内。

（4）可燃物存放地点距离电缆、电气设备大于 1 m。

3. 有支架支护的电机车运输巷道，至轨面算起，直流架空线悬空高度低于 2 m

治理措施：

（1）在支架梁与直流架空线之间，加装可靠的绝缘装置（石棉瓦、阻燃皮带等）。

（2）绝缘装置的宽度不应小于电机车集电器宽度的 2 倍。

（3）支架顶、帮的划背材料，严禁使用可燃物。已经使用可燃物划背的，要使用绝缘材料隔开，任何地点不许外露可燃物。

（4）在此段巷道内，严禁存放可燃材料。

4. 采区变电所、工作面配电点和皮带运输巷灭火设施不齐全、不完好

治理措施：

（1）采区变电所、工作面配电点和皮带运输巷按规定配置防灭火设施。

（2）通风部门定期对所有的防灭火设施进行检查。

（3）安监部门对防灭火设施的检查和使用进行督察。

5. 井下电、气焊不执行规定

治理措施：

（1）井下电、气焊施工前，必须制定电、气焊施工措施。

（2）电、气焊施工地点 20 m 范围内，不许有任何可燃物。

（3）必须按措施规定执行现场监督。

（4）必须按规定检测施焊地点的瓦斯浓度。

（5）监护人必须掌握施焊措施相关内容。

（6）严格执行"先清后焊，先湿后焊，焊后检查"的规定。

6. 电缆、风筒、电机车架空线、横拉线相互混吊或缠绕

治理措施：

（1）各种缆线、风筒不应横跨，严禁缠绕。

（2）因受条件限制必须横跨的缆线、风筒，必须使用阻燃绝缘材料隔开。

（3）运输大巷的隔开装置宽度不应小于电机车集电器的2倍。

7. 皮带运输机浮煤托带

治理措施：

（1）皮带运输机司机必须在班前、班中、班后检查皮带机底部的浮煤，发现浮煤托带，立即清理。

（2）皮带运输机司机每次开机前，均要对皮带机底部的浮煤进行一次清理。

（3）每班交接班时，清净皮带机底部浮煤。

（4）段队盯岗人员、职能部门应随时对皮带运输机底部浮煤进行检查。

（五）安全避险"六大系统"存在的事故隐患及治理措施

1. 将监控电缆、通信电缆及接线盒等当作动力、信号或照明电缆和接线盒使用

治理措施：

（1）停止使用，立即更换。

（2）工作面动力、信号或照明电缆的连接、使用，由专业人员进行。

（3）信息中心及时回收工作面多余的监控电缆、通信电缆及接线盒。

（4）安监员每班巡查工作面动力、信号和照明电缆及接线盒使用情况。

2. 紧急避险硐室内的设施不能正常使用

治理措施：

（1）及时维修或更换。

（2）通风部门按照月、旬、日安排相关人员进行检查，并做好相关检查记录。

（3）调度室依靠视频监控系统，随时检查相关人员是否按规定对硐室内的设施进行检查、调试。

（4）安监站随时对硐室内的日检查内容进行督察。

（六）其他事故隐患

1. 测风工运输大巷作业不执行规定

治理措施：

（1）运输大巷测风时，严禁单岗作业。

（2）测风前与运输调度联系好。

（4）使用带绝缘把的风表。

（5）使用绝缘样杆测量巷道高度。

（6）作业时设监护人，严禁车辆通行。

2. 大巷巡查工巡查巷道不符合规定

治理措施：

（1）巡查人员不得少于2人，严禁单人进行巷道巡查工作。

（2）巡查人员中至少有一名熟悉巷道检修作业，熟悉井下巷道分布。

（3）巡查人员入井前必须携带手镐和不低于1.5 m的撬棍。

（4）按照值班人员指定的路线巡查。

（5）处理顶帮活石，一人操作，一人监护。

3. 瓦斯检查工单岗作业不与生产小组人员联系

治理措施：

（1）未与生产小组人员联系好，严禁上、下溜煤坡。

（2）运输机道处理风筒时，与操作司机联系好。

（3）按瓦斯巡检路线检测瓦斯，严禁前往与工作无关的地点。

（4）具备自保互保意识和能力。

4. 通风工拉紧大丝时不符合规定

治理措施：

（1）拉紧大丝前，必须检查大丝的一端是否固定牢固，大丝是否结实。

（2）拉紧大丝时，大丝可能回弹的区域不能有人。

（3）拉紧大丝时要缓慢用力。

（4）大丝不能拉得过紧，上劲即可。

（5）拉紧大丝工作，必须 2 人以上共同作业。

（6）大丝的长度必须在 30 m 以内（使用导链的除外）。

六、地测防治水专业

1. 采、掘、开工作面接近具有透水危险的区域预报不及时或不准确

治理措施：

（1）建立工作面水情水害分析月报、旬报制度。

（2）水文地质专业人员及时巡视施工现场，详细、及时收集水文地质资料，发出预测预报，预报内容齐全。

（3）工作面水情水害月报、旬报报送矿有关领导、管理部门和生产段队。

2. 未按规定探放小窑（老空）积水、井巷及采空区积水、封闭不良钻孔水

治理措施：

（1）执行工作面水情水害预报、有水工作面旬报及事故隐患排查治理制度。

（2）采掘工作面接近水害事故隐患地区时，由地测部门发出水害事故隐患通知单。

（3）工作面编制探放水设计，制定防治水措施。

（4）使用物探、钻探设备探放水。

3. 井下探放水未按规定执行

治理措施：

（1）配齐专用探放水设备。

（2）配齐探放水专业人员。

（3）编制探放水作业规程（安全技术措施）。

4. 现场地质及水文地质预报内容不全面

治理措施：

（1）依据现场地质及水文地质资料补报现场地质及水文地质预报，将漏报内容补齐，对影响安全生产的要素详细描述。

（2）预报内容必须涵盖水害地点名称、采掘段队、工作面标高、煤（岩）层厚度、产状、水害类型、积水量、水压、积水区范围、积水区上下标高、水文地质条件简述、对安全和生产的影响程度、预防及处理意见、负责解决单位及负责人等。

5. 出现透水征兆未执行相关规定

治理措施：

（1）防治水专项安全技术措施中明确透水征兆有关处理措施。

（2）明确一旦有透水征兆必须马上停止生产，撤出受水害威胁的所有人员，报告调度室。

6. 工作面受水害威胁

治理措施：

（1）地测部门及时发出水害通知书。

（2）施工单位编制防治水措施。

（3）在水害事故隐患地区或水淹区域应标出"三线"位置。采掘到探放水线位置时，必须探水前进。沿采空区或在小窑开采区采掘时，必须首先疏干积水，然后才能进行采掘活动。

7. 工作面涌水量发生变化未采取措施

治理措施：

（1）地质部门加强有水害工作面水文观测，及时发出预测预报。

（2）生产单位依据水情预报编制专项防治措施，并组织落实。

（3）有水害的工作面，水流经过的巷道应设躲避硐，安设扶手或安全绳，交班前将溜煤道清空，大巷应有备用空车。

（4）有水害的工作面，躲炮时间和地点在作业规程中明确规定。

8. 开拓工作面揭露较大突水点

治理措施：

（1）施工单位立即撤人，及时报告调度室。

（2）地测部门接到水情报告后，立即组织专业人员勘查现场并出具报告。

（3）生产单位依据水情报告编制专项防治措施，并组织落实。

9. 地表与井下有水力联系未按规定治理

治理措施：

（1）地表与井下有水力联系要在相关矿图上有明确标注，每年汛期前后调查核实、补充完善。

（2）矿井防治水计划中要有防治地表水相关内容。

（3）每年修补受到破坏的防水工程，填平压实影响井下涌水的塌陷坑，清理疏通防排水系统。

10. 探放水钻孔设计及施工不符合矿井防治水规定

治理措施：

（1）探放水施工前必须编制设计操作规程，并符合相关规定。

（2）依据编制的设计探放水操作规程（施工安全措施）施工，并认真执行。

（3）施工现场支护完好，安全设施齐全。

11. 防水煤柱（隔水厚度）不符合煤矿防治水规程规定

（1）依据《煤矿防治水规定》对有水害的工作面留设防隔水煤柱。

（2）地测部门对安全隔水层厚度计算符合规程规定，计算参数取值正确。

12. 防水闸门管理不符合规定

治理措施：

（1）防水闸门要有设计，并符合相关规定。

（2）防水闸门要按规定施工，质量合格。

（3）定期检查，发现问题及时处理。

（4）每年按规定进行试验。

13. 测量数据处理不符合规定

治理措施：

（1）测量工作程序执行规定。

（2）测量记录符合规范。

14. 井下采掘巷道测绘不及时

治理措施：

（1）按规定对井下采掘巷道及时测量。

（2）对测量结果及时绘图并发布。

（3）凡中途停工的井巷工程，在通风设备拆除前，通风部门应通知地测部门以便确定停工位置。

15. 巷道贯通前未进行联测

治理措施：

（1）统一测量系统，进行相关巷道的联测。

（2）符合测量规程相应等级要求。

（3）有贯通测量设计，并进行误差预计。

16. 巷道预透通知不及时

治理措施：

（1）掌握工作面进度，核对测量成果，按要求及时绘图。

（2）按规定距离及时下发贯通通知书。

17. 地质编录不规范

治理措施：

（1）观测及描述符合规定。

（2）地质编录应做到及时、准确、完整、统一。

第四节　基于案例推理的煤矿事故隐患辨识与治理

一、案例推理的基本原理

在某些领域，问题的处理难以找到合适的规则，因此也难于使用规则推理适合处理那些有理论但缺少实践经验的问题领域。而现实生活中，人们在处理问题时如果有实践经验而无理论同样能解决问题，即通过实践经验来解决问题。受人类认知过程的启示，专家提出了基于案例的推理。

案例推理（CBR）是指利用过去的典型事例求解来处理当前遇到的问题，其推理过程是通过检索案例库中存储的历史相似案例的解决方案，得到相似性高的一个或多个案例，通过重用或修改这些案例的解决方案，从而得到当前问题的求解结果。其基本思想是模拟人们大脑在解决问题时往往想到过去类似案例解决方案或者经验的思维过程，其研究起始于认知科学。

（一）案例推理的起源及认知基础

专家系统是人工智能最重要的研究领域之一。专家系统是一类具有专门知识和经验的计算机智能程序系统，通过模仿人类专家对特定问题的推理过程，采用人工智能中的知识表示和知识推理技术来模拟通常由专家才能解决的复杂问题。专家系统的核心是知识库和推理机，基于规则的推理是专家系统常用的技术。

作为一种新兴的学习机制和推理方法，案例推理不同于基于规则推理，它利用过去解决问题的经验来解决新问题。即它是由目标案例的提示而得到存储的历史源案例，并根据源案例的信息来指导目标案例求解的一种策略。与传统基于模型的方法相比，案例推理不需要显示的表达领域模型，适于解决不良结构问题。

基于案例推理的研究起源于认知科学，认知科学中的认知心理学的研究表明：人类在处理当前面临的问题时，往往会回忆以往经历的与当前问题相类似的问题，然后通过分析总结以往积累的处理问题的经验与知识，来作为处理新问题的参考依据。案例推理就是模仿人类的这种思维方式，利用以前积累的经验和知识来解决现在遇到的新问题。

基于案例的推理作为一种方法论是合理的，因为它反映了客观世界的两个特点，即规整性和重现性。也就是说，显示的问题有相似的解决方法，重现性是指同类问题往往会重现，所以案例值得保留，以供将来参考。只要某领域满足这两个特点，案例推理就可以作为一个有效的手段。

（二）案例推理的分类

案例推理可以从不同角度进行分类，其系统按实现的目标可以分为解释型和问题求解型：解释型通常是按照以前发生过的案例来当作参考，实现对当前问题的描述与归类；问题求解型则是通过以往问题的解决方案来完成对当前问题解决办法的求解，如果情况有所不同，会修改相关解决方案以满足对问题的解决。

1. 解释型案例推理

解释型案例推理是提供具体的案例去帮助用户理解和分析当前的新问题，对新问题进行描述和解释，并指出案例库中的哪一种解法适用于处理当前问题，通常用于分类。这类案例推理系统中的案例通常有明确的决策结果，系统的运行分为处境分析、案例检索、解答辩证（或解答改编）、解答检测和案例存储 5 个阶段，如图 3-7 所示。

2. 问题求解型案例推理

问题求解型案例推理是指应用先前的案例去建议适合于新问题的解答，即在旧问题的解决方案基础上，通过修改得到新问题的解决方案。问题求解型案例推理与解释型案例推理的区别在于要求将案例提供的解答转变成专用于当前问题的解答，而不仅仅是作为解答辩证。

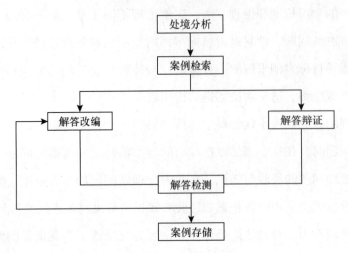

图 3-7 解释型案例推理系统运行

（三）案例推理的工作流程

关于案例推理的基本环节，挪威学者 Aamodt 和 Plaza 提出了著名的案例推理循环，把基于案例的推理过程分为 4 个阶段，即案例检索（Retrieval）、案例重用（Reuse）、案例修正（Revise）和案例保存（Retain）。而 Gavin Finnie 和 Zhaohao Sun 把案例表示也作为案例推理工作模式的一个阶段添加进来，提出了"R5"工作模式，即案例表示、案例检索、案例重用、案例修正和案例保存。R5 结构模型认为案例并不是事先准备好的，案例库的构造是案例推理很重要的一部分。按照 R5 模式，可以将基于案例推理的基本过程分为 5 个阶段，如图 3-8 所示。此外，案例库的维护也是案例推理方法的重要环节，因此，案例推理的主要步骤一般包括案例表达、案例检索、案例重用、案例修正、案例保存和案例库维护。

二、基于案例推理的煤矿事故隐患辨识与排查治理

当排查人员在煤矿井下排查事故隐患时，尤其是能够导致重特大事故的重大事故隐患时，如何能使管理人员在不影响煤矿正常生产和不对职工生命安全造成危险的情况下，短时间内整改消除事故隐患，是一个亟待解决的问题。以往的情况是排查发现重大事故隐患时，需要上报公司来组织专家组共同商讨进行解决，在一定程度上妨碍了煤矿的正常生产活动，而过去的成功整改事故隐患历史记录的案例则没有得到充分的利用。从人的认知心理活动中了解到，当排查人员排查事故隐患尤其是重大事故隐患时，首先想到的是是否有

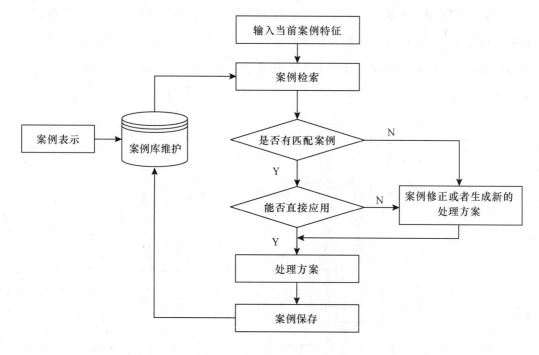

图 3-8　案例推理的基本过程

已经成功整改的事故隐患案例，其整改措施能否应用到现有的事故隐患治理上。

目前，煤矿的事故隐患排查流程情况是：排查人员排查发现事故隐患时，按照事故隐患对应事故隐患措施库中的整改措施进行整改；事故隐患措施库是安全生产专家组根据井下事故隐患制定的通用整改措施，这些整改措施缺乏针对性和实用性，很难适用到各个不同特征的事故隐患。

针对上述存在的问题，事故隐患历史记录可以充分利用以往成功整改的相似事故隐患案例中的整改措施和注意事项，来指导目前事故隐患的整改。当发现重大事故隐患时，根据重大事故隐患的详细信息在事故隐患案例库中检索相似的案例，得到一个或多个相似案例。根据重大事故隐患实际情况，对相似案例的整改措施进行重用与修正，用来为安全合理地解决当前事故隐患提供帮助。

根据事故致因理论可知，事故隐患是危险源由于防御措施失效向事故转变的中间状态，危险源是其根本源头。煤矿事故案例推理在事故隐患辨识与排查治理中的作用主要有以下几个方面：

（1）将引发事故的危险源进行三类危险源划分，确定引发事故的第一类危险源、第二类危险源和第三类危险源，明确由于哪些防御措施不当而引发事故的发生。在井下进行危险源辨识时，根据煤矿事故危险源案例库中的危险源对井下重点部位进行危险源辨识。对危险源进行管控时，根据人的认知心理活动特点，运用案例推理技术，联想到该类危险源曾经与其他两类危险源相互作用且由于防御措施失效而引起事故的发生。危险源案例推理模型如图 3-9 所示。

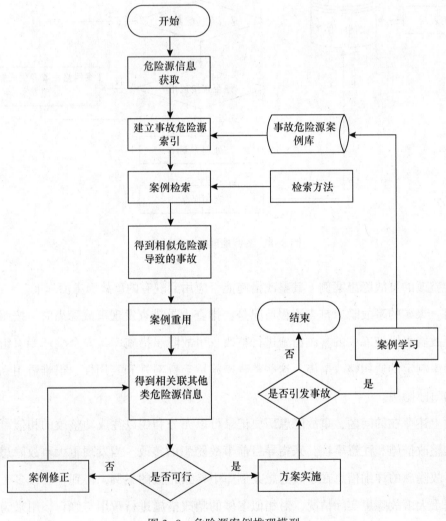

图 3-9　危险源案例推理模型

（2）对引发事故的事故隐患进行分析，按照轨迹交叉论分为人的不安全行为和物的不安全状态两大类。在煤矿井下进行事故隐患排查时，应首先重点排查引发事故的事故隐患，避免相同或相似事故隐患引起事故的发生。其次无论是排查人的不安全行为还是物的不安全状态，都需要注意引发事故的物的事件链或者人的事件链，这样就可以避免事故的发生。

在煤矿实际事故隐患排查过程中，事故隐患的治理总是和危险源的辨识与管控结合在一起的。因为事故隐患是引发事故的直接原因，危险源是引发事故的本质原因，是事故隐患形成的源头，所以在井下进行事故隐患排查时，根据煤矿事故分析出来危险源管控措施失效经验，对井下类似的危险源进行正确合理地辨识和控制，在一定程度上可以避免危险源转化为事故隐患，预防事故的发生。

三、基于案例推理的事故隐患排查治理模型的建立

结合上述情况，在事故隐患排查治理闭环流程中，排查人员在井下排查事故隐患时，首先应联想到该工作场所以往发生过的事故，重点辨识引发事故发生的危险源，检查该危险源是否由于有控制措施不当的迹象，重点排查引发事故的事故隐患是否在现场存在。当排查人员在为新排查出来的事故隐患制定整改措施时，检索事故隐患整改历史记录库中是否有已成功整改相似事故隐患的记录，如果有相似案例，则评价相似事故隐患的整改措施是否适用于目前事故隐患，如果适用，则为目前事故隐患制定整改措施时，可参考相似事故隐患案例的整改措施，以及整改时的注意事项，实现案例的重用，从而建立基于案例推理的事故隐患排查模型，如图 3-10 所示。

基于案例推理的事故隐患辨识与排查治理过程主要有以下步骤：

（1）隐患信息的获取。在井下进行事故隐患排查时，应尽可能多地收集关于事故隐患的详细信息，包括人的不安全行为和物的不安全状态。

（2）案例检索。将获取的事故隐患信息在煤矿事故案例库和已整改事故隐患历史记录库中进行检索，计算目标案例与源案例的相似度，得到与目标案例相似度最高的一个或多个案例。同时根据获取的事故隐患信息在事故隐患案例库中进行检索，得到多个与目标事故隐患相关联引发事故的人的不安全行为或物的不安全状态案例。

（3）案例重用与修正。根据实际情况的需要，对检索出来的相似案例进行重用和修正，将这些案例的整改措施作为备选方案。

（4）方案评估。对事故隐患整改历史记录库匹配成功案例的整改措施进行评估，同时根据事故隐患案例库中检索得到与目标案例相关联的人的不安全行为或物的不安全状态，对案例的整改措施进行修改，对比得到其最终整改方案。如果源案例的解决方案不适合当前案例，则需要不断地进行修正，直到获取可行的方案为止。

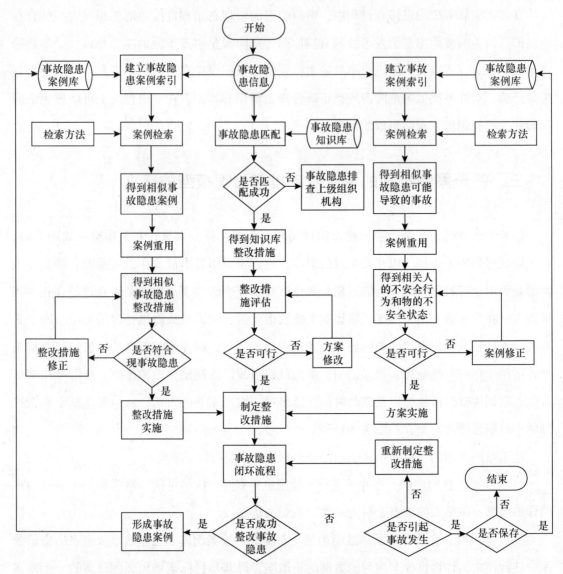

图 3-10　基于案例推理的事故隐患排查模型

（5）方案实施。整改人员按照得到的整改方案进行事故隐患整改，在方案实施过程中，方案实施效果的反馈以及事故隐患状态的变化又形成新的信息。若事故隐患成功整改，则进入案例知识库。若整改失败，整改后的事故隐患状态与原事故隐患信息结合，形成新的目标案例，管理人员根据新目标案例的信息重复上述步骤，直至事故隐患完全消除。事故隐患整改结果的成功或失败可以作为案例学习与维护的来源，若事故隐患整改成功，则根据需要决定该案例是否进入事故隐患整改历史记录库，以实现案例库的自增量学习。若事故隐患整改失败且造成事故的发生，则将该事故案例纳入事故案例库中。

四、煤矿事故隐患排查治理案例表示和案例检索技术

案例表示和案例检索是案例推理的重要组成部分，是整个煤矿事故隐患排查治理案例推理系统的关键技术。在案例推理过程中，案例表示是将案例以规范的结构形式表示出来，是案例实现精确检索的前提，是案例推理过程的首要问题，主要解决以下几个问题：一个案例选择什么样的信息存放、一个案例选择什么样的信息作为检索特征属性、如何选择合适的案例表示方法来进行案例表示等。案例检索是以一定的方法计算目标案例与源案例之间相似度的过程，包括索引的建立、属性相似度、属性权重和检索算法的确定，是为决策者提供解决方案的关键一步。

（一）推理机设计

推理机是煤矿事故隐患排查治理系统中的重要组成部分，在整个系统流程中处于核心地位。它充分模拟该领域专家思维方式，运用案例推理和模糊推理等功能，对用户输入的问题进行解决，即根据用户输入的事故隐患信息，在系统知识库中进行检索，并且模仿专家的思维对这些过程进行推理，直到得出符合用户需求的结论为止，其主要推理过程（如图 3-11 所示）如下：

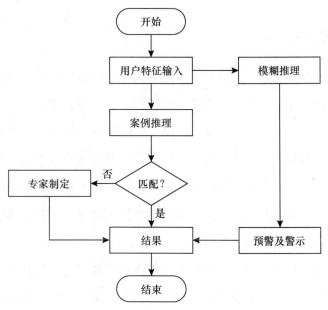

图 3-11 推理机工作流程

（1）用户输入事故隐患特征信息，这些特征信息包括事故隐患地点、专业、描述等，然后把这些特征信息分别提交到案例推理和模糊推理模块。

（2）在提交给案例推理模块后，系统会根据这些事故隐患特征信息在案例知识库中进行案例检索，如果匹配到大于规定阈值的案例集时，从中选取最符合的案例作为目标案例，否则把该问题交由专家进行处理。在提交给模糊推理模块后，系统根据这些事故隐患特征信息从事故规则库中进行检索，确定其预警程度和需要注意的经验教训，如危险源和事故防范措施等。

（3）结合模糊推理得到的预警程度和经验教训，用户对案例推理模块得到目标案例的事故隐患整改措施进行修改和修正，最后得到用户输入事故隐患信息的整改措施。

（二）案例推理的本体表示

作为一种知识表示方法，本体与前面介绍的谓词逻辑、语义网络和框架等其他知识表示方法的区别在于，他们属于不同层次的知识表示方法，本体表达了概念的结构与概念之间的关系等领域中实体的固有特征，能够实现某领域中的知识共享和重用，即"共享概念化"。而其他的知识表示方法可以表达某个体对实体的认识，不一定是实体的固有特征，这正是本体层与其他层知识表示方法的本质区别。因此，本书选择用本体知识表示法来进行煤矿危险源、事故隐患和事故的表述。

（三）案例检索

案例检索是案例推理过程中的关键步骤，是根据目标案例的检索特征属性与源案例的特征属性的相似度来确定案例库中一个或多个相似案例。煤矿事故隐患排查治理案例检索的目的主要是：根据井下排查出来的事故隐患，在煤矿事故知识库中进行相似事故隐患检索，并确定相似事故隐患关联哪些可以引发的事故，对事故隐患整改进行指导。在井下辨识与控制危险源时，对事故危险源采取重点管控措施，并由事故分析出危险源管控措施失效而得到的经验教训。充分利用事故隐患治理成功历史记录，对井下排查出来的事故隐患进行相似事故隐患检索，参考其整改措施。

与常规性的数据库检索不同，案例检索可能会在信息不完备的情况下进行案例的检索和比较案例的相似性，具有不精确性和模糊性。因此，采用如相似度、模糊贴近度、差异度等概念来衡量案例间的相似程度。相似度是目前案例检索中最常用的用来衡量案例间相似程度的方法，根据匹配对象的不同，相似度可分为局部相似度和全局相似度。

1. 案例特征属性分析

在确定属性局部相似度之前，必须对其案例特征属性进行分析。因为在案例表示过程中，因为其属性较多，不可能每个都参与检索，不然的话会给检索效率带来困难。而且如果选择检索的属性过多，其中有些对检索案例不重要的属性则会影响案例检索精度，使检索结果的目标案例不能与源案例相匹配或者匹配效果较差。因此，在确定案例局部相似度计算之前，先对案例属性进行筛选，选出能够很好体现案例特征的属性进行分析。

参与检索的案例有事故隐患和危险源两类案例，根据事故隐患案例表示可知，事故隐患案例具有以下属性：

（1）事故隐患基本属性，如事故隐患编号、事故隐患排查时间、事故隐患排查人员等。

（2）事故隐患描述属性，如事故隐患地点、事故隐患专业、事故隐患二级专业、事故隐患类别、生产工序、危险源内容和事故隐患描述等。

（3）事故隐患整改措施属性，如主要安全技术措施、保证措施、强制执行措施、人员技术措施、其他措施等。

（4）事故隐患整改效果属性，如事故隐患整改结果、事故隐患整改人员、是否引发事故、注意事项、事故隐患验收人员、事故隐患整改状态等。

在上述事故隐患案例属性中，不是所有都参与检索，而是由确定的事故隐患案例特征属性参与检索。事故隐患案例特征属性分析如图3-12所示。

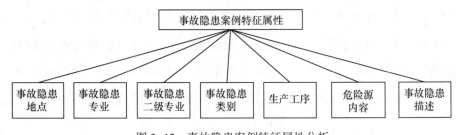

图 3-12　事故隐患案例特征属性分析

同理，可以确定参与检索的危险源案例特征属性，其属性分析如图 3-13 所示。

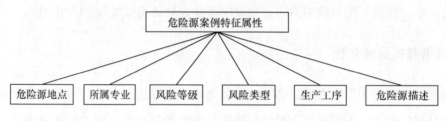

图 3-13　危险源案例特征属性分析

2. 案例局部相似度的确定

局部相似度，是描述目标案例与源案例检索特征属性之间的相似程度，案例间的相似度是根据局部相似度来确定的，根据案例表示的要求，这些属性的类型和取值范围不相同。根据属性所取属性值的不同，张本生和于永利将属性分为确定数属性、确定符号属性、模糊概念属性和模糊区间属性四大类，根据属性类型和取值范围的不同，其相似度的计算方法也不相同。

根据所确定的事故隐患和危险源案例特征属性，同时结合属性分类可知，属性并不全部都是上述属性分类，如事故隐患描述和危险源描述等，这两个属性类型均为文本，不在上述属性分类中。因此，本书作者认为，案例特征属性类型有确定数属性、确定符号属性、模糊属性和文本类型属性，这些属性的相似度计算方法如下。

（1）确定数属性。如井下空气中的瓦斯浓度指标，有很多计算该属性相似度的方法，各种方法的主要差别是依据衡量属性之间距离计算方法的不同，常用的距离计算方法有海明距离、麦考斯基距离、马氏距离、方差加权距离等。计算确定数属性的相似度公式为：

$$sim\ (X_i,\ Y_i) = 1-dist\ (x_i,\ y_i) = 1-|x_i-y_i|/|\max_i-\min_i| \tag{3-1}$$

式中：$sim\ (X_i,\ Y_i)$ 表示案例 X 和 Y 的第 i 个确定数属性的相似度；x_i、y_i 分别表示案例 X 和 Y 的第 i 个属性的值；$\max_i$ 和 $\min_i$ 分别表示第 i 个属性的最大值和最小值。

（2）确定符号属性。该属性是一组简单枚举值，例如描述物体颜色的红、橙、黄、蓝等 7 种颜色等，属性值是该属性所有的可能结果，没有实际意义的量的关系。相似度计算公式为：

$$sim\ (X_i,\ Y_i) = \begin{cases} 1, & x_i=y_i \ 或\ x_i \subset y_i \\ 0, & x_i \neq y_i \end{cases} \tag{3-2}$$

（3）模糊属性。模糊数或模糊区间属性，可由领域知识对其模糊处理，为了计算简便，一般采用基于梯形的模糊集合来模拟模糊属性，其形状函数可以表示为：

$$L(x) = R(x) = \max [0, (1-x)] \tag{3-3}$$

所以模糊集 M 的隶属函数表示如下：

$$u_{M}(x) = \begin{cases} L\left(\dfrac{m-x}{p}\right), & x \leqslant \underline{m} \\ 1, & \underline{m} \leqslant x \leqslant \overline{m} \\ R\left(\dfrac{x-\overline{m}}{q}\right), & x \geqslant \overline{m} \end{cases} \tag{3-4}$$

式中，$\underline{m}$、$\overline{m}$、p、q 是参数。

（4）文本类型属性。案例属性的特征类型主要是文本类型，即一系列字符串，而不是属性值为数值型或符号类型。目前中文文本相似度计算的主要方法有基于向量空间模型的 IF-IDF 方法、隐形语义标引、基于汉明距离的文本相似度计算方法、基于属性论的文本相似度计算方法以及基于语义理解的相似度计算方法等。

由于煤矿井下工作环境恶劣和生产任务繁重等因素，煤矿事故隐患在录入的时候不同于其他行业的事故隐患，很少能够细致地叙述，而是尽量用简短的句子进行描述，达到言简意赅的目的，如"52 队 843 工作面 3#仓-5 分段有伪顶（厚 0.1~0.2 m），施工过程中拆除不细、支护不及时。"在这个事故隐患描述中，只是采用简短句子来描述事故隐患。

鉴于上述情况，采用主要基于同义词词典的文本相似度算法，算法流程如图 3-14 所示。

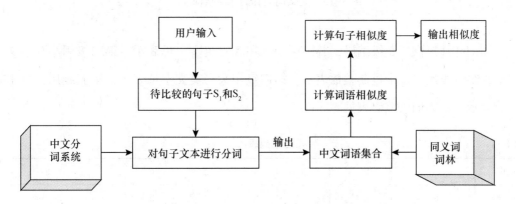

图 3-14 句子文本相似度算法流程

该算法的具体步骤如下：

1）准备阶段。在该阶段，用户输入源案例，得到案例特征属性的句子文本，与目标案例相同特征属性的句子文本形成待比较的句子 S_1 和 S_2。

2）对句子文本进行分词。运用中文分词系统，对句子文本进行分词并采用中国科学院计算技术研究所研制的汉语词法分析系统（ICTCLAS）。该分词系统主要有中文分词、词性标注、新词识别等功能，而且其支持 Windows 平台，支持开发语言 Java 和 C#，提供应用程序扩展 dll，操作方便简单。

3）计算词语相似度。在对句子文本进行分词后，得到中文词语集合。在煤矿地下开采的历史中，诞生了许多煤矿领域专属的词汇，比如"采面""伪顶""上端头"等。这些词汇不在同义词词林中，因此需要对同义词词林进行部分扩展。

梅家驹等人在 1983 年编纂了《同义词词林》，但其存在年久而未进行更新的问题，哈尔滨工业大学社会计算与信息检索研究中心编纂了《同义词词林扩展版》。《同义词词林扩展版》词典分类采用层级体系，具有 5 层结构，如图 3-15 所示。

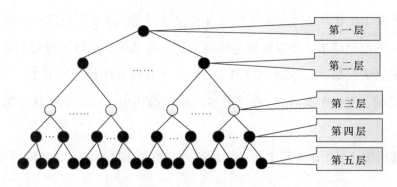

图 3-15　同义词词林的 5 层结构

同义词词林共提供了 5 级编码，其中第一级用大写英文字母表示，第二级用小写英文字母表示，第三级用二位十进制整数表示，第四级用大写英文字母表示，第五级用二位十进制整数表示。具体词语编码表见表 3-1。

表 3-1　　　　　　　　　　　　　　　词语编码表

编码位	1	2	3	4	5	6	7	8
符号举例	B	n	1	6	C	0	1	#\ = \@
符号性质	大类	中类	小类		词群	原子词群		—
级别	第一级	第二级	第三级		第四级	第五级		—

其中："#"代表"不等""同类"；"="代表"相等""同义"；"@"代表"自我封闭""独立"，意思是没有同义词和相关词。

为了能更好地对词语进行相似度计算，通过对《同义词词林扩展版》进行扩展，将其煤矿特有术语加入该词林中，使其能够更好地对词语进行相似度计算。例如，在煤矿术语中，"工作面"和"采面"是指同一地方，在煤矿领域中语义应该是同义词，而在《同义词词林扩展版》没有"采面"的词语。在词林中，"Bn16C01=工作面掌子"，将其改成"Bn16C01=工作面掌子采面"。词林中没有"上端头"和"下端头"，而这两个词与"工作面"同类，将其编码为"Bn16D01#上端头下端头"。

在对同义词词林进行扩展后，可以进行煤矿事故隐患和危险源领域词语相似度的计算。词语相似度的基本思想是根据同义词词林结构，利用词语中义项的编号，计算出义项相似度，再进一步计算出词语相似度。在其算法中先进行义项相似度计算的根本原因在于一个词语有很多意思，而在所研究的煤矿事故隐患和危险源领域，不存在一词多义的情况，故将其算法改为用 $sim(w_1, w_2)$ 表示词语 w_1 和 w_2 之间的相似度，则其计算公式为：

$$sim(w_1, w_2) = \begin{cases} 1 \times a \times \cos(n \times \dfrac{\pi}{180}) \times (\dfrac{n-k+1}{n}), n = 2 \\[2mm] 1 \times 1 \times b \times \cos(n \times \dfrac{\pi}{180}) \times (\dfrac{n-k+1}{n}), n = 3 \\[2mm] 1 \times 1 \times 1 \times c \times \cos(n \times \dfrac{\pi}{180}) \times (\dfrac{n-k+1}{n}), n = 4, w_1 \text{ 和 } w_2 \text{ 在同一棵树上} \\[2mm] 1 \times 1 \times 1 \times 1 \times d \times \cos(n \times \dfrac{\pi}{180}) \times (\dfrac{n-k+1}{n}), n = 5 \\[2mm] f, w_1 \text{ 和 } w_2 \text{ 不在同一棵树上} \end{cases}$$

$$(3-5)$$

式中：n 为是分支层的节点总数；k 为两个分支间的距离；当编号相同而只有末尾号为#时，$sim(w_1, w_2) = e$；参数 $a=0.65$，$b=0.8$，$c=0.9$，$d=0.96$，$e=0.5$，$f=0.1$。

4）句子相似度计算。句子是词语的集合，在上述词语相似度计算的基础上，对句子的相似度进行计算。两个句子 S_1 和 S_2 经过分词后，得到两个分词集合，$S_1 = \{w_1, w_2, \cdots, w_k\}$ 和 $S_1 = \{w_1, w_2, \cdots, w_j\}$，采用以往文献中的关于句子相似度进行计算。

5）句子相似度输出。在计算句子相似度之后，就能够得到煤矿事故隐患描述和危险源描述属性的相似度计算方法。

3. 全局相似度的确定

全局相似度是根据案例已知的检索特征属性的局部相似度和检索特征属性的权重，来确定案例之间的相似度。目标案例与源案例之间的相似性主要有语义相似、结构相似、目标相似和个体相似。目前的案例知识检索算法主要有最近相邻算法、归纳引导算法和知识引导法等。

（1）最近相邻算法。该算法是利用加权平均的方法，第一步应该明确每一个部分的权值，第二步求和，第三步将各加权和从大到小依次进行排列，最后一步选择与之最为相似的案例。然而这种算法仍然存在一定的限制，它要求案例有相同的属性值，并且两个案例之间的属性值没有附属关系，必须相互独立，所以准确地检索到对应的案例比较困难。

（2）归纳引导算法。使用归纳引导算法可以得到案例的最明显特征，且能够完成对案例的自动剖析，通过对属性值的相关特点进行逐级划分，完成将同一类的案例归结到不同的分支节点上。归纳引导算法可以公正、严格并完成对案例的自动分析，确定案例划分的最佳特征值，同时也可以实现对案例的分层结构检索，然而检索时间并不是线性增长，而是呈对数增加。因此，该方法的缺点是，如果系统需要大量的数据来完成特征值确定时，所需要的时间较长。

（3）知识引导法。通常需要使用一些规定来完成对索引的相关控制，同时需要根据以往的知识来确定信息与索引是否重要，因此具有动态性。知识引导法的特点是如果需要使用代码来对很多知识进行解释，那么建立完善的知识检索系统是存在一定困难的。

根据前面局部属性相似度的确定，采取最近相邻检索算法。最近相邻检索算法的加权数学计算模型如式 3-6 表示：

$$S(X_i,\ Y_j) = \frac{\sum_{i=1}^{m} \omega(a_i) sim[X_i(a_i),\ Y_j(a_i)]}{\sum_{i=1}^{m} \omega(a_i)} \tag{3-6}$$

式中：$S(X_i,\ Y_j)$ 为案例 X_i 与 Y_j 之间的相似度，一般 $S(X_i,\ Y_j) \in [0,\ 1]$；$sim[X_i(a_i),\ Y_j(a_i)]$ 为案例 X_i 与 Y_j 特征属性 a_i 之间的相似度；$\omega(a_i)$ 为案例特征属性 a_i 的权重；m 为案例属性参与检索的数目，在实际检索中，它的取值可能在 0 到 m 之间，因为可能面临案例属性缺失的情况。

在此需要说明的是：

1）并不是案例表示的所有属性都参与案例检索，只有案例特征属性才参与案例检索。

2）由于煤矿经常发生顶板、瓦斯爆炸、水灾、火灾、粉尘爆炸、机电、运输共七大类事故，煤矿生产各个子系统发生的事故可能包括上述七大类中的一个以及若干个。因此，对煤矿事故先按照生产子系统进行分类，然后对生产子系统中的事故按照上述七大类型进行分类。同时，根据事故调查研究报告中的内容，运用三类危险源事故致因模型对引发事故的危险源进行分类（如图 3—16 所示），建立煤矿事故危险源案例库。

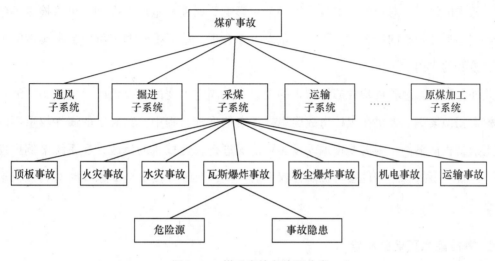

图 3-16　煤矿事故危险源分类

3）可能存在历史案例检索属性缺失或目标案例检索属性描述不完备的情况。针对上述情况，张应菊等人在文中提出了一种基于结构相似度和属性相似度的双层结构的案例检索算法，该算法能够较好地解决在案例检索时出现的属性缺失或不完备的情况。结构相似度算法设计如下。

①确定源案例 X_i 和目标案例 Y_i 的所有非空属性构成的集合，分别记作 A 和 B。

②计算集合 A 和 B 的交集和并集，分别记作 C 和 D。

③计算交集 C 中所有属性的权重之和，记作 ω_1。

④计算并集 D 中所有属性的权重之和，记作 ω_2。

⑤源案例 X_i 和目标案例 Y_i 的结构相似度记作 S，案例结构相似度的计算公式为：

$$S=\omega_1/\omega_2 \tag{3-7}$$

则由结构相似度和属性相似度双层结构计算案例全局相似度的计算方法可以表述为：

$$S(X_i, Y_j) = \frac{\sum\limits_{i=1}^{m} \omega(a_i)\,sim[\,X_i(a_i),\ Y_j(a_i)\,]}{\sum\limits_{i=1}^{m} \omega(a_i)} S \qquad (3-8)$$

4. 检索特征属性权重的确定

由案例检索可知，案例全局相似度是由案例属性相似度与相应的权重加权和计算得到的。由于各个指标在案例检索过程中的重要程度不一样，相似度的计算需考虑各个指标的权重，权重的设置会对相似度的计算结果产生影响。属性权重设置合理，可以检索得到与目标案例相似度较高的源案例。属性权重设置不合理，检索得到的案例对目标案例的解决起不到较好的作用。

此外，事故隐患和危险源属性权重的设置不是固定不变的，权重的设置是为了能够更好地检索相似案例。如果在煤矿事故隐患排查案例推理过程中，已确定的属性权重不能较好地检索到相似案例，则需要根据现场实际情况进行属性权重的修改。在系统案例推理模块中，设置有事故隐患和危险特征属性权重的模块，能够方便安全专家及时对属性权重进行修改。

5. 事故隐患预警的确定

目前关于煤矿事故隐患的预警有多种方法，如王龙康通过建立煤矿风险层次化动态预警指标体系来研究煤矿风险预警，何国家通过不安全指数分析比较实现事故煤矿红、橙、黄、蓝预警功能等。本书中的事故隐患预警主要通过模糊推理的方式来确定，其基本思想是煤矿人员在排查事故隐患时，通过该事故隐患曾经是否引起事故发生以及有多大的可能性引发事故来确定该条事故隐患的严重程度，并实现事故隐患的分级对待和管理。

模糊推理实现事故隐患预警的具体步骤如下：

（1）整理并确定规则强度。收集整理煤矿已经发生的事故，对煤矿事故进行事故隐患模糊推理分析。将煤矿事故隐患进行分解，包括人的不安全行为和物的不安全状态，然后整理模糊推理规则，确定推理规则的强度，即事故隐患引发事故的可能性程度，用数值进行表示。该阶段要与煤矿安全领域专家讨论。

（2）确定排查事故隐患的隶属度。因为事故隐患属于文本类型，且描述没有一个统一的规范，所以其各自人的不安全行为和物的不安全状态领域的隶属度函数很难确定，因此，采用相似度来计算事故隐患的隶属度。

（3）确定事故隐患预警程度。根据确定的规则及其强度以及隶属度，并通过模糊推理来确定该条事故隐患的预警程度，采用 Larsen 推理方法来计算模糊推理的结论，具体方法参考相关文献。由此可知，结论的模糊集为事故不发生、事故可能发生、事故发生，用 [0，1] 之间的数值来说明结论的隶属度，见表 3-2。

表 3-2 隐患预警规则

结论	预警级别	[0，1] 值的取值
事故不发生	一	0
事故可能发生	蓝	0~0.2
	黄	0.2~0.5
	橙	0.5~0.8
	红	0.8~1
事故发生	一	1

（四）案例修正

经过案例表示和案例检索，可以从煤矿事故隐患历史记录库和煤矿事故案例库中得到与所要解决问题相似的一个或多个案例。管理人员在检索案例的详细信息时，若检索案例中有与目标案例完全相同的案例，则可以直接参考已被成功整改的事故隐患的措施来进行当前事故隐患整改，而不需要经过修正。若检索到的案例与目标案例不完全相同时，则需要管理人员根据煤矿井下实际情况来修正匹配案例的解决方案来适应新的问题。但实际上，由于煤矿事故隐患的动态性，即使目标案例能够完全匹配源案例，历史案例的整改措施仍然需要根据煤矿井下现场实际情况来进行调整，且煤矿事故隐患具有危险性，管理人员必须再次确认历史案例的解决方案到底是否能够适应目标案例。

因此，在对案例进行修正时，应从事故隐患的动态性和危险性出发，采用人工修正的方案来进行。

（五）案例学习与维护

在案例推理系统刚开始运行时，案例库中的案例数量较少，然而随着系统的不断使用运行，不断有新的问题得到解决，形成新的案例，这些新的案例持续在案例库中积累，从而当面对新的问题时能够快速全面地得到检索。整个案例库就是通过这样的过程来进行案例学习的，案例库的质量从而不断地得以提高和保证。在案例学习过程中，如果把遇到的所有案例都加入系统案例库中，就会导致案例的重复性或类似案例较多，这一方面会影响案例知识库的健壮性，另一方面还会加大案例修正的困难、降低案例检索的效率。

在开发案例模块时，建立案例知识库管理子模块，可以实现管理人员定期对案例知识库中案例的增、删、改、减等操作，实现案例知识库的维护管理工作，既能够保证案例知识库中的案例不会产生冗余，又可以实现案例知识库的健壮性发展。

五、案例推理在煤矿事故隐患排查治理中的应用

（一）知识库的构建

在煤矿事故隐患排查治理案例推理系统中，知识库是系统的数据基础，其组织的好坏决定着案例检索的效率和推理的准确性。因此，在实现系统功能之前，应对系统知识库科学合理地进行设计，包括知识来源、知识组织方式等。下面对知识库中的知识来源以及组织方式进行介绍。

1. 知识来源分析

由于煤矿事故隐患排查治理案例推理系统涉及煤矿事故、事故隐患和危险源知识，所以应对其来源进行分析。

（1）煤矿事故。由分析可知，煤矿事故在事故隐患排查治理中起着模糊推理以及警示的作用，所以煤矿事故的收集和整理至关重要。以下实例所采用的煤矿事故，以系统实施现场的煤矿为主，统计该煤矿过去发生过的事故，同时将原国家安全生产监督管理总局网站发布的关于煤矿的事故进行统计分析。

（2）煤矿事故隐患。知识库中的事故隐患，主要来自两个方面：一方面是煤矿事故分析出来的隐患；另一方面是煤矿现场排查的隐患，包括煤矿已整改的事故隐患历史记录。对煤矿事故隐患进行分析是从人的不安全行为和物的不安全状态着手的，分析方法主要是运用事故致因理论中的轨迹交叉论。若分析具体煤矿事故时，需要从事故树出发并结合煤矿具体的实际情况，再进一步细致地分析具体的人的不安全行为和物的不安全状态，并绘制特定的事故树。

（3）煤矿危险源。煤矿复杂而特殊的生产作业环境，导致井下危险源存在于各个生产环节当中，分布范围广，而且其本身具有隐蔽性和偶然性。对整体煤矿生产系统而言，完全辨识与控制危险源比较困难，故要对其进行分级、分类。由于煤矿生产系统主要包括采煤、通风、运输、给排水等子系统，对事故危险源进行分析时可按照各个子系统进行分类，然后对各个子系统的工序和生产工艺过程再进行危险源分析。

例如在煤矿生产系统中的采煤子系统中，将三类危险源理论应用到采煤工作面，采煤工作面的第一类危险源包括采空区易自燃的煤炭、上隅角积聚的瓦斯、液压支柱、顶板不稳定的岩石、落差较大的断层、复杂的褶皱、陷落区等地质因素的能量载体或危险物质，这是事故发生的前提；第二类危险源在采煤工作面，主要包括上隅角瓦斯监测器的失灵、顶板压力传感器的失灵、移架的空间过小、刮板输送机的断链、个人的误操作、违章指挥和操作等；第三类危险源在采煤工作面，主要包括员工的教育和培训不足、工艺操作不熟练、违反国家法律法规和煤矿安全作业规程、员工之间关系不融洽、安全生产意识不强等不符合安全的组织因素。若在某一时间和空间上，这三类危险源恰好相遇，就可能引起事故的发生。如煤矿采煤工作面的上隅角瓦斯积聚，与空气混合成为爆炸性气体，这就构成了第一类危险源；当上隅角瓦斯探头失灵，且工人误操作生成电火花等构成第二类危险源；由于管理层不重视、安全意识淡漠、安全监察力度不够构成了第三类危险源。当这三类危险源相遇时，就会发生煤矿瓦斯爆炸事故。

2. 模糊推理规则知识库的确定

在煤矿事故隐患排查治理案例推理过程中，用户输入的事故隐患信息，经过规则知识库检索，可确定预警级别。设计的规则知识库，是在煤矿安全生产专家的帮助下，对已经发生过的煤矿事故进行分解，确定事故隐患，形成如下的形式：

$$\text{if } x, \text{ then } y \tag{3-9}$$

式中：x 是指事故分解出来的事故隐患；y 是指事故。

根据确定的知识来源，将事故分解成式（3-9）的形式。由于各个煤矿基本情况的不同，如地质条件、煤矿开采方式等，对于非本煤矿发生过的事故来说，其规则强度不为 1，具体数值由该领域专家进行确定；对于该煤矿已经发生的事故来说，其规则强度为 1，并将上述规则存储在数据库中。

（二）案例推理实例分析

下面以××煤矿采煤专业井下排查出的事故隐患为例，对案例推理技术进行说明。

首先，事故隐患排查人员确定井下排查出的事故隐患信息，见表3-3。

用本体描述语言owl表示为：

<ClassAssertion>

<Class IRI=" #隐患" />

<NamedIndividual IRI=" #工作面5仓170—210顶板有伪顶支架离开顶板 " />

</ClassAssertion>

<DataPropertyAssertion>

<DataProperty IRI=" #生产工序" />

<NamedIndividual IRI=" #工作面5仓170—210顶板有伪顶支架离开顶板，易发生砸研伤人事故" />

<Literal datatypeIRI=" &rdf；PlainLiteral" >支护</Literal>

</DataPropertyAssertion>

<DataPropertyAssertion>

表3-3   事故隐患属性信息

事故隐患属性	事故隐患属性信息
事故隐患编号	2016-6-10 10：13：04-8
时间	2016年6月10日
排查人员	×××
排查部门	采煤八段
地点	8134工作面5号仓
事故隐患专业	采煤专业
事故隐患二级专业	柔掩支护采煤法
生产工序	支护
危险源	伪顶
事故隐患描述	工作面5#仓170—210#顶板有伪顶支架离开顶板
事故隐患类别	一般事故隐患

然后，将该事故隐患特征属性与事故隐患案例库中的事故隐患基本信息进行相似度计算，用owl查询语言SPARQL查询事故隐患案例库中的特征信息。在这里，对事故隐患专

业进行过滤为"采煤专业",查询代码如下:

PREFIX eg:<http://www.semanticweb.org/sa/ontologies/2016/8/untitled-ontology-14#>

SELECT? 隐患地点? 隐患专业? 隐患二级专业? 隐患危险源

? 隐患描述_? 隐患类别_? 生产工序

WHERE

{____? x eg:隐患地点? 隐患地点 .

? x eg:隐患专业? 隐患专业 .

? x eg:隐患二级专业? 隐患二级专业 .

? x eg:隐患危险源_? 隐患危险源 .

? x eg:隐患描述_? 隐患描述 .

? x eg:隐患类别_? 隐患类别 .

? x eg:生产工序_? 生产工序 .

FILTER REGEX(? 隐患专业,"采煤专业")

}

将查询出来的事故隐患的特征属性与排查人员输入的事故隐患进行局部相似度计算,其中一个源事故隐患案例与目标事故隐患案例局部相似度计算结果见表3-4。

表 3-4 案例相似度计算

事故隐患属性	目标事故隐患属性信息	源事故隐患属性信息	局部相似度计算
地点	8134 工作面 5 号仓	833 工作面 2 号仓	0.7
事故隐患专业	采煤专业	采煤专业	1
事故隐患二级专业	柔掩支护采煤法	柔掩支护采煤法	1
生产工序	支护	支护	1
危险源	伪顶	破碎的顶板	0
事故隐患描述	工作面 5#仓 170—210#顶板有伪顶支架离开顶板	工作面 2#仓 240-280#支架处顶板破碎,支护不及时,易片帮伤人	0.6642
事故隐患类别	一般事故隐患	一般事故隐患	1

由于上述目标事故隐患特征属性不存在信息缺失情况,因此将局部相似度向量与特征权重计算,就能得出该目标案例与源案例的相似度:

$$S(X_i, Y_i) = (0.7, 1, 1, 1, 0, 0.664\,2, 1) \times$$

$$(0.057\,7, 0.061\,7, 0.061\,7, 0.104\,5, 0.216\,1, 0.393\,8, 0.103\,5)^T$$

$$= 0.670\,4$$

由于相似度 $S(X_i, Y_j) = 0.670\ 4 > 0.5$，故该案例的事故隐患整改措施可以进行参考。在此需要说明的是，用户应该从案例库中选出相似度最高的案例隐患整改措施进行重用或者修正。最终，确定该条事故隐患的治理措施如表 3-5 所示。

表 3-5 事故隐患治理措施

事故隐患整改措施	措 施 内 容
主要安全技术措施	用竹排划背好顶板，支架调整往顶板靠，或作人工假顶支护
	"敲帮问顶"时，操作人员必须站在退路畅通的安全地点，一手持镐、锤或撬棍，一手托顶，先轻敲，无破碎声再重敲
	处理伪顶、活石（煤）前要与附近人员联系好，撬动时要缓慢用力
	工作时，现场必须有 2~3 人，前方的人员操作时，必须安排专人监护，严禁单人作业
保证措施	由主管段队长现场盯岗，组织生产
	由有经验的班组长现场施工
	矿安监站派人现场监督
强制执行措施	所有施工人员必须服从指挥，严格执行作业规程及安全技术措施的各项规定
人员技术素质	作业人员必须认真学习作业规程和专项安全技术措施
	熟知事故隐患治理工作的实施工序及相关标准
	了解《煤矿安全规程》相关内容，熟知本工种《煤矿安全生产操作规程》
	具备自保互保意识和能力

第四章　煤矿事故隐患排查治理能力评价

当前，煤矿事故隐患排查治理能力的建设面临三个方面的转变：一是由被动排查治理到主动排查治理的转变。目前来看，煤矿建立事故隐患排查管理体系的重要原因在于安全监察的要求，煤矿企业并没有形成主动排查治理事故隐患以达到安全生产的意识，事故隐患排查治理效果必然不会理想。二是将事故隐患排查管理由定性转变为定量化管理。对事故隐患的定量化管理为分析及经验总结提供了便利，是事故隐患排查管理持续改进的必经之路。三是事故隐患排查管理体系的粗放式管理向协同化管理方式的转变。这一方面能够有效降低事故隐患排查治理工作所遇到的阻力，从上至下加强工作的执行力度，另一方面能够调动各部门的积极性，使他们能够主动参与到事故隐患排查治理工作中，提高工作效率。

针对以上转变要求，煤矿事故隐患排查治理工作的中心应在于建立协同化的事故隐患排查管理体系，借助信息技术和计算机技术，协调事故隐患排查治理过程，提高煤矿事故隐患排查治理的科学性和规范性，持续改进排查治理流程，切实保障煤矿的安全生产。

因此，需要明确与之相对应的煤矿事故隐患排查治理能力评价方法，并为提高排查治理能力的改进指明方向。

第一节　事故隐患排查治理能力成熟度模型

一、软件能力成熟度模型简介

软件能力成熟度模型（SW-CMM）在 20 世纪的后期才作为研究成果正式发表。SW-CMM 简称为 CMM，它的定义为：一种将软件组织对于软件过程的定义、实现、度量、控制以及改进划分不同的阶段的方法。CMM 是 SEI 汇集世界各地软件过程管理的经验和智慧而产生的专门针对软件开发的评估模型，并且是对软件过程改进的指导性模型。

CMM 是以软件开发专案的自我能力改进及软件承包商的选定作为研究的目标，在初期发展阶段，其用途是协助美国国防部等政府单位进行重要软件外包作业时，作为分析软件厂商开发能力，以及评选合格软件承包商的工具。

CMM 涵盖一个成熟的软件发展组织所应具备的重要功能与项目，它描述了软件发展的演进过程，即从毫无章法、不成熟的软件开发阶段到成熟软件开发阶段的过程。就 CMM 的架构而言，它涵盖了规划、软件工程、管理、软件开发及维护等技巧，若能确实遵守规定的关键技巧，可协助提升软件部门的软件设计能力，达到成本、时程、功能与品质的优化目标。

CMM 的核心和本质主要是关注软件过程管理及过程改进，使企业能有效地控制软件开发的过程与进度，按计划进行产品开发，形成良好的软件管理文化。CMM 提供了一种改善软件管理过程的能力的方法，同时它也指引着一种软件工业发展的方向。软件管理者追求的是利用较低的资源和成本，高效地开发出较高品质的软件产品，CMM 为此提供了一个面向软件过程改进的指南。虽然在关键过程域、关键实践等方面还需进一步深入地研究，但是 CMM 在软件产业中已经发挥着重要的作用，并成为一种提高软件过程能力的有效工具和良好框架，主要用于 3 个方面，即软件过程评估（SPA，Software Process Assessment）、软件过程改进（SPI，Software Process Improvement）和软件能力评价（SCE，Software Capability Evaluation）。

CMM 涉及的主要专业术语有：

（1）过程（Process）。为了实现给定目标所要执行的活动或操作步骤。

（2）软件过程（Software Process）。为了实施软件开发及维护而采用的方法与活动的集合，在过程中活动与实践创新具有相关性，企业随着软件过程的日臻完善而趋于更高级的成熟度。

（3）软件过程评估（SPA，Software Process Assessment）。对于软件企业能力实施的一种度量。它明确了企业或组织在期望达到的成熟度等级或达到一定期望范围时，需遵循的软件过程，可用来预测组织或企业在承接项目时的期望结果。

（4）软件过程性能（Software Process Performance）。主要侧重于实施效果，在企业按照软件过程实施之后可以达到的一种程度。因其注重实际的结果，由于可能受到环境影响，因此还不能充分地反映出整体能力。

（5）软件过程成熟度（Software Process Maturity）。成熟度是指一种能力的潜在或增长趋势，描述了具体定义的软件过程，以及其中包含的管控、评估等由此产生实效的程度，能够体现组织在采用软件过程后达到的实际水平。

（6）关键过程域（KPA，Key Process Area）。即关键过程区域，标识了达到某一成熟度等级时需具备和满足的条件及相关活动。在CMM中，除第一级之外，第二级至第五级中共计18个KPA，集成了相关的活动与条件，每个成熟度等级含有本级别中至关重要的过程域。

（7）关键实践（KP，Key Practice）。是在KPA中的实践活动，每个KPA含有的若干关键实践，但KP只是提供活动的目标，并未给出具体方法和步骤。

二、煤矿事故隐患排查治理能力成熟度模型构建

煤矿事故隐患排查管理体系的建立和完善过程是一项从混乱的、被动的管理到有序的、协调的管理过程，其改进模式与软件开发管理一样是从不成熟到成熟，综合治理能力逐步提高的过程。因此，同样可以采用能力成熟度评估的方式，发现煤矿事故隐患排查治理过程中的薄弱环节，形成持续改进的机制。对于煤矿安全监管层面，对事故隐患排查治理能力成熟度进行评估，可以提供一个量化的标准考核各煤矿的事故隐患管理水平，从而反映煤矿安全生产水准，督促煤矿进行事故隐患排查治理，提高煤矿的安全生产水平。

借鉴软件能力成熟度和项目管理成熟度的等级划分，结合煤矿事故隐患排查治理本身的特性，将其能力成熟度划分为5个层级，即根据事故隐患排查治理工作的实际需要设定为初始级、可重复级、已定义级、定量管理级和持续优化级，使得煤矿企业能及时掌握自身的管理能力程度，以便采取相应的措施。各成熟度等级之间的关系，如图4-1所示。

根据项目管理理论，启动过程、计划过程、实施过程、控制过程和收尾过程构成了项目管理的核心环节，结合美国项目管理学会OPM3的思想进行分析，可以从项目管理的这5个核心环节入手，明确煤矿事故隐患排查治理的关键子过程，结合其本身的特点，将排查治理过程划分为计划过程、排查过程、整改过程、验收过程、消解过程及评估反馈过程共6个关键子过程，包含的主要内容及其目标见表4-1。其中评估反馈过程是对事故隐患排查案例进行分析及反思的过程，设置本过程的目的在于实现事故隐患排查治理的持续优

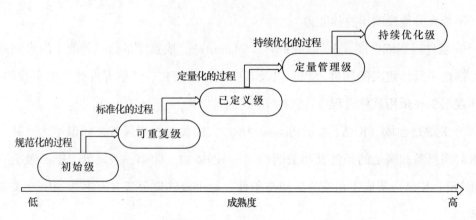

图 4-1　煤矿事故隐患排查治理能力成熟度模型

注：标准是指在一定范围内获取最佳秩序，共同的可重复的规则；而规范则可认为是针对

单一矿井的可执行的一系列规定。

化机制。煤矿事故隐患排查治理的关键子过程也是一个不断完善和优化的自反馈控制模型。

表 4-1　　　　　　　　　　煤矿事故隐患排查治理关键子过程

关键子过程	内　　容
计划过程	建立事故隐患排查计划，明确各单元所需排查的事故隐患
排查过程	参照排查计划表单，逐项排查各工作单元内的事故隐患
整改过程	对排查出的事故隐患进行整改，明确人员、措施及整改资金
验收过程	对整改情况进行验收，确保整改情况满足要求，保障事故隐患整改完成
消解过程	对验收合格的事故隐患进行消解，是事故隐患排查整改完成的标志
评估反馈过程	对事故隐患排查整改案例进行分析及反思，并反馈到上述 4 个子过程中

事故隐患排查治理需要管理制度、人员及团队建设的支持，担负着制度完善、人员优化的职责，最终的产出则在于煤矿安全生产能力的提升。同时事故隐患排查治理工作的开展需要组织机构及安全投入等方面的支持，因此，评估煤矿事故隐患排查治理能力需要遵循全覆盖、分层次、有重点的原则，从多个层面进行考虑：首先是煤矿企业事故隐患排查管理制度的完善性，包括流程管理、文档管理、时间管理（是否超期整改），这是直观展现管理层面的准则；其次是考虑人力资源建设情况，结合事故隐患排查治理实践经验，良好的人员素质及安全意识能够推动事故隐患排查治理工作的开展，同时事故隐患排查工作的进行能够培养人员的安全意识，提高员工的安全素质；第三则是考虑安全投入的力度，代表着管理层对于事故隐患排查治理工作的重视程度；第四则是企业文化层面，良好的企业安全文化有助于形成良好的企业事故隐患排查治理机制，同时事故隐患排查治理机制的

健全与否也是反映企业安全文化的一个重要指标。基于此，建立煤矿事故隐患排查治理能力成熟度等级特征分类表，详见表4-2。

表4-2　　　　煤矿事故隐患排查治理能力成熟度（CMM-CHDM）等级特征分类表

等级	描述	制度及管理			团队与人员
		流程管理	文档管理	时间管理	
初始级	事故隐患排查治理无序或混乱，排查基于外部压力进行	没有建立基本的排查治理流程，排查治理过程不规范	没有规范性的文件要求，排查记录不规范、不完整	事故隐患排查治理整改响应时间缓慢，没有详细的时间规划	没有建立事故隐患排查治理团队，没有事故隐患排查治理意识
可重复级	已建立基本的事故隐患排查治理流程，但完整性和规范性不足	已建立基本的事故隐患排查治理流程，流程的建立一般是基于以往的成功经验	下发事故隐患排查治理要求，但管理不规范，不具可溯性	已基本确保各级事故隐患能够在规定时间内完成排查整改，且不同事故隐患响应时间有所区别	初步形成事故隐患排查治理团队，但排查治理质量依靠个人能力，人员事故隐患排查治理意识弱
已定义级	过程标准化管理，采用标准简洁的排查治理流程，具有可追溯性	通过对以往经验的总结，建立标准化的排查治理过程，形成健全的事故隐患排查管理体制	事故隐患排查治理的关键过程均已文档化，记录完整规范，具有可溯性	对时间管理的意识较强，及时整改事故隐患	已建立专业团队，团队人员接受过相应的培训与演练，具有较高的协同能力，组织管理绩效可控
定量管理级	事故隐患排查治理各流程得到了定量化的控制	事故隐患排查治理各流程均有完善的量化标准，实现定量化管理	事故隐患排查治理记录文档详细规范	形成定量化的时间管理意识，对各级事故隐患实行度量化的时间配置	事故隐患排查治理团队与其他部门沟通良好，排查治理工作能够无阻力开展
持续优化级	事故隐患排查治理的各个方面得到持续改进，并形成持续改进的机制	事故隐患排查治理是一个持续改进的过程，对自身经验进行总结深化并可吸纳新技术、新方法	已建立评估文档，对当前整改措施进行评价并改进	能够持续动态地对时间进行优化控制与调整，且这种调整与优化是可重复的	团队建设得到不断提升，人员安全意识得到持续的培养，全矿人员均能参与事故隐患排查治理工作中

针对表4-2中的成熟度等级特征分类，需建立适当的评估方法确定煤矿事故隐患治理能力成熟度处于哪个等级。一般地，可采用专家评估打分法评估煤矿企业事故隐患排查治理关键过程域的目标的实现程度，以此绘制关键过程域（KPA）评估剖面图，分析煤矿企业所达到的成熟度等级，并可确定薄弱环节及改进顺序。然而，由于煤矿事故隐患排查治

理能力的评估的实施方一般为监管机构而非煤矿企业自身，并且考虑到评估方法的普适性和易用性，KPA评估法具有明显的缺陷及主观性，且无法实现对煤矿企业的客观量化评估。因此，考虑采用量化评估的方法，以成熟度等级为评价目的，以制度及管理层面和团队与人员管理为准则层，建立煤矿事故隐患排查治理能力成熟度评估指标体系。

为排除人主观因素的影响，对能力成熟度的4个过程域采取定量化评价的方法确定其所属级别，针对不同的过程域类别，结合煤矿事故隐患排查实际工作中可采集的相关指标，尽可能全面地选取与事故隐患排查治理能力相关的非主观影响因素，明确隶属关系，确定煤矿是否达到事故隐患排查治理能力关键过程域要求。

第二节　煤矿企业事故隐患排查治理能力成熟度评价

一、煤矿事故隐患排查治理能力评价指标体系

指标选取是依据与煤矿事故隐患排查治理相关的指标，并且考虑指标数据的易采集性及普适性，通过对煤矿事故隐患排查管理系统进行了深入的调研分析，总结事故隐患排查管理系统中的可用数据，并充分考虑可接入的与事故隐患排查相关系统的指标数据，建立煤矿事故隐患排查治理能力评估指标体系，见表4-3。

表4-3　　　　　　　　煤矿事故隐患排查治理能力成熟度评估指标体系

目标层	准则层	一级指标 C	二级指标 D
煤矿事故隐患排查治理能力成熟度	人力资源	C_1 文化程度指数	D_1 一线人员文化程度指数
			D_2 管理人员文化程度指数
		C_2 工龄指数	D_3 企业在册职工工龄指数
		C_3 人员培训合格率	D_4 安全培训合格率
			D_5 特种作业培训合格率
		C_4 "三违"指数	D_6 井下作业人员"三违"指数
		C_5 职称指数	D_7 企业在册职工职称指数
		C_6 技术资质指数	D_8 特殊工种技术资质指数
			D_9 安全管理人员技术资质指数

续表

目标层	准则层	一级指标 C	二级指标 D
煤矿事故隐患排查治理能力成熟度	现场管理	C_7 排查人员配置率	D_{10} 排查人员比例
			D_{11} 排查人员覆盖指数
		C_8 事故隐患排查治理落实率	D_{12} 事故隐患排查治理落实率
		C_9 一次整改合格率	D_{13} 一次整改合格率
		C_{10} 超期整改率	D_{14} 超期整改率
		C_{11} 重复发现事故隐患频率	D_{15} 重复发现事故隐患频率
		C_{12} 事故隐患未闭环率	D_{16} 事故隐患未闭环率
		C_{13} 新发现事故隐患指数	D_{17} 新发现事故隐患指数
	规章制度	C_{14} 事故隐患排查治理组织健全程度	D_{18} 排查治理机构覆盖指数
			D_{19} 排查治理会健全程度
			D_{20} 信息沟通机制健全程度
		C_{15} 事故隐患排查治理制度健全程度	D_{21} 事故隐患排查治理制度规范程度
			D_{22} 事故隐患排查治理是否纳入奖惩
			D_{23} 事故隐患案例的报告与调查
	安全文化	C_{16} 安全承诺	D_{24} 管理层对安全的承诺
			D_{25} 基层员工的安全承诺
		C_{17} 安全目标	D_{26} 是否有明确的安全目标（年度、季度）
		C_{18} 安全绩效	D_{27} 行为激励
		C_{19} 学习改进	D_{28} 安全培训
		C_{20} 全员参与	D_{29} 对事故隐患排查治理的认识程度
			D_{30} 对事故隐患排查治理的重视程度
	安全投入	C_{21} 显性安全投入	D_{31} 公共安全设施投入
			D_{32} 个人安全装备投入
			D_{33} 整改资金投入
			D_{34} 安全管理费用
		C_{22} 隐性安全投入	D_{35} 安全科研投入
			D_{36} 职业健康投入
			D_{37} 安全教育投入
			D_3 应急管理费用
		C_{23} 安全投入产出比	D_{39} 安全投入产出比

二、评价指标隶属度函数

建立指标体系后，应对各指标的实际分布规律进行分析，以确定该指标的隶属度函数。指标隶属度函数的确定是在大量的资料统计的基础上得出统计规律，根据统计规律选取合适的隶属度函数的类型，再根据试验确定较符合实际的参数，最终得出指标隶属度函数表达式。隶属度函数是一种简单方便的对评价指标属性值进行归一化处理的方法，其实质是求解在 [0，1] 区间内的模糊隶属度函数，将性质、量纲各异的指标转化为可以进行综合的一个相对数。特别地，针对指标取值的统计规律，隶属度函数的建立可以有效提高指标的敏感度，提高评价精度。

（一）人力资源准则层

1. 文化程度指数

文化程度通常用学历结构进行表示。选取合适的学历结构指标能够真实反映煤矿企业的文化程度水平，进一步反映此煤矿从业人员事故隐患排查治理的基本能力水平。

结合对煤矿人员结构调研分析的结果，煤矿管理从业人员和煤矿一线生产从业人员存在较大的文化程度差异。为更好地反映煤矿企业从业人员的文化程度水平，对文化程度指数进行进一步细化，包括两个二级指标。首先是一线人员文化程度指数 D_1，建议采用大专或同等以上学历所占比例表示，计算公式如下：

$$D_1 = \frac{x_{11}}{x_{12}} \tag{4-1}$$

式中：x_{11}——一线人员专科及以上学历人数；

x_{12}——一线人员从业人员总数。

该指标隶属度函数如下：

$$u(D_1) = \begin{cases} 0 & D_1 \leqslant 0.2 \\ (D_1-0.2)/0.4 & 0.2 \leqslant D_1 \leqslant 0.6 \\ 1 & D_1 > 0.6 \end{cases} \tag{4-2}$$

其次是管理人员文化程度指数 D_2，建议采用本科及以上学历所占比例表示，计算公式如下：

$$D_2 = \frac{x_{21}}{x_{22}} \qquad (4-3)$$

式中：x_{21}——管理人员本科（大专及同等学力）以上从业人数；

　　　x_{22}——管理人员从业人员总数。

该指标隶属度函数如下：

$$u\ (D_2)\ = \begin{cases} 0 & D_2 \leqslant 0.4 \\ (D_2-0.4)\ /0.3 & 0.4 \leqslant D_1 \leqslant 0.7 \\ 1 & D_2 > 0.7 \end{cases} \qquad (4-4)$$

2. 工龄指数

工龄指数能够反映煤矿从业人员的专业技能熟练程度，工龄越大，则代表其具有良好的业务水平和专业技能。对于煤矿事故隐患排查治理工作来说，其所需具备的人员基本条件就是对所从事的工作具有一定的专业技能水平，因此工龄指数能够很好地反映人员排查治理事故隐患的能力。

工龄指数采用煤矿企业在册职工工龄指数 D_3 来表示。通常来说，工龄在3年以上即可达到从业人员所需的基本职能要求，因此用3年及以上工龄人员比例表示工龄指数。

$$D_3 = \frac{x_{31}}{x_{32}} \qquad (4-5)$$

式中：x_{31}——3年及以上工龄人员人数；

　　　x_{32}——企业在册职工总数。

该指标隶属度函数如下：

$$u\ (D_3)\ = \begin{cases} 0 & D_3 \leqslant 0.6 \\ (D_3-0.6)\ /0.35 & 0.6 \leqslant D_3 \leqslant 0.95 \\ 1 & D_3 > 0.95 \end{cases} \qquad (4-6)$$

3. 人员培训合格率

煤矿安全管理人员及特种作业人员均需进行先培训后上岗，因此作业人员培训情况能够很好地反映从业人员的基本专业素质，而煤矿从业人员的专业素质高低则影响着煤矿事故隐患排查治理能力的水平高低。

人员培训合格率指标包括两个二级指标，分别为安全培训合格率 D_4 和特种作业培训合格率 D_5。其中，安全培训合格率 D_4 反映的是安全管理人员的专业素质水平，其计算公式如下：

$$D_4 = \frac{x_{41}}{x_{42}} \tag{4-7}$$

式中：x_{41}——周期内培训考核一次通过人次；

x_{42}——周期内培训考核总人次。

该指标隶属度函数如下：

$$u\ (D_4)\ = \begin{cases} 0 & D_4 \leqslant 0.75 \\ (D_4 - 0.75)\ /0.25 & D_4 > 0.75 \end{cases} \tag{4-8}$$

特种作业培训合格率 D_5 反映的是特种作业人员的专业素质水平。由于煤矿的特种作业岗位危险性高，易发生较大事故隐患，因此特种作业培训合格率是一项反映煤矿事故隐患是否高发的重要指标，其计算公式如下：

$$D_5 = \frac{x_{51}}{x_{52}} \tag{4-9}$$

式中：x_{51}——周期内培训考核一次通过人数；

x_{52}——周期内培训考核总人数。

该指标隶属度函数如下：

$$u\ (D_5)\ = \begin{cases} 0 & D_5 \leqslant 0.8 \\ (D_5 + 1.6)^2 - 5.76 & D_5 > 0.8 \end{cases} \tag{4-10}$$

4. "三违"指数

"三违"是指违章作业、违反劳动纪律和违章指挥。"三违"行为通常是由于人的安全意识淡漠及不良安全习惯所导致的，而事故隐患排查治理的一个重要作用就是通过全员参与，提高从业人员的安全意识及安全水平。因此，"三违"指数能够反映煤矿事故隐患排查治理能力水平。"三违"指数一般用井下作业人员"三违"指数 D_6 表示。

$$D_6 = \frac{x_{61}}{x_{62}} \tag{4-11}$$

式中：x_{61}——周期内作业人员"三违"总人次；

x_{62}——周期内井下作业人员总人次。

该指标隶属度函数如下：

$$u\ (D_6) = \begin{cases} 0 & D_6 \geqslant 0.25 \\ (0.25 - D_6)\ /0.22 & D_6 < 0.25 \end{cases} \tag{4-12}$$

5. 职称指数

一般而言，煤矿管理层及技术人员应取得相应职称。因而职称指数能够反映煤矿管理层的人员水平及团队建设水平。职称指数一般用企业在册职工职称指数 D_7 表示，建议采用助理级及以上职称的持有比例来表示。

$$D_7 = \frac{x_{71}}{x_{72}} \tag{4-13}$$

式中：x_{71}——助理级及以上职称持有人数；

x_{72}——从业人员总数。

该指标隶属度函数如下：

$$u\ (D_7) = \begin{cases} D_7 \cdot 5 & D_7 < 0.2 \\ 1 & D_7 \geqslant 0.2 \end{cases} \tag{4-14}$$

6. 技术资质指数

技术资质指数即从业人员持证上岗率，包括特殊工种技术资质指数 D_8 和安全管理人员技术资质指数 D_9 两方面，特殊专业从业人员、各类安全管理人员等需取得相应证书才可上岗，煤矿企业若存在无证上岗的情况，将会造成极大的事故隐患。各地区及公司对持证上岗人数配备有明确要求，一般根据需持证岗位数及配备系数确定需持证人员数量。因此，可根据煤矿实际持证人数与应持证人数来表示该指标。其中，特殊工种技术资质指数 D_8 计算公式如下：

$$D_8 = \frac{x_{81}}{x_{82}} \tag{4-15}$$

式中：x_{81}——特殊工种持证上岗人数；

x_{82}——特殊工种应持证上岗人员总数。

该指标隶属度函数如下：

$$u\ (D_8)\ =\begin{cases}0 & D_8\leqslant0.95\\(D_8-0.95)\ /0.15 & D_8>0.95\end{cases} \quad (4-16)$$

安全管理人员技术资质指数 D_9 计算公式如下：

$$D_9=\frac{x_{91}}{x_{92}} \quad (4-17)$$

式中：x_{91}——管理人员持证上岗人数；

x_{92}——管理人员应持证上岗总数。

该指标隶属度函数如下：

$$u\ (D_9)\ =\begin{cases}0 & D_9\leqslant0.9\\(D_9-0.9)\ /0.1 & D_9>0.9\end{cases} \quad (4-18)$$

（二）现场管理准则层

1. 排查人员配置率

排查人员配置数量的多少反映了煤矿事故隐患排查治理人员体系的健全程度及团队建设情况，包含两个二级指标，其一为排查人员比例 D_{10}，即排查人员在企业职工中所占的数量比值，以反映煤矿事故隐患排查治理的力度：

$$D_{10}=\frac{x_{101}}{x_{102}} \quad (4-19)$$

式中：x_{101}——事故隐患排查治理人员人数；

x_{102}——从业人员总数。

该指标隶属度函数如下：

$$u\ (D_{10})\ =\begin{cases}\log_2\ (\frac{20}{3}D_{10}+1) & D_{10}<0.15\\1 & D_{10}\geqslant0.15\end{cases} \quad (4-20)$$

其二为排查人员覆盖指数 D_{11}，是指以事故隐患排查治理基本单元为基数，事故隐患排查治理专业人员覆盖率，以反映煤矿事故隐患排查治理制度的健全情况：

$$D_{11}=\frac{x_{111}}{x_{112}} \quad (4-21)$$

式中：x_{111}——已配备排查治理人员的工作单元数（以科段为单位）；

x_{112}——基本工作单元总数。

该指标隶属度函数如下：

$$u(D_{11}) = \begin{cases} 0 & D_{11} \leqslant 0.6 \\ (D_{11}-0.6)/0.3 & 0.6 < D_{11} < 0.9 \\ 1 & D_{11} \geqslant 0.9 \end{cases} \qquad (4-22)$$

2. 事故隐患排查治理落实率

煤矿事故隐患排查治理的开展需要有专业排查会等机构制订排查计划，并由实际排查人根据排查计划对工作单元中的事故隐患进行逐项排查。因此，事故隐患排查治理落实率能够反映事故隐患排查治理制度的执行情况，通常以月为单位对事故隐患排查治理落实率进行统计。事故隐患排查治理落实率 D_{12} 的计算公式如下：

$$D_{12} = \frac{x_{121}}{x_{122}} \qquad (4-23)$$

式中：x_{121}——单位周期内计划的事故隐患排查治理次数；

x_{122}——单位周期内实际的事故隐患排查治理次数。

该指标隶属度函数如下：

$$u(D_{12}) = \begin{cases} 0 & D_{12} \leqslant 0.85 \\ 10(D_{12}-0.85) & 0.85 < D_{12} < 0.95 \\ 1 & D_{12} \geqslant 0.95 \end{cases} \qquad (4-24)$$

3. 一次整改合格率

煤矿排查出的事故隐患需要由专业人员进行整改。根据事故隐患排查治理闭环管理的要求及制度规定，排查出的事故隐患必须进行整改，整改后由安监站相关负责人进行验收，验收合格则表示该条事故隐患一次整改合格，若不合格则需要进行二次整改。二次整改需重新制订整改计划、日期及责任人等，对煤矿事故隐患排查治理工作而言相当于又产生一条新的事故隐患。因此，一次整改合格率是一项重要的现场管理指标，通常以月为单位对一次整改合格率进行统计。一次整改合格率 D_{13} 的计算公式如下：

$$D_{13} = \frac{x_{131}}{x_{132}} \qquad (4-25)$$

式中：x_{131}——周期内整改经验收不合格的事故隐患总数，包括二次或多次整改数；

x_{132}——周期内排查出的事故隐患。

该指标隶属度函数如下：

$$u\ (D_{13}) = \begin{cases} 0 & D_{13} \leqslant 0.8 \\ (D_{13} - 0.8)\ /0.2 & D_{13} \geqslant 0.8 \end{cases} \tag{4-26}$$

4. 事故隐患超期整改率

事故隐患超期整改是指在煤矿事故隐患经排查后已制订整改计划的情况下，整改责任人未按照整改计划规定的时间完成整改，包括两方面的情况：其一是整改计划指定人未对事故隐患严重程度进行细致的考量，导致整改计划难以贯彻执行；其二是整改责任人由于能力不够或者态度不端正，导致本应能够按期整改完成的事故隐患未能在规定期限内排除。超期整改率 D_{14} 反映的是事故隐患排查治理的现场管理水平高低，通常以月为单位进行统计，计算公式如下：

$$D_{14} = \frac{x_{141}}{x_{142}} \tag{4-27}$$

式中：x_{141}——周期内超期整改事故隐患数；

x_{142}——周期内整改事故隐患总数。

该指标隶属度函数如下：

$$u\ (D_{14}) = \begin{cases} (0.15 - D_{14})\ /0.15 & D_{14} < 0.15 \\ 0 & D_{14} \geqslant 0.15 \end{cases} \tag{4-28}$$

5. 重复发现事故隐患频率

重复发现事故隐患是指在同一工作单元内，同一条或者同一类的事故隐患重复发生的情况，其反映的是在已经对事故隐患进行排查、整改的情况下，同一事故隐患再次发生。通常情况下，事故隐患的重复发生是由于人员对事故隐患的认识不足或不良好的行为习惯所导致的，反映出煤矿在事故隐患排查治理过程中管理制度存在缺陷，未能达到全员参与、学习的效果，通常以月为单位统计。重复发现事故隐患频率 D_{15} 的计算公式如下：

$$D_{15} = \frac{x_{151}}{x_{152}} \tag{4-29}$$

式中：x_{151}——周期内重复发生事故隐患的次数；

　　　x_{152}——周期内排查事故隐患类别数。

该指标隶属度函数如下：

$$u(D_{15}) = \begin{cases} (0.6-D_{15})/0.6 & D_{15}<0.6 \\ 0 & D_{15}\geqslant 0.5 \end{cases} \tag{4-30}$$

6. 事故隐患未闭环率

根据闭环管理的要求，煤矿事故隐患的排查治理必须得到闭环，对未闭环的事故隐患应重点标识提醒，直至其得到闭环为止。然而在事故隐患排查治理管理制度不完善或管理层不重视的情况下，仍可能存在不闭环的情况，因而事故隐患未闭环率是反映制度及管理情况的一个负向指标，通常以月为单位统计。事故隐患未闭环率 D_{16} 的计算公式如下：

$$D_{16} = \frac{x_{161}}{x_{162}} \tag{4-31}$$

式中：x_{161}——周期内未闭环事故隐患数，以整改计划完成时间为准；

　　　x_{162}——周期内应闭环事故隐患总数，以整改计划完成时间为准。

该指标隶属度函数如下：

$$u(D_{16}) = \begin{cases} 0 & D_{16}\geqslant 0.1 \\ 10(0.1-D_{16})/0.15 & D_{16}<0.1 \end{cases} \tag{4-32}$$

7. 新发现事故隐患指数

新发现事故隐患是指排查出的事故隐患为隐患知识库中所没有的。通常来说，新发现的事故隐患越多，说明事故隐患辨识能力越高，排查治理能力越强，通常以月为单位统计。新发现事故隐患指数 D_{17} 的计算公式如下：

$$D_{17} = \frac{x_{171}}{x_{172}} \tag{4-33}$$

式中：x_{172}——周期内新发现事故隐患数目；

　　　x_{172}——周期内排查事故隐患总数。

该指标隶属度函数如下：

$$u(D_{17}) = \begin{cases} D_{17}^2 + \dfrac{391}{60}D_{17} & D_{17}\leqslant 0.15 \\ 1 & D_{17}>0.15 \end{cases} \tag{4-34}$$

（三）规章制度准则层

1. 事故隐患排查治理组织健全程度

煤矿事故隐患排查治理组织健全程度是反映事故隐患排查治理能力的一项重要指标，是提高治理能力的重要保障。事故隐患排查治理组织健全程度包括 3 个二级指标，分别为排查治理机构覆盖指数 D_{18}、排查治理会健全程度 D_{19} 和信息沟通机制健全程度 D_{20}。

其中，事故隐患排查治理机构覆盖指数 D_{18} 反映的是煤矿事故隐患排查治理制度的完善情况。

事故隐患排查治理组织机构覆盖指数的确定可以通过覆盖层级来反映，具体来说就是考察其是否覆盖到矿级、科段（区段）级乃至班组级，这 3 个层面的事故隐患排查治理组织机构属于层层递进及细化的关系。比如，班组级事故隐患排查治理机构的建立是对科段（区段）的进一步细化和延伸。

该指标隶属度函数如下：

$$u\left(D_{18}\right)=\begin{cases}0.4 & 排查机构治理覆盖矿级 \\ 0.6 & 排查机构治理覆盖专业级 \\ 0.8 & 排查机构治理覆盖科段级 \\ 1 & 排查机构治理覆盖班组级\end{cases} \tag{4-35}$$

排查治理会健全程度 D_{19} 是指在煤矿事故隐患排查体系中是否建立健全各级排查治理会。隐患排查治理会具有审核和制定各项相关标准、规范及治理措施等的功能，同时具有裁定各级事故隐患排查治理组织上报的问题的权限，是衡量煤矿隐患排查治理组织健全程度的重要指标。

该指标隶属度函数如下：

$$u\left(D_{19}\right)=\begin{cases}0.4 & 排查治理会覆盖矿级 \\ 0.6 & 排查治理会覆盖专业级 \\ 0.8 & 排查治理会覆盖科段级 \\ 1 & 排查治理会覆盖班组级\end{cases} \tag{4-36}$$

信息沟通机制健全程度 D_{20} 是指各级组织机构之间的信息沟通是否顺畅，用以衡量各级排查治理机构、排查治理会和相关人员之间的横向和纵向信息传播的顺畅性，因为信息的有效传递和反馈是事故隐患排查治理组织有效运行的重要保障。

该指标隶属度函数如下：

$$u\ (D_{20})=\begin{cases}0 & \text{隐患排查治理组织机构没有层级间沟通机制}\\1 & \text{隐患排查治理组织机构具有良好的沟通机制}\end{cases} \quad (4-37)$$

2. 事故隐患排查治理制度健全程度

良好和有效的事故隐患排查治理制度是保障煤矿事故隐患排查治理工作顺利进行和开展的重要依据和保障，健全的事故排查治理制度能够确保有关工作有据可依。事故隐患排查治理制度健全程度主要从 3 个二级指标进行评价：隐患排查治理制度规范程度 D_{21}、隐患排查治理是否纳入奖惩 D_{22} 和隐患案例的报告与调查 D_{23}。

其中，事故隐患排查治理制度规范程度 D_{21} 是指煤矿是否建立规范化的事故隐患排查治理制度，规范化的事故隐患排查治理制度是确保工作顺利进行的基本保障。

该指标隶属度函数如下：

$$u\ (D_{21})=\begin{cases}0 & \text{没有事故隐患排查治理相关文件}\\0.5 & \text{事故隐患排查治理制度建立但尚未规范}\\1 & \text{具有规范的事故隐患排查治理制度}\end{cases} \quad (4-38)$$

事故隐患排查治理是否纳入奖惩 D_{22} 是反映煤矿对事故隐患排查治理工作的重视程度，同时良好的奖惩机制能够提高从业人员参与事故隐患排查治理工作的积极性。

该指标隶属度函数如下：

$$u\ (D_{22})=\begin{cases}0 & \text{绩效考核不包含事故隐患排查治理项目}\\0.8 & \text{绩效考核包含事故隐患排查治理项目}\\1 & \text{具有独立的事故隐患排查治理奖惩机制}\end{cases} \quad (4-39)$$

事故隐患案例的报告与调查 D_{23} 是煤矿事故隐患排查治理工作持续改进的基本要求，通过对事故隐患案例的有效总结和利用，建立持续改进的煤矿事故隐患排查治理体系。

该指标隶属度函数如下：

$$u\ (D_{23})=\begin{cases}0 & \text{没有事故隐患排查治理案例分析}\\0.6 & \text{建立事故隐患排查治理案例库并组织检讨分析}\\1 & \text{根据事故隐患排查治理案例更新知识库并规范排查}\end{cases} \quad (4-40)$$

（四）安全文化准则层

1. 安全承诺

安全承诺是企业安全文化的重要组成部分，能够强化全员安全意识，利于深入落实安全责任，提高企业安全生产的自觉性，确保安全生产。安全承诺包括管理层对安全的承诺 D_{24} 和基层人员对安全的承诺 D_{25} 两个二级指标。

其中，管理层对安全的承诺 D_{24} 是指煤矿企业管理层是否做出明确的安全承诺并践行。

该指标隶属度函数如下：

$$u(D_{24}) = \begin{cases} 0 & \text{管理层没有明确的安全承诺} \\ 0.8 & \text{管理层做出明确的安全承诺} \\ 1 & \text{各级管理层对安全承诺严格践行} \end{cases} \quad (4-41)$$

基层人员对安全的承诺 D_{25} 是指煤矿基层人员在管理层作出安全承诺的前提下，基于个人安全行为、习惯和安全意识作出的安全承诺。

该指标隶属度函数如下：

$$u(D_{25}) = \begin{cases} 0 & \text{没有明确的安全承诺} \\ 0.8 & \text{具有明确的安全承诺} \\ 1 & \text{对安全承诺了解并严格践行} \end{cases} \quad (4-42)$$

2. 安全目标

安全目标是目标管理在安全管理方面的应用，它是指企业内部各个部门以至每个从业人员从上到下围绕企业安全生产的总目标层层展开各自的目标，确定行动方针，安排安全工作进度，制定实施有效组织措施，并对安全成果严格考核的一种管理制度，是实现企业安全生产的行动指南。安全目标的考核指标为是否有明确的安全目标 D_{26}。

该指标隶属度函数如下：

$$u(D_{26}) = \begin{cases} 0 & \text{没有明确的安全目标} \\ 0.4 & \text{安全目标不具体或难以实现} \\ 1 & \text{各季度、阶段均有明确及可实现的安全目标} \end{cases} \quad (4-43)$$

3. 安全绩效

企业安全行为激励能够反映安全绩效水平，提高公司安全管理水平和全体从业人员参与安全活动的积极性。行为激励 D_{27} 的隶属度函数如下：

$$u\ (D_{27})=\begin{cases}0 & \text{对员工参与事故隐患排查治理不提倡不鼓励}\\0.4 & \text{宣传引导员工参与事故隐患排查治理}\\1 & \text{树立安全榜样或典型}\end{cases} \qquad (4-44)$$

4. 学习改进

企业应建立健全可持续的学习改进模式，实现动态发展的安全学习过程，以保证安全绩效的持续改进。因此，安全培训 D_{28} 是实现企业安全学习改进的有效途径，是反映企业安全文化的一项重要指标，其隶属度函数如下：

$$u\ (D_{28})=\begin{cases}0 & \text{对安全培训不重视或流于形式}\\1 & \text{建立持续有效的安全培训模式}\end{cases} \qquad (4-45)$$

5. 全员参与

良好的企业安全文化离不开企业各级从业人员的积极参与，应通过全员参与的安全管理模式，形成自上而下的企业安全文化氛围。反映企业事故隐患排查全员参与水平包括两个二级指标，分别是对事故隐患排查治理的认识程度 D_{29} 和对隐患排查治理的重视程度 D_{30}。

其中，对事故隐患排查治理的认识程度 D_{29} 能够反映煤矿企业事故隐患排查治理相关知识的普及程度，是确保煤矿企业实现事故隐患排查治理全员参与的基本保障，其隶属度函数如下：

$$u\ (D_{29})=\begin{cases}0 & \text{各级员工对事故隐患排查治理认识不足}\\1 & \text{各级员工对事故隐患排查治理认识程度较高}\end{cases} \qquad (4-46)$$

煤矿企业各级人员对事故隐患排查治理的重视程度 D_{30} 能够反映企业职工参与事故隐患排查治理的主观积极性，其隶属度函数如下：

$$u\ (D_{30})=\begin{cases}0 & \text{对事故隐患排查治理工作不重视}\\1 & \text{重视事故隐患排查治理工作}\end{cases} \qquad (4-47)$$

（五）安全投入准则层

1. 显性安全投入

显性安全投入是指企业在安全设备设施及安全管理等方面的投入，包括公共安全设施投入 D_{31}、个人安全装备投入 D_{32}、整改资金投入 D_{33} 和安全管理费用 D_{34} 共 4 个二级指标。

公共安全设施投入 D_{31} 是指煤矿企业中安全公共设施的健全程度，包括护栏、消防装备等投入，其隶属度函数如下：

$$u（D_{31}）= \begin{cases} 0 & \text{公共安全设施存在欠缺或检修不及时} \\ 1 & \text{公共安全设施健全且及时检修更新} \end{cases} \tag{4-48}$$

个人安全装备投入 D_{32} 是指煤矿企业对个人安全装备的投入和维护情况，其隶属度函数如下：

$$u（D_{32}）= \begin{cases} 0 & \text{个人安全装备存在欠缺或检修不及时} \\ 1 & \text{个人安全装备健全且及时检修更新} \end{cases} \tag{4-49}$$

整改资金投入 D_{33} 是指企业在事故隐患整改过程中的资金投入情况，整改资金的投入是保证事故隐患整改的重要保障，其隶属度函数如下：

$$u（D_{33}）= \begin{cases} 0 & \text{无整改资金投入} \\ 0.5 & \text{整改资金投入不足或不到位} \\ 1 & \text{整改资金充足且及时到位} \end{cases} \tag{4-50}$$

安全管理费用 D_{34} 是指企业安全管理专项费用投入，用于确保企业安全管理工作的顺利进行，其隶属度函数如下：

$$u（D_{34}）= \begin{cases} 0 & \text{无安全管理专项费用} \\ 0.5 & \text{安全管理费用不足或不到位} \\ 1 & \text{安全管理费用充足且及时到位} \end{cases} \tag{4-51}$$

2. 隐性安全投入

隐性安全投入是指在企业在安全科研、技术的等方面的投入，是衡量企业隐性安全实力的一项重要指标，包括安全科研投入 D_{35}、职业健康投入 D_{36}、安全教育投入 D_{37} 和应急管理费用 D_{38} 共 4 个二级指标。

其中，安全科研投入 D_{35} 是指企业在安全技术、理论、方法等方面的科研资金投入情况，反映企业对安全管理和技术的重视程度，其隶属度函数如下：

$$u\left(D_{35}\right)=\begin{cases}0 & \text{无安全科研投入}\\ 0.5 & \text{安全科研投入不足或不到位}\\ 1 & \text{安全科研投入充足且及时到位}\end{cases} \quad (4-52)$$

职业健康投入 D_{36} 是指企业在从业人员职业健康方面的资金投入情况，是切实保障企业从业人员安全的一项资金投入，其隶属度函数如下：

$$u\left(D_{36}\right)=\begin{cases}0 & \text{无职业健康投入}\\ 0.5 & \text{职业健康投入不足或不到位}\\ 1 & \text{职业健康投入充足且及时到位}\end{cases} \quad (4-53)$$

安全教育投入 D_{37} 是指企业在职工安全培训、教育方面的资金投入情况。由于煤矿企业从业人员具有流动性较大的情况，因此会存在企业不重视一线从业人员的安全教育投入的情况，造成一线从业人员安全技能和安全意识不足的情况，存在较大事故隐患。因此，安全教育投入是衡量企业安全投入情况的重要指标之一，其隶属度函数如下：

$$u\left(D_{37}\right)=\begin{cases}0 & \text{无安全教育投入}\\ 0.5 & \text{安全教育投入不足或不到位}\\ 1 & \text{安全教育投入充足且及时到位}\end{cases} \quad (4-54)$$

应急管理费用 D_{38} 是指企业在应急预案、应急演练等方面的投入情况。企业应急管理是企业安全管理的重要部分，因此应急管理费用投入是衡量企业安全投入的一项重要指标之一，其隶属度函数如下：

$$u\left(D_{38}\right)=\begin{cases}0 & \text{无专项应急管理经费}\\ 0.5 & \text{应急管理经费不充足或管理不当}\\ 1 & \text{应急管理经费充足且专项专用}\end{cases} \quad (4-55)$$

3. 安全投入产出比

安全投入产出比 D_{39} 是衡量企业安全投入合理性的一项重要指标，确保企业安全投入分配合理，杜绝盲目投入的情况，其隶属度函数如下：

$$u\left(D_{39}\right)=\begin{cases}0 & \text{安全投入高，产出少}\\ 0.5 & \text{安全投入具有针对性，安排合理，产出较高}\\ 1 & \text{安全投入安排合理，具有较高的投入产出比}\end{cases} \quad (4-56)$$

三、集对分析法评价煤矿事故隐患排查治理能力成熟度

（一）集对分析基本原理

集对分析是由我国学者赵克勤提出的一种新型的研究模糊和不确定知识的数学方法，能有效地分析和处理各种不完整、不准确的不确定信息，并从中发现隐含的客观知识，揭示潜在的客观规律。其基本思路是在给定的背景下，将问题抽象为两个集合，并对所论述的两个集合所具有的特性做相同性、相异性和相反性分析，再用数学表达式加以定量刻画，得到这两个集合的联系度表达式，在此基础上深入研究系统的各种关系，具体表达式如下：

$$u=a+bi+cj \tag{4-57}$$

上式中联系度 u 是一个确定—不确定系统，其中的同一度 a、差异度 b、对立度 c、不确定系数 i 和对立系数 j 相互影响、相互制约。a、b、c 满足归一化条件，即 $a+b+c=1$；i 的取值在 $[-1，1]$ 之间，体现了确定性与不确定性之间的相互转化；j 一般取值为 -1，通过 c 来影响 a 的取值。若 $c \neq 0$ 时，集对势 $Shi（H）=a/c$ 能有效反映两个集合在给定背景下的某种联系趋势。

$$u=a+b_1i+b_2i+\cdots+b_ki+cj \tag{4-58}$$

由于煤矿事故隐患具有诸多不确定性因素，所以集对分析作为一门不确定性理论，通过对联系度的分析，可以有效地应用于煤矿事故隐患排查治理能力的评估预测。

（二）煤矿事故隐患排查治理能力集对分析评估模型

煤矿事故隐患排查治理能力的评估实质上就是一个具有相对确定性的评价标准与具有不确定性的评价因子及其取值变化相结合的分析过程。将集对分析方法用于煤矿事故隐患排查治理能力评估中，可以将待评价煤矿的影响因素指标和其标准分为 2 个集合，构成一个集对。即对于 m 种因素指标，共分为 K 个等级，则由 m 和 K 构成的两个集合即可看成一个集对 $H（m，K）$，用 K 元联系度来描述这两个集合之间的关系。

为尽可能地客观地评价煤矿事故隐患排查治理能力，采用扩展的一维四元正负同异反联系度模型来评价。对于选定的某一等级 K 标准，若指标值处于级别范围内，则认为是同

一，记为 a，且此时 $a=1$；若处于优于 K 级的相邻级别中，则认为是优差异，记为 b_1；若处于劣于 K 级的相邻级别中，则认为是劣差异，记为 b_2；若指标值越靠近评价等级值，a 越大；若处于优差异的评价指标中，则认为是相反，记为 c，越远离等级值，c 越大。

$$u=a+b_1i^++b_2i^-+cj \tag{4-59}$$

式中：u 为指标值与第 K 级标准的同一度，称为同一度；b_1 为指标值与 K 级标准相差一级的优差异度；a 为正差异度；b_2 为指标值与 K 级别标准的劣差异度，称为负差异度；c 为指标值与 K 级标准的相反度，称为对立度。其中，$a+b_1+b_2+c=1$，$i^-\in[-1,0]$，$i^+\in[0,1]$，j 取值为 -1。

根据以上分析，构造事故隐患排查治理能力评价指标与等级的联系度函数。

当 $K=1$ 时：

$$u_1=\begin{cases}\dfrac{v_1-v_2}{v_1-x}+0i^++\dfrac{v_2-v_3}{v_1-x}i^-+\dfrac{v_3-x}{v_2-x}j & x\in[0,v_3] \\[2mm] \dfrac{v_1-v_2}{v_1-x}+0i^++\dfrac{v_2-x}{v_1-x}i^-+0j & x\in[v_3,v_2] \\[2mm] 1+0i^++0i^-+0j & x\in[v_2,v_1]\end{cases} \tag{4-60}$$

当 $K=2$ 时：

$$u_2=\begin{cases}\dfrac{v_2-v_3}{v_2-x}+0i^++\dfrac{v_3-v_4}{v_2-x}i^-+\dfrac{v_4-x}{v_2-x}j & x\in[0,v_4] \\[2mm] \dfrac{v_2-v_3}{v_2-x}+0i^++\dfrac{v_3-x}{v_2-x}i^-+0j & x\in[v_4,v_3] \\[2mm] 1+0i^++0i^-+0j & x\in[v_3,v_2] \\[2mm] \dfrac{v_2-v_3}{x-v_3}+\dfrac{x-v_2}{x-v_3}i^++0i^-+0j & x\in[v_2,v_1]\end{cases} \tag{4-61}$$

当 $K=3$ 时：

$$u_2=\begin{cases}\dfrac{v_3-v_4}{v_3-x}+0i^++\dfrac{v_4-v_5}{v_3-x}i^-+\dfrac{v_5-x}{v_3-x}j & x\in[0,v_5] \\[2mm] \dfrac{v_3-v_4}{v_3-x}+0i^++\dfrac{v_4-x}{v_3-x}i^-+0j & x\in[v_5,v_4] \\[2mm] 1+0i^++0i^-+0j & x\in[v_4,v_3] \\[2mm] \dfrac{v_3-v_4}{x-v_4}+\dfrac{x-v_3}{x-v_4}i^++0i^-+0j & x\in[v_3,v_2] \\[2mm] \dfrac{v_3-v_4}{x-v_4}+\dfrac{v_2-v_3}{x-v_4}i^++0i^-+\dfrac{x-v_2}{x-v_4}j & x\in[v_2,v_1]\end{cases} \tag{4-62}$$

当 $K=4$ 时：

$$u_4=\begin{cases} \dfrac{v_4-v_5}{v_4-x}+0i^++\dfrac{v_5-x}{v_4-x}i^-+0j & x\in\left[0,\ v_5\right] \\[3mm] 1+0j^++0j^-+0j & x\in\left[v_5,\ v_4\right] \\[3mm] \dfrac{v_4-v_5}{x-v_5}+\dfrac{x-v_4}{x-v_5}i^++0i^-+0j & x\in\left[v_4,\ v_3\right] \\[3mm] \dfrac{v_4-v_5}{x-v_5}+\dfrac{v_3-v_4}{x-v_5}i^++0i^-+\dfrac{x-v_3}{x-v_5}j & x\in\left[v_3,\ v_1\right] \end{cases} \qquad (4-63)$$

当 $K=5$ 时：

$$u_5=\begin{cases} 1+0i^++0i^-+0j & x\in\left[0,\ v_5\right] \\[3mm] \dfrac{v_5}{x}+\dfrac{x-v_5}{x}i^++0i^-+0j & x\in\left[v_5,\ v_4\right] \\[3mm] \dfrac{v_5}{x}+\dfrac{v_4-v_5}{x}i^++0i^-+\dfrac{x-v_4}{x}j & x\in\left[v_3,\ v_1\right] \end{cases} \qquad (4-64)$$

联系度函数中 v_i 为评价标准的界限值，为消除等级范围不同带来的误差，需对 v_i 进行归一化处理。由于只有 v_5 的范围与其他不同，故只需对 u_5 进行处理：

$$u_5=\begin{cases} 1+0i^++0i^-+0j & x\in\left[0,v_5\right] \\[3mm] \dfrac{1}{1+(x-v_5)/(v_4-v_5)}+\dfrac{x/(v_4-v_5)}{1+(x-v_5)/(v_4-v_5)}i^++0i^-+0j & x\in\left[v_5,v_4\right] \\[4mm] \dfrac{1}{2+(x-v_4)/(v_k-v_5)}+\dfrac{1}{2+(x-v_4)/(v_k-v_5)}i^++\dfrac{(x-v_4)/(v_k-v_5)}{2+(x-v_4)/(v_k-v_5)}j & x\in\left[v_3,v_1\right] \end{cases}$$

$$(4-65)$$

式中，K 取值为 x 所属等级值。根据联系度函数可计算出联系度矩阵 $R=\left(a+b_1i^++b_2i^-+cj\right)_{nm}$，将其与权重向量 $W=\left(w_{ij}\right)_{nm}$ 进行模糊运算，最后可获得相对于 K 级标准的综合联系度 U。

（三）权重确定

为了真实反映各指标在事故隐患排查治理能力中的重要性，需合理地确定各指标的权重。目前确定权重的方法主要包括主观权重法和客观权重法。主观权重法主要是依据专家的经验和认识进行赋值，受人为因素影响较大；客观权重法主要是依据历史数据进行整理而来，避免了主观权重的缺点，但是权重结果的准确性很大程度上取决于所采用样本数据的准确性和广度性。由于煤矿具有其行业特殊性，且存在事故隐患排查的有用历史数据不健全的情况，因此采用主观权重法中的层次分析法。该方法的主要步骤为：

（1）构建层次结构模型。

（2）构造判断矩阵。

本书作者共调查了 10 位煤矿领域的相关企业人员和学者，共收回 6 份有效问卷，据此判断矩阵详见表 4-4 至表 4-9。

表 4-4　　　　　　　　　　　　判断矩阵 A

A	B_1	B_2	B_3	B_4	B_5	W_i
B_1	1	1/2	2	4	3	0.262
B_2	2	1	3	5	4	0.419
B_3	1/2	1/3	1	3	2	0.160
B_4	1/4	1/5	1/3	1	1/2	0.062
B_5	1/3	1/4	1/2	2	1	0.097

表 4-5　　　　　　　　　　　　判断矩阵 B_1

B_1	C_1	C_2	C_3	C_4	C_5	C_6	W_i
C_1	1	1/3	3	1/2	2	1/4	0.101
C_2	3	1	5	2	4	1/2	0.250
C_3	1/3	1/5	1	1/4	1/2	1/6	0.043
C_4	2	1/2	4	1	3	1/3	0.160
C_5	1/2	1/4	2	1/3	1	1/5	0.064
C_6	4	2	6	3	5	1	0.382

表 4-6　　　　　　　　　　　　判断矩阵 B_2

B_2	C_7	C_8	C_9	C_{10}	C_{11}	C_{12}	C_{13}	W_i
C_7	1	4	3	2	1/2	5	1/3	0.159
C_8	1/4	1	1/2	1/3	1/5	2	1/6	0.045
C_9	1/3	2	1	1/2	1/4	3	1/5	0.068
C_{10}	1/2	3	2	1	1/3	4	1/4	0.103
C_{11}	2	5	4	3	1	6	1/2	0.240
C_{12}	1/5	1/2	1/3	1/4	1/6	1	1/7	0.031
C_{13}	3	6	5	4	2	7	1	0.354

表 4-7 判断矩阵 B_3

B_3	C_{14}	C_{15}	W_i
C_{14}	1	2	0.667
C_{15}	1/2	1	0.333

表 4-8 判断矩阵 B_4

B_4	C_{16}	C_{17}	C_{18}	C_{19}	C_{20}	W_i
C_{16}	1	2	1/2	1/3	1/4	0.097
C_{17}	1/2	1	1/3	1/4	1/5	0.062
C_{18}	2	3	1	1/2	1/3	0.160
C_{19}	3	4	2	1	1/2	0.262
C_{20}	4	5	3	2	1	0.419

表 4-9 判断矩阵 B_5

B_5	C_{21}	C_{22}	C_{23}	W_i
C_{21}	1	2	1/2	0.297
C_{22}	1/2	1	1/3	0.163
C_{23}	2	3	1	0.540

（3）计算综合权重。采用"yaahp"软件首先分别计算各专家的权重，然后将通过一致性检验的权重取算术平均。最终计算出的指标权重见表 4-10。

表 4-10 指标权重

一级指标 C	权重 W_i
C_1 文化程度指数	0.029 8
C_2 工龄指数	0.032 5
C_3 人员培训合格率	0.021 7
C_4 "三违"指数	0.055 2
C_5 职称指数	0.044 4
C_6 技术资质指数	0.057 3
C_7 排查人员配置率	0.060 7
C_8 事故隐患排查治理落实率	0.023 4

续表

一级指标 C	权重 W_i
C_9 一次整改合格率	0.032 9
C_{10} 超期整改率	0.028 6
C_{11} 重复发现事故隐患频率	0.059 7
C_{12} 事故隐患未闭环率	0.038 7
C_{13} 新发现事故隐患指数	0.079 6
C_{14} 事故隐患排查治理组织健全程度	0.091 0
C_{15} 事故隐患排查治理制度健全程度	0.045 5
C_{16} 安全承诺	0.017 1
C_{17} 安全目标	0.012 7
C_{18} 安全绩效	0.023 3
C_{19} 学习改进	0.032 2
C_{20} 全员参与	0.042 6
C_{21} 显性安全投入	0.059 6
C_{22} 隐性性安全投入	0.031 1
C_{23} 投入产出比	0.080 4

（四）评价结果判定

1. 同一度判断

将计算出的异、反联系数向同一性转化，转化方式为根据决策者的乐观指数，分别给 i^+、i^- 和 j 赋常数值。通常 $i^+ = 0.5$，$i^- = -0.5$，$j = -1$，代入各等级标准的联系数函数。

$$R_t = \max \ (U_K)_K = 1, \ 2, \ 3, \ 4, \ 5 \tag{4-66}$$

联系数最大值 R_t 对应的等级即为评价结果。

2. 集对势判定

集对势指的是同一度和对立度的比值，其反映了集对的转化趋势，其值越大同一度越强，由此本模型中的集对势为：

$$Shi\ (U)\ = a/c \qquad\qquad (4-67)$$

集对中的悲观势是从悲观角度出发，将所有的不确定性都转化为对立度，以此来研究系统的发展态势，即悲观势为：

$$Shi_p\ (U)\ = a/\ (c+b_1+b_2) \qquad\qquad (4-68)$$

乐观势则是从乐观者的角度，将所有的不确定性转化为同一度，以此来研究系统的发展态势，即乐观势为：

$$Shi_o\ (U)\ =\ (a+b_1+b_2)\ /c \qquad\qquad (4-69)$$

综合考虑悲观势和乐观势，按公式（4-70）计算集对势与乐观势的贴近程度，其值越大，则判断为该等级的准确性越高。

$$S\ (U)\ = \frac{Shi_o-Shi\ (U)}{Shi_o-Shi_p} \qquad\qquad (4-70)$$

第五章 煤矿事故隐患风险预警

第一节 煤矿事故隐患风险预警基础理论

一、风险预警相关理论及方法

（一）风险预警理论

1. 自组织临界理论

自组织临界理论认为系统是由相互作用的不同成分组成的，这些不同的成分处于不停的运动中，会自发地向系统的临界态发展，当系统达到临界态时，即使细微的扰动也可能引发一系列灾变。可以认为任何客观事物都有其自身的发展规律，在某个时间节点上，会由于量变的积累引起阶段性的质变，而这个节点即是临界点。在临界点的两端，事物的发展呈现不同的形式，比如发展速率不同、作用方式不同等。对于煤矿事故隐患预警来说，其关键是找到所有的临界点，针对处于不同临界范围内的事故隐患发出不同的预警信号，据此采取不同的措施。因此，如果能相对准确地界定不同的临界点，就能有效地控制安全事故的发生。

2. 致灾因素突变理论

该理论认为系统从安全状态转化为危机状态实际上是一种突变现象，是系统中的某些参数的连续变化引起系统状态的突然质变。由煤矿事故隐患致灾机理可知，显然煤矿事故隐患满足致灾因素突变理论，即煤矿事故的发生通常是煤矿企业生产系统中的环境因素、人的不安全行为和物的不安全状态等各种事故隐患因素相互作用的结果，是系统中某些参数的连续变化引发系统状态的突然质变。如图 5-1 所示，事故隐患预警的关键是确定合适的 A 点、B 点和 C 点，针对处于不同阶段的事故隐患，采取不同的措施，确保其不能到达 D 点或在到达 D 点前改变其发展轨迹。

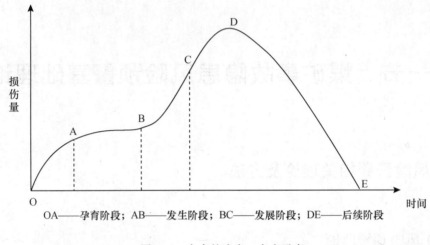

OA——孕育阶段；AB——发生阶段；BC——发展阶段；DE——后续阶段

图 5-1　安全的流变—突变示意

（二）预警指标体系确定

1. 指标体系确定原则

煤矿事故隐患预警指标体系应能反应系统的三种时态和三种状态，即系统的过去状态、现在状态和将来状态。因此，指标体系的确定通常需要满足以下原则：

（1）科学性。科学性是指指标能真正揭示出系统存在的风险，并且能用严密的合乎逻辑的理论解释。

（2）系统性。系统性是指标不但能反映系统的宏观风险，还需包括那些由于微观变化而导致系统突变的风险指标。

可操作性。可操作性也称为可行性，即指标值的信息能通过现有的工具或方法获取，同时应尽可能地易量化。

（3）全面性。全面性是指指标值能从不同的角度和不同侧面反映系统的状态及变化。

（4）时效性。时效性是指标需要灵敏反映出评价对象当时的状态值，以达到实时预警的目的。

2. 指标体系构建方法

预警指标的构建方法主要包括专家调研法、主成因分析法、最小均方差法、极小极大离差法、层次分析法等。指标体系的构建流程如图 5-2 所示。

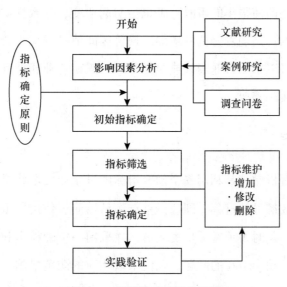

图 5-2　指标体系的构建流程

（三）预警等级确定

预警等级划分的目的是让煤矿管理者和作业技术人员根据不同的预警等级配置不同的人力、物力和财力来整改事故隐患，将事故扼杀于隐患阶段，确保煤矿安全生产。为便于煤矿管理决策者做出最优决策和真正做到有的放矢，预警等级划分应满足适用性原则。理论来源于实践，而又必须用到实践中，因此，只有适用性较强的理论才能经得起实践的检验。而为使得预警具有较强的适用性，必须使得预警等级的界别不能过多，界限的区别应该明显，最重要的是还必须与各矿的人力、物力、财力等实际情况相结合。

现根据相关政策法规，预警等级划分有四级预警也有五级预警，其中四级预警一般包括安全、轻度预警、中度预警和重度预警，对应的预警颜色为蓝色、黄色、橙色和红色。随着各在安全管理的投入加大，各煤矿也根据自身实际，在通用的预警等级上建立了适合自身安全管理的预警等级。为方便使用，结合实际，本书采用通用的四级预警等级。

（四）预警区间确定

自组织临界理论指出相互作用的系统会自发地向自组织临界状态发展，当系统达到自组织临界状态时，即使很小的扰动也势必会导致整个系统发生灾变，最终破坏系统。而煤矿安全区域也是由相互作用的各元素构成的系统，同样存在自组织临界性，即事故隐患风险量变到一定程度后，即使很小的事故隐患也会引起质变，导致煤矿安全生产事故。因此预警区间不应是均等的，是随着警情的增加，预警区间值呈现减少趋势的。通常煤矿安全风险预警区间的确定可以采用行业经验或聚类分析，煤矿行业相似性大，取行业均值标准能满足当前的煤矿的实际需要。

（五）预警响应

煤矿安全风险预警机制就是利用安全预警指标度量企业安全状况偏离预警线的强弱程度、发出安全风险警戒信号的过程，即选择重点领域监测、使用安全预警指标进行衡量和发现潜在的安全危机，及时警示有关负责人员，并采用一定的技术和手段分析企业安全危机的成因、安全生产活动中潜在的问题，以便采取相应的防范措施。该机制的具体构建内容包括：安全风险预警组织、风险动态触发器系统、建立煤矿数据收集、测试与预警指标的修正机制和风险预警体系融入企业内部控制体系中。

煤矿一般的事故隐患排查闭环管理流程为：排查—整改—验收—消解，如图 5-3 所示。煤矿的事故隐患排查组织机构按层级一般分为班组级、科段级、专业级、矿级，如图 5-4 所示。各层级的事故隐患排查治理人员由各自所属的部门根据情况担任，除了班组级外，各层级均设置有各自的排查人员、整改人员和验收人员等。煤矿事故隐患预警响应是指

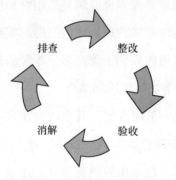

图 5-3　事故隐患闭环管理流程

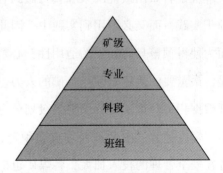

图 5-4　事故隐患排查组织机构层级

当排查人员排查出事故隐患时，根据其预警等级和类别的不同将事故隐患推送给不同机构的不同负责人，再由负责人根据事故隐患预警等级的不同指定不同整改责任人、督办人、整改措施等。然后，由系统跟踪每一条事故隐患的动态。当事故隐患临近截止时间时由系统发出相应的临期预警信息，当事故隐患在截止时间未消除时，系统会发出超期预警信号，当事故隐患整改未通过复查时，由系统发出相应的整改不合格预警信号。当接收到系统发出的预警信息时，相应的事故隐患责任人应重新制订整改计划，安排相应的人力和物力，根据需要可以调整事故隐患预警级别。

二、煤矿事故隐患风险预警原则与预警机制

（一）煤矿事故隐患风险预警原则

风险预警原则首先被应用于环境领域。随着全球气候变暖、酸雨等环境问题越来越严重，人们对此类问题的预警提出了一定的要求，德国首先在其国内的环境法中提出了相应的预警原则。在1984年召开的北海保护国际会议上首次提出了预警原则，1987年第二届和1990年第三届的北海保护国际会议相继对预警原则进行了阐述，此后预警原则开始被欧洲各国采用，并在1992年巴西里约热内卢举行的联合国环境与发展大会上得到各国的认同。虽然各国对预警原则的表述不同，但其主要思想可表述为："即使没有科学的证据证明某些人为活动与其产生的效应之间存在一定的联系，只要假设这些活动有可能对生命资源产生某些危险或危害的效应，就应采取适用的技术或适宜的措施减缓直至取消这些影响。"其核心思想是只要存在对人的生命构成威胁的风险就应采取措施进行预防，采取预防措施不是在事故发生后，而是在事故发生前进行超前预防。

目前，我国的煤矿安全管理基本上是一种事后型、经验式的管理模式，其依据是煤矿发生事故后的经验总结。但由于煤矿生产中存在各种风险因素，在不同的状态即使相同的触发因素也可能导致不同的事故后果，从而导致煤矿事故频发，重特大事故不断发生。预警原则要求，即使是没有经过科学证明的人的不安全行为或物的不安全状态与事故之间具有一定的因果关系，只要怀疑其可能导致煤矿事故的发生就应采取行动。根据煤矿生产的实际情况，煤矿风险预警应遵循"以人为本、预防为主、及时适时"的预警三原则。

以人为本是指在风险预警中以人为出发点和中心点，人是生产活动的主体，在灾害系

统中既是承灾者，又是施灾者。如果追寻事故发生最深层次的原因，管理原因也可以归为人的原因，则每起煤矿事故都会有人的原因在起作用。以人为本就是在风险预警的实施上要围绕着激发和调动人的主观能动性，全员参与风险信息的采集与辨析工作，在风险预警的运行中要以保护人的生命安全为第一目的，一旦出现可能不利于人的生命安全的风险因素，就应立即采取措施，此时所有的利益都应让位于人的安全。

预防为主是风险预警的根基，煤矿开展风险预警的出发点是超前预防，防患于未然。风险预警可以使相关人员对目前存在的各类风险做到心中有数，对未来可能出现的风险做到预先警觉，对将要出现的灾害提前给出警告和相应的应急措施。

及时适时是风险预警在时间尺度上的要求，预警活动要求在警情未爆发前就要及时发出警告，相应的警情也应选择合理的时间予以发布。警情未及时发布就失去了风险预警的作用。而警情未适时发布可能会影响煤矿的正常生产，比如当煤矿生产中存在一些经过管理或技术方面的整改就可以消除的警情，且这类警情不会立即爆发时，如果将此类警情过早发布则很容易引起工作人员的恐慌，不利于企业的正常生产。

预警三原则是实施煤矿风险预警活动的基础原则，但预警原则并不能被无限制地使用。风险预警存在一个风险可接受原则，即最低合理可行（As Reasonably Practicable，ALARP）原则。ALARP原则的内涵是：风险是客观存在的，预防措施只能减少或控制风险而不能彻底消除风险；风险可接受程度受社会、经济、政治等方面的制约，是一个动态变化的区间，需要具体问题具体分析；减少风险需要付出人、财、物的代价，必然会给企业带来损失，特别是当系统风险水平较低时，进一步降低风险往往需要付出成倍的代价却效果不佳，因此必须科学、合理地确定可接受风险区间。

（二）煤矿事故隐患风险预警机制

风险预警是全面风险管理的具体实现，是保证煤矿安全生产的最高安全管理模式。煤矿风险预警应有如下几个方面的机制。

1. 监测机制

监测机制是对煤矿风险信息进行全面采集的一种机制。监测机制要求对煤矿中存在的各类风险进行全过程、全方位的监测或检查，采集各类动态或静态的风险信息，对重大危险源建立常态监测机制，为风险预警提供信息支持。

2. 预警机制

预警包括预测和报警两个方面，是对煤矿风险系统进行分析、评价、预测和发出警告信息的一种机制。预警系统根据收集到的风险信息和系统的安全状态，评判系统当前的运行态势，并对未来的态势做出预测性的判断，从而决定是否发出警告。报警是预警活动的核心任务，是对系统安全状态评判结果的反应。在煤矿生产活动中，某些风险因素出现偏差可能会导致人—机—环—管理这个复杂大系统的状态波动，预警就是通过预先设置的预警区间对这种偏差或波动加以量化和评价，在时间、空间、强度上确定可能出现的风险态势，提前发出警告。通过预警机制，相关人员可以有针对性地采取预防措施，实现风险的超前预防和超前预知，保证煤矿生产安全处于良好有效的状况。

3. 矫正机制

矫正机制是对煤矿生产系统中的风险因素进行调节和控制的一种机制，以保证系统的安全状态远离临界态。煤矿风险预警首先要依据风险因素建立一套与之相适应的预警指标体系，并给出相应指标及其临界值，预警模型通过指标分析系统及其子系统的安全状态进行调整：如果系统处于远离临界态，则可以对个别风险因子的偏差进行微调，从而保证系统维持在远离临界态的轨道上；如果系统处于超临界态，微观调控起不到理想的效果，则应启动应急机制。

4. 免疫机制

免疫机制是对同性质的事故自动报警和防控的一种机制。根据煤矿风险的演化规律，建立合理的知识库，当煤矿生产中出现同性质诱因或征兆时，通过数据挖掘等技术和专家系统，预警系统自动给出相应的警情和防控措施，并可通过联锁控制等技术手段控制触发因子，实现事故预防的自动化和程序化。

5. 反馈机制

反馈机制是预警活动的桥梁，通过信息反馈实现预警活动的动态循环和闭环管理，以保证预警活动的完备性和动态适应性。

由此可见，煤矿风险预警机制的基本职能，就是以监测为基础，以预警为手段，以矫正和免疫为目标，以控制系统处于安全状态为目的，在反馈机制的控制下，形成一种新的具有防错、纠错、报错与改错的全面风险预警职能。

第二节 煤矿事故隐患风险量化分级

一、评价单元划分

煤矿生产是一个复杂、动态的大系统，可以按生产专业划分为采煤专业、（煤、岩）掘进专业、机电专业、运输专业、"一通三防"专业、地质专业六大系统，也可以按生产要素划分为"人、物（机）、环境、管理"四大要素。煤矿事故隐患通常存在于六大生产系统中，在"人、物（机）、环境、管理"四大要素耦合情况下，发生了煤矿安全事故。煤矿事故隐患辨识要按生产系统逐级分解细化，将事故隐患细化到每一个专业、每一个生产要素中。通常每个专业下的每个生产要素中包含十几条最为合适，太多则过于复杂，容易交叉重叠，太少又过于简单，辨识不能完整具体，没有达到细化的目的。如此，才能将整个大系统的事故隐患准确、清晰地辨识出来。

基于此设计的煤矿事故隐患辨识的过程——三维网格法，是面向煤矿生产过程中的所有环节，从煤矿采煤、煤掘进、机电、运输、"一通三防"、地质6个环节出发，再结合人、物、环境、管理4个要素影响，基于各个事故隐患的整改组织机构的配合需求和整改责任主体考虑，系统地分析与辨识煤矿生产过程中的事故隐患，使煤矿事故隐患辨识细化到每个专业、每个生产要素。煤矿事故隐患辨识三维网格如图5-5所示。

以采煤、掘进、机电、运输、"一通三防"及地质的专业划分为 x 轴，以矿级、科段级、班组级的责任主体划分为 y 轴，以人、物、环境、管理四方面的致灾因素系统划分为 z 轴。在具体实施过程中，可根据 x 轴和 y 轴的划分，将生产系统划分为以专业和层级为单位的工作单元，从 z 轴划分的系统要素进行危险因素的辨识，组织各专业专家和技术人员，参考煤矿安全规程、标准、规范、指南、案例等，针对人、物、环境、管理4个因素，结合事故隐患整改组织机构配合需求和整改责任主体的考虑，分析得出每个交点可能存在的事故隐患。

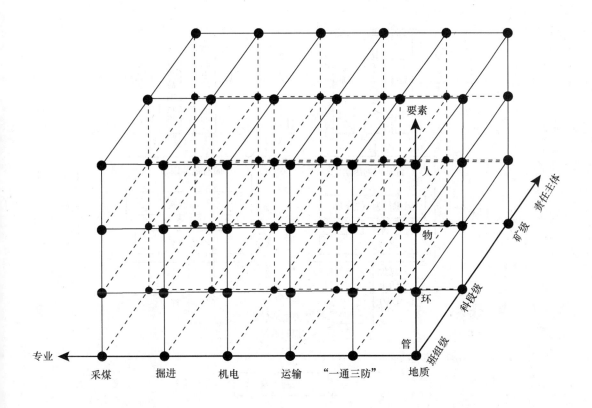

图 5-5　煤矿事故隐患辨识三维网格

二、事故隐患风险量化模型

（一）煤矿事故隐患评价模型的建立

由事故隐患产生的机理可以得出煤矿重大危险源和事故隐患的关系，事故隐患评价的本质是评价事故隐患引发事故的风险性。首先评价某个危险单元固有的导致事故发生的危险因素的危险性，然后针对这些危险因素都采取了哪些约束和控制措施，再考虑采取的约束和控制措施是否能有效遏制能量和危险的释放，如果能，就阻断事故隐患的进一步发展，如果不能，就导致了重大安全事故的发生。

从事故隐患产生机理入手，确定某单元内的固有危险因素，评价单元内固有危险性和单元内的控制措施对事故易发性的控制能力，确定二者彼此的制约关系，来评价事故隐患。事故隐患评价流程如图 5-6 所示。

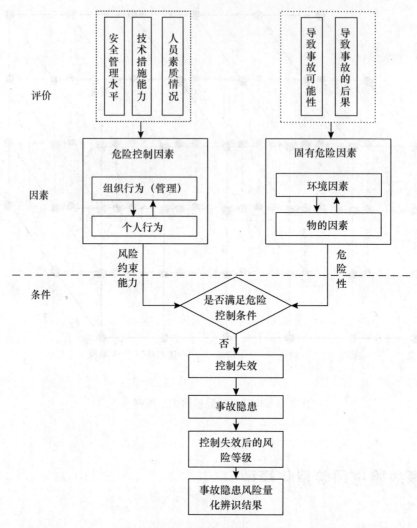

图 5-6　事故隐患评价流程

依照危险控制理论，对评价单元的事故易发性分级主要是依据其本身的所固有的事故发生的可能性来进行划分的，对危险源进行科学合理的防御控制能有效降低事故发生的可能性，对事故隐患也可以采取相同的控制原理来降低其危险性。

在煤矿安全管理过程中，如果人员因素补偿因子、技术措施补偿因子及安全管理补偿因子都取到最大值，现实危险性将变为零。这与实际情况是相违背的，因为人为因素和技术因素的限制，这3个方面的工作不可能做到极限。与此同时，受目前认知水平和科学技术条件所限，某些事故的触发机理并不明确，也可能没有包含在上述3个补偿因子中，因而在评价过程中可直接忽略，不作进一步的解释说明。一般来说，事故隐患作为客观存在的危险载体，只要不被消除，就具备导致事故发生的可能，仅仅是概率大小的问题。危险性不能消除，但通过有效的人员素质补偿、技术措施补偿和安全管理补偿可以降低事故发生的概率。

单元危险控制因子补偿隶属度的等级越高，说明事故隐患的危险性受控程度越高。客观上讲，某个危险单元的安全管理与控制的效果可以用单元综合抵消因子补偿的等级来说明。一般来说，危险单元的危险级别同受控级别成正比例关系，即危险性级别越高，需要的受控级别也越高。单元危险性受控制程度标准详见表5-1。

表5-1　　　　　　　　　　　　　单元危险性受控制程度标准

危险因素受控级别	A	B	C	D
危险性等级	Ⅰ	Ⅱ	Ⅲ	Ⅳ
危险控制补偿隶属等级	1	2	3	≥4

各级事故隐患应该达到的受控标准是：Ⅰ级事故隐患需要A级受控级别，与之对应的危险控制补偿等级需要1级；Ⅱ级事故隐患需要B级以上受控级别，与之对应的危险控制补偿等级需要2级或以上；Ⅲ级事故隐患需要C级以上受控级别，与之对应的危险控制补偿等级需要3级或以上；Ⅳ级事故隐患需要D级以上受控级别，与之对应的危险控制补偿等级需要4级或以上。

（二）事故隐患危险性评价

由煤矿事故隐患产生机理可知，事故隐患是由于对固有危险因素约束控制措施缺失或失效造成的，进而演化成事故。所以事故隐患的危险性可以借鉴煤矿重大危险源的危险性进行评价。

煤矿重大危险源常用的危险性评价方法是LEC法。该方法将危险源的潜在危险性的大小（D）用事故发生的可能性（L）、危险岗位作业人员暴露于危险环境中的频率（E）、发生事故后果的严重程度（C）三者的乘积来衡量。即：

$$D = LEC \tag{5-1}$$

式中：D为危险源的潜在危险性大小；L为事故发生的概率（频率）；E为作业人员暴露于危险环境中的频率；C为事故后果的严重程度。

根据煤矿的实际生产情况和LEC法的评分标准，通过查阅相关法律法规，对煤矿现场进行调研和专家访谈，制定了煤矿评价阶段的L值、E值和C值，见表5-2和表5-3。D

值是由公式（5-1）计算得到的，D 值的等级区间见表5-4。

表 5-2   风险发生可能性的赋值情况

赋值	L 的相应情况	赋值	L 的相应情况
10	完全可能	6	可能性较大，经常发生
3	可能，但不经常	1	可能性小，完全意外
0.5	很不可能	0.2	极不可能
0.1	几乎不会发生	—	—

表 5-3 E 值和 C 值的等级划分

赋值	E 的相应情况	赋值	C 的相应情况
10	连续暴露	100	10 人以上死亡
6	每天都有暴露，不连续暴露	40	3~9 人死亡
3	每周 1 次暴露	15	1~2 人死亡
2	每月 1 次暴露	7	4 人以上重伤
1	每年 1~11 次暴露	3	1~3 人重伤
0.5	至多 1 年暴露 1 次	1	轻伤

表 5-4   重大危险源 D 值的等级划分

等级	分值	危险描述
Ⅰ级	>320	重大危险
Ⅱ级	160~320	较大危险
Ⅲ级	70~160	一般危险
Ⅳ级	<70	低危险

（三）事故隐患危险控制因子评价过程

尽管生产系统中的固有危险因素具有很大的危险性，这种危险性可能会带来人员伤亡或财产损失。但是可以通过一定的方式方法去规避这种危险性，如提高危险岗位作业人员的素质和管理人员的管理水平，采用先进的生产技术措施和安全防护装备，制定严格的安全组织管理制度并落到实处等。正确合理地使用上述的办法、措施能够有效约束、控制危险性，补偿单元内的安全性。

1. 事故隐患控制因子确定

事故隐患控制因子的确定可以从人员素质、技术措施、安全管理 3 个方面出发，较高的人员素质、先进的技术措施、高效安全的组织管理可以补偿事故隐患的危险性。

（1）人员素质补偿因子确定。通常状况下，对人员素质的评价包括危险岗位操作人员和管理人员两个方面。

1）危险岗位操作人员的素质评价。本书从人因失误角度评价危险岗位操作人员素质。

人因失误是煤矿事故发生的重要原因，引起人因失误的因素多种多样，通常可以分为行为因素和心理因素两大类。一般来讲，人的不安全行为和人为失误往往是由自身的素质低和安全意识淡薄引发的，煤矿危险岗位作业人员的素质包括受教育程度和专业技能素养，较高的文化程度和较强的专业技能素养能有效屏蔽危险岗位的危险性。安全意识淡薄可以通过加强安全教育培训不断提高，在生产过程中对于出现违规违纪操作行为的人员，需要制定不同程度的处罚制度，处罚过后还需要进行安全教育考核，只有通过考核后才能继续上岗。

危险岗位操作人员素质评价包括以下 3 个方面：

①各危险岗位操作人员文化程度是否满足岗位要求。

②各危险岗位操作人员专业技能是否满足岗位要求。

③各危险岗位操作人员的违规违章记录。

2）管理人员的素质评价。本书从管理人员的文化程度、管理水平、对安全的重视程度等角度评价管理人员素质。

煤矿安全管理人员是煤矿专门负责安全生产的管理人员，是国家有关安全生产法律、法规、方针、政策在本单位的具体贯彻执行者，是本单位安全生产规章制度的具体落实者，是煤矿安全生产的监督者，在分析安全生产存在的重大问题和事故隐患、制定解决措施、负责检查落实等方面发挥着重要作用。

管理人员的素质评价包括以下 3 个方面：

①管理人员的文化程度。

②管理人员的工作经验。

③管理人员的责任心。

（2）技术措施补偿因子确定。安全技术措施作为安全管理对策中的一项重要内容，在煤矿安全生产过程中发挥着不可替代的作用，建立健全煤矿安全技术措施的长效机制是煤矿安全生产的重要保障。安全技术措施通常是从专业的安全技术应用、安全技术研究资金投入、安全设施装备使用等方面进行的。

安全技术措施是一种具体安排和指导项目工程安全施工的安全技术手段，在煤矿安全生产过程中，可以对煤矿开采中可能发生的事故隐患或可能出现的安全问题进行预防和预测，可以指导安全管理人员在技术和管理方面采取措施，消除生产过程中存在的事故隐患，解决出现的安全问题。

1）安全技术措施。煤矿企业在生产过程中，针对不同的重大危险源，相应地采用最新、最可靠的安全技术措施去规避危险源的危险性，从而保障作业人员处于一个安全系数较高的作业环境。同时，不同部门需要编制各部门的安全技术措施计划，使安全技术措施能及时地、有序地落到实处，保障煤矿安全、高效生产。

2）安全技术研究资金投入并专款专用。安全技术作为煤矿安全生产的重要保障，对煤矿的安全生产具有至关重要的作用。煤矿企业应当投入相应的资金来安排固定的安全技术研究，用于提高煤矿企业生产的安全系数，改善煤矿生产作业环境。对于投入的安全技术研究资金应制定详细的使用制度，专款专用，不得私自挪用。

3）安全技术措施升级和安全设施装备改造。随着安全技术的不断研究和发展，煤矿企业要逐渐淘汰、升级落后的安全技术措施，使用最新的安全技术和安全设施装备，从而预防事故的发生。

（3）安全管理补偿因子确定。安全管理作为煤矿安全生产系统中最基础的工作，是煤矿安全生产的重要保障。安全管理是通过一系列的组织管理、制度约束、职责划分、技术措施等将生产工作的各个环节有序连接起来，保障煤矿安全生产系统安全、高效地运行。

安全管理补偿评价主要是评价煤矿企业的安全管理绩效。具体的评价内容包括安全生产责任制、安全培训教育和考核、安全生产监督与检查、安全生产规章制度、安全生产管理机构、事故统计分析、应急计划与措施等。

1）安全生产责任制。安全生产责任制是煤矿安全管理中的核心工作，而且煤炭生产作为事故高发行业，更需要把安全生产责任制落到实处，确保做到"安全生产，人人有责"。在煤矿生产过程中，按照组织管理机构，明确各级人员的安全职责，如煤矿的总负责人、安全技术总负责人、区队长、技术员、班组长、危险岗位操作人员的安全职责，各级人员要各司其职、尽职尽责，保障煤矿的安全生产。煤矿安全生产责任制主要包括第一责任人（矿长）的安全生产责任、安监处（站）处长的安全生产责任、总工程师（技术负责人）的安全生产责任、各分管副矿长及副总的安全生产责任、各职能部门负责人的安全生产责任、井下区（队）长的安全生产责任、班组长的安全生产责任、工会负责人的安全生产监督责任等方面。

2）安全培训教育和考核。安全培训教育和考核作为煤矿生产单位的基础性安全管理工作，能够有效提高管理人员和危险岗位操作人员的安全意识，提升一线作业人员的专业素养，减少人为操作失误和人的不安全行为。煤矿安全培训教育和考核主要包括单位主要负责人的安全培训教育、安全管理人员的安全培训教育、作业人员的安全培训教育、特殊工种作业人员的安全培训教育、新员工的三级安全教育和专业培训、转岗及复工人员的安全培训教育、"四新"安全教育、违章违规人员的安全培训教育及考核等方面。

3）安全生产监督与检查。常态化的监督、检查，是完善和加强安全管理的重要手段。煤矿作为事故频发的危险行业，安全监督、检查是安全管理中必不可少的环节。一般来讲，常态化的安全监督与检查，能够及时有效发现煤矿生产过程中存在的危险因素，从而消除事故隐患，遏制事故的产生。煤矿安全生产监督与检查主要包括定期组织井下生产全面检查、安全管理人员的专门安全检查、各专业技术人员安全检查、区队及班组经常性安全检查、季度性安全检查、年度性安全检查、井下重点部位安全检查等方面。

4）安全生产规章制度。煤矿安全生产规章制度是安全生产的必要保证，包括一系列的管理规章、安全制度、操作规程等。煤矿生产单位应该有效落实国家及行业出台的安全管理制度和安全操作规程，并结合自身实际情况，针对不同的问题，制定相应的安全规章和安全措施，防止事故的发生。煤矿安全生产规章制度主要包括危险物品的存储及使用管理制度、安全教育培训及监督检查制度、违反规章及规程的管理制度、安全技术措施计划、各工种安全操作规程、设备保养维护检修管理制度、事故分析调查处理管理制度、安全用电管理制度、安全生产交接班制度、危险作业审批和监管制度、作业场所及安全硐室管理制度、安全防护设施管理制度等方面。

5）安全生产管理机构和人员。《中华人民共和国安全生产法》明确规定，煤矿生产单位需要设置完整的安全生产管理机构，根据管理机构的组织结构配备相应的安全管理人员。作为煤矿安全生产的重要组织保证，安全生产管理机构及人员能够有效检查、监督煤矿生产的各个环节，如落实各种安全管理规章制度，治理、整改各种事故隐患，保障煤矿生产系统高效、安全运转等。煤矿安全生产管理机构及人员主要包括建立安全生产委员会或类似机构、建立或指定安全管理组织机构及劳动保护组织、各专业配备专职或兼职安全管理人员、区（队）或班组按规定配备专职或兼职安全管理人员、专职安全管理人员具备人力资源部门认可的安全监督资格等。

6）事故统计分析。事故统计分析在煤矿生产单位的安全运转中起着决定性作用，通过对事故的统计分析，可以评估煤矿生产的安全状况，探索并掌握煤矿安全事故的规律性，从而采取相应的预防计划和措施，防止事故的再次发生，保障煤矿从业人员的生命健康和财产安全。煤矿事故统计分析包括系统完整的事故记录、年度和季度事故统计分析图表、事故隐患及整改记录、事故处理要符合"四个不放过"规定、完整的事故调查和分析报告、具体的类似事故的预防方案和措施等方面。

7）应急计划和措施。根据近年应急救援方面的研究显示，有效的应急救援管理体系建设和救援行动可以将事故损失和危害程度降低至原来的6%。鉴于煤炭开采过程中危险存在的绝对性和事故灾害的突发性和多样性，以及机械化、自动化水平不断提升，单纯依靠传统方式进行应急救援已经不能适应煤矿安全生产的要求，因而煤矿应急救援体系及信息化系统平台的建设正处于紧要关头。

应急救援管理平台是以公共安全科学技术和安全管理为核心，借助计算机网络信息化技术手段，采用软件、硬件相结合的方式，实现煤矿突发事故应急资源和辅助决策指挥保障。作为煤矿应急预案实施的工具，应急救援系统将应急管理和应急救援流程等通过计算机信息化技术转变为可实时共享和传递的信息，具备日常应急管理、风险监测预警、辅助决策、综合指挥调度、应急联动与事后总结评估等功能，达到指导和管控安全生产，改变了以往应急资源的人工管理和救援主要依靠经验的模式。

煤矿应急管理与指挥决策系统可以有效提升煤矿安全管理的执行力。应急救援系统平台构建作为煤矿应急的一项基础性工作，对于高效的应急机制，应对处理突发安全生产事故，降低事故造成的损失等具有非常重要的实际意义。煤矿应急计划和措施要求应急指挥和组织机构、场内应急计划及事故应急处理程序和措施、场外应急计划和向外报警救援程序、安全装置和避难场所、急救设备（担架、防护用品）和避难硐室等必须符合规定要求，能与应急服务机构（医院、消防等）建立联系。煤矿应定期进行事故应急训练和演练，具备详细的应急预案、专业的应急救援队伍和应急装备等方面。

2. 事故隐患危险控制因子权重确定

指标的权重反映了各项指标对目标评价的贡献大小，是表征重要性的量化值，是指标在评价对象的价值地位中所占的价值系数。在一个复杂的、多指标、多层次的综合评价体系中，下层指标对上层指标的重要程度及对目标层的重要程度都是不尽相同的。指标权重值的确定方法很多，对不同的评价体系各有优缺点，在实际的工程评价实践中，常用的方法是德尔菲法和层次分析法。

德尔菲法（Delphi Method）的优点是做出决策时不需要大量的样本数据，依据各位专家的实际工程经验做出科学有效的判断，各位专家发挥自身的专长，表达出自己的见解和意见。该方法的缺点是可能存在一定的主观片面性，易忽视少数人的意见，可能导致判断结果偏离实际。该方法的适用范围较广，被广泛运用于缺乏足够资料、做长远规划和大趋势预测等各工程实践领域。

层次分析法（Analytic Hierarchy Process，AHP）是通过定性的方法将与决策相关的元素分解成目标、准则、方案等层次，具有明显的层次结构逻辑，在此基础之上再采用定量的方法进行决策。该方法与德尔菲法的适用范围相近，但是层次分析法对各层级指标之间相对重要程度的分析更细致，层级分析更清晰，更具逻辑性。煤矿危险控制因子补偿评价体系中涉及众多评价因素，在综合评价中，为了突出主要的指标，客观、合理地评估各危险控制因子补偿作用的大小，本书采用层次分析法来确定各指标的权重。

应用层次分析法进行权重确定，一般步骤如下。

（1）建立层次分析模型。层次分析模型一般包括若干个层级。根据对问题的初步分析，将危险控制补偿作为最高层（目标层），人员素质因子补偿、技术措施因子补偿、组织管理因子补偿作为中间层（准则层），各中间层下属的因素作为最底层（指标层），如图5-7所示。

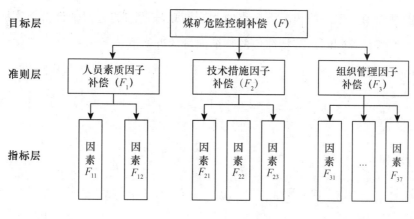

图5-7 层次分析模型

（2）构造判断矩阵。对每一层指标的相对重要程度进行判断时，应采用合适的数值将这些判断表示出来。用这些数值表示判断结果，并写成矩阵形式以构造成判断矩阵如下：

$$
\begin{array}{c|cccc}
F_k & F_1 & F_2 & \cdots & F_n \\
\hline
F_1 & f_{11} & f_{12} & \cdots & f_{1n} \\
F_2 & f_{21} & f_{22} & \cdots & f_{2n} \\
\vdots & \vdots & \vdots & \vdots & \vdots \\
F_n & f_{n1} & f_{n2} & \cdots & f_{nn}
\end{array}
$$

判断矩阵中，标度 f_{ij} 的含义是 F_i 对 F_j 相对重要性的比值，本书采用 1~9 的比例标度，其说明详见表 5-5。

表 5-5　　　　　　　　　　　　　　1~9 标度说明表

因素 i 和 j 相比较	说明	$f(i, j)$	$f(j, i)$
i 与 j 同等重要	i 和 j 的贡献相同	1	1
i 比 j 一般重要	i 的贡献稍大于 j	3	1/3
i 比 j 明显重要	i 的贡献大于 j	5	1/5
i 比 j 很明显重要	i 的贡献明显大于 j	7	1/7
i 比 j 特别重要	i 的贡献很明显大于 j	9	1/9
i 比 j 处于上述两相邻判断之间	相邻两判断的折中	2, 4 6, 8	1/2, 1/4 1/6, 1/8

在判断矩阵中，元素 f_{ij} 分别满足以下要求：

$$
f_{ij} > 0; \quad f_{ij} = 1; \quad f_{ji} = \frac{1}{f_{ij}}, \qquad (i, j = 1, 2, 3, \cdots, n)
$$

（3）各权重值的确定。得到判断矩阵 $F = (f_{ij})_{nn}$ 后，计算各指标的相对值。理论上，判断矩阵最大特征值对应的特征向量归一化后，即为某一层次指标对于上一层次某相关指标的相对重要性权值，但一般情况下权重值为判断矩阵所求的近似估计值。实践中，通常采用规范列平均法计算判断矩阵特征值的特征向量的近似值。

1）将矩阵 F 按列归一化：

$$
b_{ij} = \frac{f_{ij}}{\sum\limits_{i, j=1}^{n} f_{ij}}, \qquad (i, j = 1, 2, \cdots, n) \tag{5-2}
$$

2）按行求和：

$$
v_i = \sum_{j=1}^{n} b_{ij}, \qquad (i, j = 1, 2, \cdots, n) \tag{5-3}
$$

3）归一化：

$$
w_i = \frac{v_i}{\sum\limits_{i=1}^{n} v_i}, \qquad (i = 1, 2, \cdots, n) \tag{5-4}
$$

所得到的 $w_i(i=1, 2, \cdots, n)$ 即为特征向量的近似值。得到 w_i 后，需要进行一致性检验，依据层次分析法原理，采用最大特征值 λ_{max} 与 n 之差检验一致性。

4）最大特征值 λ_{max}：

$$\lambda_{max} = \sum_{i=1}^{n} \frac{(F_w)_i}{n_{wi}} \tag{5-5}$$

5）一致性检验：

当判断完全一致时，$\lambda_{max}=n$。判断矩阵一致性检验指标为：

$$CI = \frac{\lambda_{max}-n}{n-1} \tag{5-6}$$

一般情况下，当完全一致时，$CI=0$；不一致时，$\lambda_{max}>n$，即 $CI>0$。CI 越小，说明一致性越大。由于随机的原因可以导致一致性偏离，需要在检验一致性的同时，将 CI 和平均随机一致性指标 RI 进行比较，通过比值，得出检验系数 CR，即：

$$CR = \frac{CI}{RI} \tag{5-7}$$

如果 $CR \leqslant 0.1$，则认为该判断矩阵通过一致性检验，否则就不具有满意的一致性。

其中，随机一致性指标 RI 和判断矩阵的阶数 n 有关。正常情况下，矩阵阶数和出现一致性随机偏离的可能性呈正比例关系，即阶数越大，随机偏离可能性越大，其对应关系见表 5-6。

表 5-6				平均随机一致性指标 RI 标准值					
矩阵阶数	1	2	3	4	5	6	7	8	9	10
RI	0	0	0.58	0.90	1.12	1.24	1.32	1.41	1.45	1.49

为确定危险控制补偿评价体系中各指标的权重，需要向该领域的相关专家发放关于危险控制补偿评价的调查表，由专家对调查表中的各指标间相对重要程度赋值，确定各指标的权重值，并通过一致性检验，得到科学合理的指标权重值。

（4）准则层指标权重值计算。在煤矿危险控制补偿评价体系中，按照层次结构，将危险控制补偿作为最高层（目标层），人员素质因子补偿、技术措施因子补偿、组织管理因子补偿作为中间层（准则层），各中间层下属的因素作为最底层（指标层），共同构造判断矩阵。

（5）指标层指标权重值计算。

1）人员素质因子补偿指标计算。该指标包括危险岗位操作人员文化程度及专业技能情况（F_{11}）和管理人员管理水平及对安全重视程度（F_{12}），计算步骤与准则层指标相同。

2）技术措施因子补偿指标计算。该指标包括工作面支护选择合理性及支护质量（F_{21}）、采空区顶板控制合理性（F_{22}）和顶板控制技术升级与装备改造情况（F_{23}）。

3）组织管理因子补偿指标权重计算。该指标包括安全生产责任制落实情况（F_{31}）、顶板支护与维护管理的规章制度（F_{32}）、顶板事故隐患排查整改与治理（F_{33}）、安全培训教育及考核（F_{34}）、顶板事故统计分析（F_{35}）、事故应急救援管理情况（F_{36}）。

3. 事故隐患危险控制因子评价

构建危险控制补偿指标体系后，通过层次分析法确定各指标的权重，并依照各指标间的关系和特点确定各级下层指标值复合成上层指标值的计算方法。常用的方法主要有最优权综合评价法、模糊综合评价法和数值计算法等。

由于危险控制补偿指标体系中的人员素质补偿、技术措施补偿和组织管理补偿三者之间不是独立的，其下属的各指标之间也是相互影响、相互作用的，从而构成一个多因素、多变量、多层级的复杂的安全补偿评价系统。对其进行最优权综合评价或数值计算时，很难对指标值进行量化，从而难以定量地评价出各指标的危险程度。而模糊综合评价法，作为一种经典的基于模糊数学的评价方法，其核心思想是通过建立各指标的隶属度，巧妙地通过定性评价获得各系统、各制约指标要素的量化值，最终获得系统的总体隶属度。由于该评价方法具有简单实用、可操作性强的特点，并且评价结果符合实际等优点，尤其适用于解决模糊的、灰色的信息等具有不确定性且难以用传统方法量化的各类评价问题，因此被广泛运用于各类信息不完整系统的评价。据此，采用该方法对危险控制因子补偿进行评价。

（1）模糊综合评价。模糊综合评价分为一级模糊评价模型和多级模糊评价模型，危险控制补偿指标体系中包含 3 个层级，故模糊评价属于多级模糊综合评价。

多级模糊综合评价的步骤如下。

1）确定评价对象的因素论域。设评价对象的因素集为：

$$F = \{f_1, f_2, \cdots, f_i, \cdots, f_n\}, \qquad (i = 1, 2, \cdots, n)$$

F_i 为第一层中第 i 个因素，它由其下属第二层中的 n 个因素决定，即：

$$F_i = \{f_{i1}, f_{i2}, \cdots, f_{ij}, \cdots, f_{in}\}, \qquad (j = 1, 2, \cdots, n)$$

2）确定评语等级论域。评语等级是指评判者对评价对象作出的各种评判结果，不论评判层次多少级，评语等级只有 1 个。

$$V = \{v_1, \ v_2, \ \cdots, \ v_k\}$$

从数学计算角度来看，评语等级个数 k 通常大于 4 小于 9。k 值过大则评语等级语义难以区分，k 值过小则不符合模糊评价的质量要求。因此，宜采用"好、较好、一般、差、很差" 5 个等级的模糊表述方式。评语等级论域确定后，各指标的评语等级隶属程度信息通过模糊向量表示出来，体现出评价的模糊特性。

3）建立指标权重向量集。依据每一层级中各指标的重要程度，赋予每个指标相应的权重值，组成权重向量集，如下所示：

第一层次

$$W = \{w_1, \ w_2, \ \cdots, \ w_i, \ \cdots, \ w_n\}, \qquad (i=1, \ 2, \ \cdots, \ n)$$

第二层次

$$W_i = \{w_{i1}, \ w_{i2}, \ \cdots, \ w_{ij}, \ \cdots, \ w_{in}\}, \qquad (j=1, \ 2, \ \cdots, \ n)$$

4）一级模糊综合评价。第一层次各指标是由最底层次的若干指标决定，则第一层次每个指标的评判应是最底层次的多指标综合评价结果。

令第二层次的指标评判矩阵 R_i 为：

$$R_i = \begin{bmatrix} r_{i11} & r_{i12} & \cdots & r_{i1k} \\ r_{i21} & r_{i22} & \cdots & r_{i2k} \\ \vdots & \vdots & \vdots & \vdots \\ r_{in1} & r_{in2} & \cdots & r_{ink} \end{bmatrix}$$

R_i 矩阵中行数是 f_{ij} 中 j 的个数，即 n，列数是评语等级 k。考虑权重后，一级模糊综合评判集 B_i 为：

$$
\begin{aligned}
B_i &= W_i \circ R_i \\
&= \begin{bmatrix} w_{i1}, & w_{i2}, & \cdots, & w_{in} \end{bmatrix} \circ \begin{bmatrix} r_{i11} & r_{i12} & \cdots & r_{i1k} \\ r_{i21} & r_{i22} & \cdots & r_{i2k} \\ \vdots & \vdots & \vdots & \vdots \\ r_{in1} & r_{in2} & \cdots & r_{ink} \end{bmatrix} \qquad (5-8) \\
&= \begin{bmatrix} b_{i1}, & b_{i2}, & \cdots, & b_{ik} \end{bmatrix}
\end{aligned}
$$

式中，"∘"为模糊算子。

5）二级模糊综合评价。一级模糊综合评价是最底层指标的综合评判结果，为求第一层的综合评判结果，因此必须进行二级模糊综合评判。

二级模糊综合评判集 B 为：

$$B = W \circ R_i = W \circ \begin{bmatrix} W_1 \circ R_1 \\ W_2 \circ R_2 \\ \vdots \\ W_n \circ R_n \end{bmatrix} = (b_1, \ b_2, \ \cdots, \ b_k) \tag{5-9}$$

6）模糊算子模型。常用的算子模型有 Zadeh 算子、最大乘积算子、加权平均型算子等。

在煤矿危险控制因子补偿评价过程中，各指标之间不是相互独立的，各因素可以相互补偿。考虑到每个指标因素对综合评价都有所贡献，为了能够客观地评价各个指标的贡献程度，采用"加权平均型"模糊算子，具体表达式为：

$$b = \sum_{i=1}^{n} w_i r_{ij}, \ (j = 1, \ 2, \ \cdots, \ k) \tag{5-10}$$

其中，权系数 w_i 的和应满足以下要求：

$$\sum_{i=1}^{n} w_i = 1 \tag{5-11}$$

（2）危险控制指标隶属度确定。首先对危险控制编制安全检查表，通过对各个危险控制补偿指标评价确定其隶属度。在编制安全检查表时，无法对各指标进行定量分析，故采用"好、较好、一般、差、很差"等模糊语言描述，即 5 个等级的模糊表达方式。

由于生产现场对各个危险控制补偿指标多为定性分析，无法进行定量衡量，为了更好应用安全检查表进行危险控制补偿评价，采取比值法确定各个指标的隶属度，即每一等级所占数目之和除以该指标所有评价项目的总和，其值即为该指标的隶属度。

（3）危险控制因子计算。在理论分析基础上，计算出危险控制补偿评价体系中各指标的权重，通过安全检查表打分法确定各危险控制指标的隶属度，构造出危险控制效果评判矩阵，采用模糊综合评判法得出危险控制补偿评价结果。

三、基于风险矩阵的事故隐患风险等级划分

事故隐患风险等级划分是对事故隐患造成事故的可能性和事故严重程度的评估，事故隐患风险评估有利于排查人员或决策者对事故隐患的直观的认识，因此计算越准确，越有

利于决策者制定合理有效的事故隐患整改方案，保障安全生产的正常进行。

PL 法是一种常用的半定量风险评估方法，是分别以风险严重程度和风险发生的可能性为轴而构成的风险矩阵。其评价公式为：

$$H = LP \qquad\qquad (5-12)$$

式中，H 为风险等级；L 为风险的严重度；P 为风险概率。

由煤矿事故隐患产生机理可知，事故隐患是由于对危险源的约束控制措施失效或缺失而形成的，危险源的危险性越高，造成的事故损失就越大。当对危险源的防御控制措施得当有效，危险性就得到抑制，事故发生的概率就会降低。所以，事故隐患的风险程度可以参照危险源的危险等级划分，事故隐患的风险概率可以参照危险控制补偿等级划分，组成的风险矩阵详见表 5-7。

表 5-7　　　　　　　　　　　　　隐患风险矩阵表

P \ L	1	2	3	4
1	1	2	3	4
2	2	4	6	8
3	3	6	9	12
4	4	8	12	16
5	5	10	15	20

注：表中风险严重度级别取值为 1，2，3，4；风险概率按级别取值为 1，2，3，4，5。

第三节　基于事故隐患风险值的区域安全预警

整个矿井可以看成是一个系统，矿井中的一个工作面也可以看成一个系统，一个系统中可能有多种事故隐患，区域事故隐患排查治理风险预警主要研究一个工作面或一个巷道乃至整个矿井的风险状况，使得矿井管理人员能从宏观和微观上了解矿井的事故隐患状态，以辅助管理人员做出决策。

一、区域事故隐患风险影响因素耦合分析

（一）区域事故隐患风险与动态显性事故隐患耦合分析

根据煤矿事故隐患致灾模型，事故隐患对区域的安全风险程度影响主要是通过其数量、单个存在时的风险值和持续时间来实现的。

1. 区域事故隐患风险等级与事故隐患数量及其风险等级的辩证关系

显然区域的事故隐患数量越多，单个事故隐患的风险越大，风险等级越高，该区域的预警级别应该越高。对于煤矿区域事故隐患风险等级与事故隐患数量及单个事故隐患风险值的关系，现阶段这一定性的结论是统一的，而量化这一辩证关系主要有聚类分析方法、机器学习方法等。通过历史事故隐患统计分析可知，当事故隐患数量及对应事故隐患风险值到达一定程度后，尤其是接近煤矿区域安全状态临界值时，每一次小的改变，都有可能直接诱发事故的发生，越接近临界值，这种可能性越大。因此，煤矿安全管理人员应尽量使煤矿区域事故隐患风险值远离临界值。

2. 区域事故隐患风险等级与时间的辩证关系

从事故致因理论的流变—突变理论可知，煤矿事故隐患对煤矿各区域系统的危害同样是量变到质变的过程，其演变为事故的过程也应该满足这一流变曲线规律。因此，可以确定事故隐患暴露的时间越长，风险值越大，越有可能趋近临近值，越有可能导致煤矿安全事故的发生。所以说，对于排查出来的事故隐患，煤矿管理人员应该及时制定整改措施，确保即时消除，将事故扼杀在事故隐患这一临界状态。

根据以上分析，区域的煤矿事故隐患数量越多，等级越高，暴露时间越长，该区域的风险等级越大，预警级别越大。并且随着事故隐患数量和时间的推移，越靠后的等量改变会造成更大的破坏。因此，可以认为在事故隐患数量和时间到达一定值时，区域的危险程度与事故隐患数量、风险值和时间近似呈指数关系。

（二）区域事故隐患风险与煤矿事故隐患排查治理能力耦合分析

根据煤矿事故隐患致灾过程，如图 5-8 所示，当事故隐患形成后，若能及时完成排

查、整改、验收和消解，则煤矿生产系统就会回到本质安全的状态，也就不会有事故的发生，若未能及时地发现事故隐患或未能进行有效的整改，则煤矿生产系统环境就会持续恶化，最终导致事故的发生。若某区域由于辨识能力较低，对事故隐患排查不彻底，可能当前的事故隐患数量较少，呈现"伪安全"状态，而当大量事故隐患发展到难以控制阶段时才被发现，则会使得系统由"安全状态"突然变为高度危险。由此可知，能否及时将事故隐患转化为危险源状态，将煤矿事故扼杀在事故隐患阶段，控制措施和结果成为关键因素。对事故隐患的控制包括事故隐患的辨识、整改、验收和消解等，其统称为事故隐患排查治理能力。事故隐患排查治理能力一方面能反映对当前已排查出来的事故隐患的控制能力，还反映了区域内的隐性致灾风险程度。显然，一个区域的事故隐患排查治理能力越高，未能排查出的隐性事故隐患就越少，对动态显性事故隐患的控制能力就越强，该区域就越安全。因此，通过对区域的事故隐患排查治理能力的评价，可以从侧面反映出区域的安全状态和区域的安全风险发展态势。

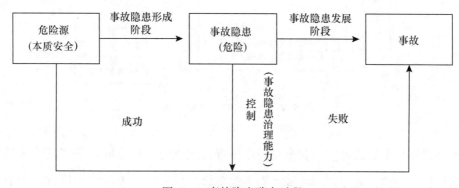

图 5-8　事故隐患致灾过程

（三）区域动态显性事故隐患风险与区域事故隐患排查治理能力关系耦合分析

区域动态显性事故隐患越大，则诱发为事故的可能性就越大，该区域的危险程度就越高，相应的该区域警情应越高，预警级别应越高。区域事故隐患排查治理能力越高，则对事故隐患的控制能力越强，事故隐患的辨识能力越强，该事故隐患就会更早地被发现，更早地得到有效的治理，消除该事故隐患的可能性就越高。因此，区域的动态显性事故隐患风险与事故隐患排查治理能力二者存在相互制约的关系。可以认为动态显性事故隐患风险主要反映系统的当前安全状态，而事故隐患排查治理能力主要反映系统的将来安全状态，二者共同决定了区域事故发生的可能性。

二、区域事故隐患风险预警指标体系

根据对区域事故隐患排查风险影响因素的分析，可知煤矿事故隐患的风险与动态显性事故隐患风险值和事故隐患排查治理能力相关，呈对立统一关系。基于上述分析，建立如图 5-9 所示的区域风险预警指标体系。

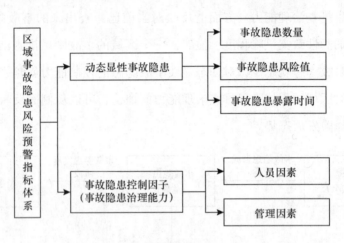

图 5-9　区域风险预警指标体系

由于动态显性事故隐患风险和事故隐患排查治理能力是从不同的角度反映区域事故隐患的风险状况，因此，先分别对区域动态显性事故隐患和区域事故隐患排查治理能力进行评价分级，然后根据二者的评价结果确定预警等级。

三、区域动态显性事故隐患风险评价

（一）常用综合风险评价方法

常用的综合风险评价方法主要包括线性加权法、非线性加权法和逼近理想点法 3 种。

1. 线性加权法

线性加权法是指将各个事故隐患的风险值与其权重的乘积进行累加：

$$y = \sum_{j=1}^{n} w_j x_j \tag{5-13}$$

式中，y 为区域风险值；x_j 为第 j 个事故隐患的风险（$j=1$，2，$\cdots$，n）；w_j 为第 j 个事故隐患的权重（$j=1$，2，$\cdots$，n）；n 为事故隐患个数。

该方法综合考虑了各事故隐患的风险，计算简单，操作性强。

2. 非线性加权法

非线性加权法是指将各个事故隐患的风险与其权重的幂次方进行累乘：

$$y = \prod_{j=1}^{n} x_j^{w_j} \tag{5-14}$$

式中，y 为区域风险值；x_j 为第 j 个事故隐患的风险（$j=1$，2，$\cdots$，n）；w_j 为第 j 个事故隐患的权重（$j=1$，2，$\cdots$，n）；n 为事故隐患个数。

该方法需要各个事故隐患的风险值不为 0，其对数值的改变具有很强的灵敏度。即使很少的数值改变可能会对计算结果产生较大的差异，因此该方法适用于各个指标关联性较强的情况，对于指标比较多的情况下，计算量则较大。

3. 逼近理想点法

该方法认为最优解应为距离正理想解最近同时距离负理想解最远，即设存在一个理想点（x_1^*，x_2^*，$\cdots$，x_n^*）和负理想点（x_1^{-*}，x_2^{-*}，$\cdots$，x_n^{-*}），然后计算各方案（x_{i1}，x_{i2}，$\cdots$，x_{in}）与理想点与负理想点的距离。最后根据以下公式进行排序：

$$L_i = \frac{D_i^-}{D_i^+ + D_i^-} \tag{5-15}$$

式中，L_i 为综合评价值；D_i^- 为距离负理想点距离；D_i^+ 为距离理想解距离。L_i 越接近 1 说明该方案越优。

根据该方法的定义可知，该方法适用于理想点和负理想点存在的情况，对于煤矿区域事故隐患来说，理想点自然是各区域不存在事故隐患，负理想点为各区域事故隐患风险最大，数量最多，即区域内所有的危险源均演变为了事故隐患，且均达到即将演变为事故的临界点。

（二）区域动态显性事故隐患风险评价

根据煤矿事故隐患致因理论的分析可知，同一区域内各事故隐患相互影响相互作用，具有较强的关联性，因此非线性加权法自然是最优的方法，但是该方法需要所有的指标不为零。而煤矿事故隐患综合评价预警模型中，将定性为事故隐患的风险值大于 0，而区域中其他未被定性为事故隐患的危险源等其风险值假设为 0，因此，该方法不适合区域煤矿事故隐患综合评价，所以只能选用线性加权法。

线性加权法中需要计算所有事故隐患的权重和风险值，然而在事故隐患排查日常工作中很难每排查一次就去计算不同事故隐患组合情况下的各自权重，这样也达不到实时预警的效果。根据单一事故隐患的风险评价过程可知，每条事故隐患在区域系统中的权重可以由其风险值体现。因此，煤矿区域事故隐患风险评价公式为：

$$y = \sum_{i=1}^{n} f(X_i^*) \tag{5-16}$$

式中，y 为区域风险值；X_i^* 为第 i 个事故隐患固有风险值（$i = 1, 2, 3, \cdots, n$）；n 为事故隐患个数。

其中，为了方便累加计算，需对所有值做归一化处理，并采用单一事故隐患预警等级来近似归一化处理，见表 5-8。

表 5-8 各预警等级事故隐患风险归一化值

预警等级	红	橙	黄	蓝
风险值	1	0.8	0.5	0.2

该风险没有考虑事故隐患暴露时间，然而事故隐患自被排查出来到其被消解期间其风险会变化，且在评价固有风险时将整改时间作为影响因子，并且事故隐患的计划整改所需时间基本是依据其固有风险来定的，因此，只需考虑事故隐患超期未整改时间或超期未整改完成时间，根据流变—突变曲线规律，采用指数函数进行修正。

$$f(X_i^*) = \begin{cases} I_i, & x = 0 \\ I_i e^{0.1x}, & x > 0 \end{cases} \tag{5-17}$$

式中，I_i 为第 i 个事故隐患的归一化的风险值；x 为超过第一次计划完成时间天数。

四、区域事故隐患风险综合预警

根据煤矿事故隐患排查治理能力与动态显性事故隐患风险的制约关系，为了准确地评估各区域当前所处的风险等级，确定合适的预警等级，及时排查治理事故隐患，根据区域的事故隐患排查治理能力来修正煤矿事故隐患排查治理风险：

$$S^* = wS \tag{5-18}$$

式中，S^* 为修正后的区域事故隐患风险值；w 为修正系数，是由事故隐患排查治理能力决定的；S 为区域动态显性事故隐患风险值。

然后根据 S^* 确定区域的事故隐患风险预警等级。根据事故隐患治理能力的定义，结合煤矿实际，建立的煤矿事故隐患排查治理能力对事故隐患风险的修正系数，见表5-9。

表5-9 煤矿事故隐患排查治理能力等级修正系数

事故隐患排查治理能力等级	风险修正系数
Ⅰ（优化级）	1
Ⅱ（已管理级）	1.1
Ⅲ（已定义级）	1.3
Ⅳ（可重复级）	1.5
Ⅴ（初始级）	2

根据动态显性事故隐患综合评价方法，一般区域越大则事故隐患数量越多，总事故隐患风险值就越大。因此，应根据区域的大小设置不同的预警区间，结合煤矿事故隐患排查治理组织机构和实际生产组织机构情况，根据班组、科段、专业和全矿各层级来设置不同的事故隐患风险预警区间值，在进行修正时，采用相应层级的事故隐患排查治理能力等级修正系数。经过调研并修正建立的事故隐患预警区间等级值见表5-10。

表5-10 各层级事故隐患预警区间值

层级	红色预警	橙色预警	黄色预警	蓝色预警
班组	0.8~1	0.5~0.8	0.2~0.5	<0.2
科段	>5	3~5	1.5~3	<1.5
专业	20~25	12~20	8~12	<8
全矿	>60	40~60	30~40	<30

第六章 煤矿事故隐患排查治理
信息系统

煤矿事故隐患排查管控体系的建设离不开信息化的支持，同时煤矿事故隐患信息化管理系统的发展也是由实践逐步完善的过程，从最初凭借个人经验排查、井上手工填报、纸质流等原始排查方式，发展为井上、井下一体化的事故隐患排查管理，最终实现事故隐患排查治理工作的精细化、标准化、流程化、网络化。本章内容对本书研究课题组的团队历经多年开发的事故隐患排查系统功能设计、应用等方面进行全面的介绍和总结，为煤矿事故隐患排查的信息化建设提供参考和借鉴。

第一节 概 述

一、总体需求

煤矿事故隐患排查治理信息系统的目标是为了解决传统事故隐患管理系统的信息不及时、描述不准确、闭环不彻底的问题，利用信息技术手段从源头上防止煤矿事故的发生，真正做到明确责任、关口前移、防患于未然。本系统研究并开发 C/S 模式的手持移动终端和 B/S 模式的煤矿事故隐患排查治理与预警智能决策系统，改进传统事故隐患闭环管理手段，实现事故隐患排查的实时、精确、可视化管理，有效推进煤矿事故隐患排查治理工作的规范化、信息化和标准化。本信息系统主要满足以下方面的需求：

（1）建立煤矿事故隐患排查治理与预警智能决策系统，为井下班组、科段、专业、矿和公司提供煤矿事故隐患排查治理信息平台，系统易于操作，功能实用，可以作为煤矿事故隐患排查治理的有效手段。

（2）班组事故隐患排查体系。班组是煤矿事故隐患高发区域，是煤矿企业安全稳定的第一道防线，也是煤矿安全管理的出发点和最终落脚点。煤矿班组安全管理的水准在一定程度上能够决定全矿的安全生产水平，因此，基于光纤传输介质研制井下班组事故隐患排查系统，采用手持终端实现井下与地面事故隐患信息的动态实时交互，构建井上、井下的事故隐患排查系统，便于班组安全问题、科段事故隐患及"三违"排查工作在井下生产现场的开展。

（3）知识库。为提升事故隐患治理能力、提高事故隐患治理闭合流程效率，结合国家有关煤矿事故隐患排查的法律法规和煤矿的实际情况，建立煤矿事故隐患库、事故隐患措施库、事故隐患预警库、"三违"知识库和事故案例知识库，为排查工作自动生成治理方案。

（4）事故隐患排查闭环管理及全覆盖。为实现事故隐患排查管理的精细化、标准化、流程化、网络化，将事故隐患排查机构划分为班组、科段、专业、矿、公司5个组织机构，对各机构职责下的事故隐患进行排查、整改、验收和消解实行动态闭环管理，并根据实践经验总结出事故案例倒查及重点部位监控功能，进而实现事故隐患排查的全覆盖。

（5）"三违"闭环管理流程。影响煤矿安全状态重点在人，人是引发事故的直接原因，因此，需将"三违"纳入事故隐患排查流程中。结合煤矿"三违"管理制度，基于"三违"知识库实现闭环管理流程，提升"三违"全过程管理的信息化、规范化水平。

（6）事故隐患预警。为转变煤矿事后型安全管理方式，同时对事故隐患历史数据进行充分挖掘，需构建煤矿事故隐患预警体系，基于三进制事故隐患预警规则，建立按部门、专业、临期、超期等事故隐患预警，以及将煤矿安全监测监控系统的异常信息纳入事故隐患管理，以形成综合预警的机制，增强对煤矿安全风险的警示能力。

（7）绩效考核。为提高人员排查和整改事故隐患的积极性，需采用科学合理的事故隐患和问题排查绩效考核指标，建立完整的事故隐患排查治理绩效考核与奖惩机制。

二、系统结构

（一）总体结构

构建井上、井下信息协调一致、同步的事故隐患排查方式，实现公司级、矿级、专业级、科段级、班组级 5 级事故隐患排查目标，打造全单位覆盖、全员参与的事故隐患排查系统，如图 6-1 所示。

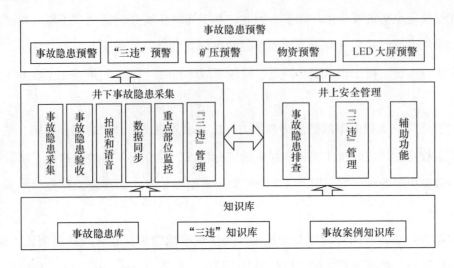

图 6-1　总体结构

1. 知识库

针对当前事故隐患基础数据库的缺失，系统不能辅助排查人员生成排查方案的问题，本书课题组构建事故隐患库、事故隐患措施库、事故隐患预警库、"三违"知识库和事故案例知识库，并将知识库内置于手持终端以便于井下排查时智能生成排查方案。

2. 事故隐患及"三违"管理

将事故隐患排查延伸至班组，基于手持终端内置的知识库，便于一线员工按照知识库及时治理已发现的问题，消除各班组工作范围内潜在的隐患。同时基于井下无线传输系统，井下班组事故隐患排查系统可进行事故隐患信息采集、事故隐患验收、拍照语音、系统数据同步等工作，缩短事故隐患信息上传至地面时间。井上事故隐患排查系统包括事故隐患管理（科段、专业、矿、公司各层级）、"三违"管理、辅助功能，实现事故隐患排查及"三违"的闭环管理流程。

3. 评价及预警

为增强煤矿风险管控能力，构建涵盖事故隐患预警、矿压预警、重要物资实时跟踪预警、"三违"预警等预警内容，提升矿井预警能力及信息共享能力，并通过大屏幕、短信等多种可视化通信方式，便于事故隐患预警信息及时送达相关人员。

（二）硬件组成

隐患排查系统硬件主要由手持终端、无线基站、光端机、光纤及数据处理中心、数据查询终端及相关辅助设备构成。事故隐患信息通过手持终端、无线 Wi-Fi、光纤、光端机、井下环网上传至地面服务器，井下无线传输系统架构如图 6-2 所示。

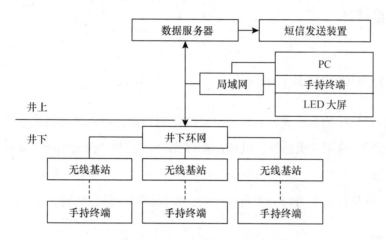

图 6-2 井下无线传输系统架构

1. 手持终端

随着便携式终端在民用市场的广泛应用，具备行业特定功能的专用产品应运而生，可在工业环境下进行数据采集和处理。矿用手持终端的应用将解决现有方式可能出现的信息遗漏和偏差问题，主要用于井下事故隐患排查的文字、图片等多种信息的实时传递和处理。

2. 数据传输设备

以无线交换机作为系统的远端分站，以光纤为传输介质并采用星型连接的方式连接环网交换机中的光端机，实现井下的事故隐患信息上传至地面。

3. 数据处理中心

为应对矿井上下传输的大量实时信息和数据分析处理工作，应建立集中的数据存储和处理中心。

4. 数据集成查询终端

PC 客户端进行日常的工作流程处理或数据查询；手持终端通过触摸式操作完成关键性安全信息的快速查询；专业信息显示设备（电子显示大屏、井下 LED 显示屏）等利用数据传输协议可在矿区不同地域实现安全信息的实时播报和预警。

三、关键技术

（一）非结构化协同软件技术

非结构化协同软件的工作流程具有完全柔性化的特点，可以随意设定各类管理事务的流程，大大加强系统应用的灵活性，其产品能够完全基于非结构化的动态流程，进行工作事务的自动化管理。

非结构化协同软件技术可以分为角色协同、流程协同、信息协同。

1. 角色协同

角色机制一方面可以实现权限的有效管理和用户的合理授权，提高系统交互性，另一方面能够对访问和操作进行检测，提高系统的安全性。本系统设计的角色权限分配方案如图 6-3 所示。

2. 流程协同

采用流程协同软件技术来对事故隐患排查流程进行管理，能够实现事故隐患事务处理的快速流转、快速反馈、动态跟踪和闭环管理（排查、整改、验收、消解）。

流程协同强调在一个工作过程中的协同工作，本系统中事故隐患排查的工作流如图 6-4 所示。图中每个方框表示一个任务，其中事故隐患排查是初始任务，标志着一个工作流的开始；消解是终结任务，标志一个工作流生命周期的结束；整改、验收是中间任务，验收合格时通知消解员进行任务消解。

3. 信息协同

协同应用软件中的信息协同体现在用户之间通过系统进行的信息交流和共享。

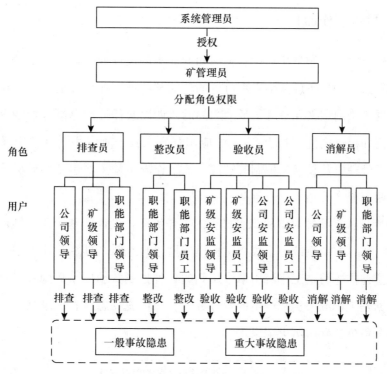

图 6-3　角色权限分配方案

图 6-4　事故隐患排查工作流

　　如图 6-5 所示，系统各类人员检查发现的井下事故隐患信息录入软件系统后，该信息需要不同部门和人员共享以协同工作：需要具有审核权限的人员审核；需要责任部门相关人员接收到该信息以便整改和反馈；经过整改和反馈后的事故隐患信息需要检查部门进行复查；重要的事故隐患信息还要发送给矿领导。

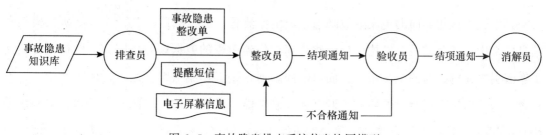

图 6-5　事故隐患排查系统信息协同模型

（二）轻量级工作流技术

轻量级工作流技术指的是从够用、灵活和低成本的设计原则出发，不追求工作流引擎功能的完备和复杂，只是实现其中必不可少的功能和特征。在设计轻量级工作流引擎时主要考虑对其数据模型的定义和解释、活动之间的协调以及任务的分配和控制等功能提供支持，而不支持诸如提供内建（built-in）的应用开发工具、对应用数据的定义和完整性维护、完善的异常处理以及长事务控制等功能。该工作流引擎主要包括煤矿机构模型和事故隐患信息模型两部分。

如图 6-6 所示，系统针对事故隐患排查的工作流程，设计了基于关系结构的轻量级工作流引擎应用框架。在本系统中，煤矿机构模型描述的是煤矿的各级用户之间的组织关系，事故隐患信息模型描述的是工作流引擎中用到的各种控制数据即事故隐患排查知识库，事故隐患排查数据是工作流中实际产生的业务数据，工作流日志信息记录从开始到结束整个生命周期中各个角色的操作历史记录。

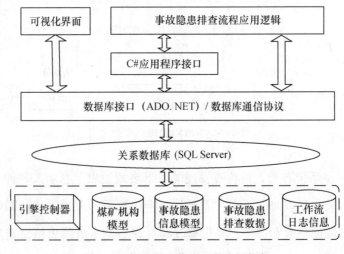

图 6-6　轻量级工作流引擎应用框架

其中，可视化界面即定义事故隐患排查工作流程界面，然后将其转换成如机构模型和信息模型中所述及的关系结构，从而建立起工作流引擎的数据模型。因此，可视化界面是工作流引擎在构造时的定义中心，而引擎控制器则是工作流引擎在运行时的控制中心，它负责工作流引擎在运行时的协调、调度和控制功能。根据具体应用的开发环境，本系统采用 C#应用程序接口以及直接基于数据库通信协议的接口。工作流日志信息描述工作流中所有的状态改变、事件和控制流相关资料的变化，以及工作流实例和环节实例的启动、结束、挂起和激活等信息都会记录下来，以便对其进行管理。

（三）井下光纤介质传输

为满足煤矿井下事故隐患排查的实时传输要求，各生产水平以光纤作为数据传输介质，搭建井下事故隐患排查传输通信系统。手持移动终端管理系统中的事故隐患排查数据通过无线基站、光纤、井下环网上传到地面事故隐患排查系统服务器中，实现在井下复杂环境下事故隐患排查的文字、图片、语音等信息的实时上传及处理。

如图 6-7 所示，位于煤矿井下的无线交换机作为系统的远端分站，光端机布置在井下环网交换机之中，不需要另外配备防爆壳及防爆电源，依靠井下已有的环网系统，将井下事故隐患排查信息通过井下环网即可实时上传至地面服务器。采用星型连接方式保证系统的稳定性，防止在井下复杂的环境中的串联连接方式出现故障导致的某一通路崩溃。

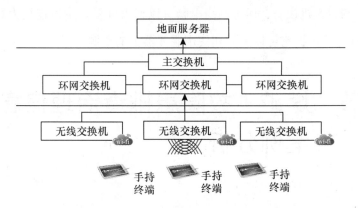

图 6-7　井下事故隐患数据传输系统流程

（四）短信平台

为实现事故隐患信息及时对外传播，避免区队人员或领导在电脑端等待查收，所以本系统设计短信实时发送的方式，将需要处理的事故隐患信息及时发送出去。

如图 6-8 所示，利用数据库和网络访问输入输出接口等，将待发送的信息通过数据库访问接口写入短信平台支撑数据库系统，短信收发设备直接从该数据库读取数据进行短信单发或群发功能。短信服务器接收事故隐患排查系统发来的待发送短信，通过安装有 SIM 卡的短信收发设备进行发送，可以发送到移动终端上。

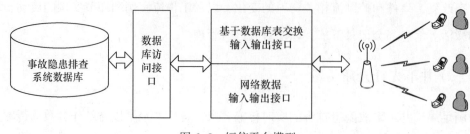

图 6-8　短信平台模型

（五）媒体发布终端——电子显示大屏幕

为实现事故隐患排查信息及预警信息的可视化展现，采用电子显示大屏幕作为媒体发布终端。媒体发布终端的任务是通过网络接收来自媒体发布服务器传送来的媒体元素，并按照设定的内容格式要求进行解码并输出至终端显示设备上。

本系统采用网络电脑作为媒体发布终端，网络电脑是 Thin-Client/Server（瘦客户机/服务器）体系中的客户机设备，通过网络电脑可以将大屏幕显示器连接为服务器的访问终端，通过 ICA/RDP 协议，它可以访问和使用服务器上的资源。

第二节　煤矿事故隐患排查治理信息系统案例分析

一、系统需求分析

（一）事故隐患分类

为控制和避免煤矿井下事故发生，落实各单位事故隐患排查的责任，建立全覆盖的事故隐患排查工作，根据国家有关法律法规并结合某矿业集团某煤矿的实际情况，共有 4 种事故隐患分级分类方式。

（1）按照事故隐患严重等级可分为一般事故隐患、较大事故隐患和重大事故隐患三类。一般事故隐患指的是发现后能立即治理的危害小、易于整改，科段或班组有能力自行处理的事故隐患；重大事故隐患指的是可能导致重大人员伤亡或经济损失的事故隐患，全矿必须停产整顿。较大事故隐患所产生的后果介于两者之间。

（2）从事故隐患排查工作主体责任角度，可将该矿的事故隐患分为班组级、科段级、矿级、公司级。事故隐患排查治理工作责任主体为煤矿各部门主要负责人，他们应担负起各自工作范围内的事故隐患排查职责，落实排查治理长效机制。

（3）结合该煤矿实际情况，将事故隐患按照专业分为采煤专业、煤巷掘进专业、岩巷掘进专业、机电专业、运输专业、"一通三防"专业、地测防治水专业和矿压专业共 8 个大类，同时也可将事故隐患按照专业的二级分类划分为 37 个小类，详见表 6-1。

表 6-1　　　　　　　　　　　　某煤矿事故隐患专业分类

一级分类	二级分类
采煤专业	综合机械化回采工作面
	高档普采回采工作面
	柔掩采煤法工作面
	缓倾斜壁式炮采工作面
	悬移支架采煤法工作面
	俯伪斜分段密集采煤法工作面
	耙装采煤法工作面
	急倾斜厚煤层 Z 型水平分层放顶煤采煤法工作面
煤巷掘进专业	缓倾斜煤层锚网（索）支护巷道
	急倾斜煤层锚网（索）支护巷道
	支架（含"7"字、"八"字型支架）掘进支护巷道
岩巷掘进专业	平巷
	斜巷
机电专业	主要提升装置
	主要提升胶带运输机
	主要排水设备
	主要通风机
	空气压缩机
	采掘设备
	电气安全

一级分类	二级分类
运输专业	主要运输巷道
	轨道
	架空线
	架线电机车
	蓄电池电机车
	矿车
	运送人员
	煤仓放煤
	矿用绞车
"一通三防"专业	通风
	防治瓦斯
	防降尘
	防灭火
	安全避险"六大系统"
	其他
地测防治水专业	地测防治水专业
矿压专业	矿压专业

（二）隐患排查机构

1. 排查机构

该煤矿事故隐患排查与预警系统依托于如图 6-9 所示的公司级、矿级、科段级、班组级四级事故隐患排查处理的机构和分级排查事故隐患的制度。系统还按照开拓、煤巷掘进、综采（炮采）、通风（"一通三防"）、机电、地质（地测防治水）、运输等专业进行专业技术排查。另外，将事故隐患排查延伸并落实到一线的生产班组，尽早发现和治理事故隐患。

2. 职能分配

事故隐患排查方式对应的人员职能分配方式详见表 6-2。

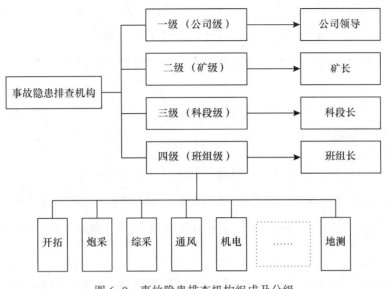

图 6-9 事故隐患排查机构组成及分级

表 6-2 事故隐患排查方式对应的人员职能分配方式

人员 排查方式	排查人员	组织人员	整改人员	验收人员	审核人员
公司事故 隐患排查	公司领导牵头组织机构	公司安监部	存在事故隐患相关负责 人员、由排查人员指定	公司安监部	公司安监部
矿事故 隐患排查	矿长或分管矿长牵头 的排查机构	总工程师	存在事故隐患相关负责 人员、由排查人员指定	矿安监站	矿安监站
专业事故 隐患排查	分管矿长	分管矿长	科段或多科段协助	矿安监站	矿安监站
科段事故 隐患排查	科段长	科段长	存在事故隐患相关负责 人员、由排查人员指定	矿安监站	科段长
班组事故 隐患排查	班组长	班组长	存在事故隐患相关负责 人员、由排查人员指定	矿安监站	科段长

（三）知识库

知识库是基于国家颁布的一系列法律法规，结合该煤矿事故隐患排查工作历史数据以及从业人员的经验，按照一定规则构建的抽象知识表。知识表综合运用 SQL、HTML 等技术手段，采用 Windows 2003 Server 操作系统为软件运行平台，以 Microsoft IIS 7.0 作为网站的发布平台，存储于 SQL Server 2008 数据库，以 Web 方式构建高度共享的知识服务和知识利用的信息平台，可在局域网内通过浏览器和手持终端进行查看。

通过以上方案初步建立涵盖该煤矿频发的事故隐患及"三违"知识库，同时通过今后事故隐患排查工作逐步完善知识库，增强知识库的实用性和时效性。全矿员工可通过学习知识库提高对事故隐患及"三违"的识别能力，从而达到知识共享、提高员工的安全意识的作用。

1. 事故隐患知识库

对已识别的事故隐患可通过知识库制订出针对性较强的排查方案，为事故隐患排查工作提供可靠的参考依据，避免人为的主观因素导致的不确定性，实现该煤矿的事故隐患排查治理工作精细化、科学化管理，大大缩短从发现事故隐患到制定事故隐患整改措施的时间。

事故隐患知识库是一线专业人员工作经验的智慧结晶，是充分挖掘事故隐患历史数据的重要创新成果，包括事故隐患库、事故隐患措施库、事故隐患预警库3个模块。事故隐患库是对事故隐患的描述，为识别事故隐患提供明确的依据，而非单凭经验识别。事故隐患措施库是针对事故隐患提出的具体整改措施，包括主要安全技术措施、保证措施、强制执行措施、人员技术素质、其他措施等治理措施。事故隐患预警库是针对某条事故隐患可能产生的后果的严重程度进行标识，分别为红、橙、黄、蓝4个级别，为系统事故隐患预警提供支持。

（1）事故隐患及"三违"知识来源：

1）国家颁布的一系列有关事故隐患排查规章制度，如《全国集中开展煤矿隐患排查治理行动方案》《安全生产事故隐患排查治理暂行规定》《煤矿重大安全生产隐患认定办法》等。

2）煤矿事故隐患排查工作的相关文档，如北京昊华能源股份有限公司编制的《煤矿安全隐患排查治理工作手册》《井下班组工作面隐患排查图版》等。

3）企业一线员工经验的总结，如北京昊华能源股份有限公司组织了8位工作经验丰富的一线老员工，将个人工作经验转化为知识库的显性知识，总结井下易出现的事故隐患并制定相应的整改措施。

4）煤矿事故隐患排查相关的书籍，如中国劳动社会保障出版社出版的《煤矿安全生产隐患排查治理指导》、中国劳动社会保障出版社出版的《隐患排查与治理知识百问百答》、煤炭工业出版社出版的《煤矿"一通三防"隐患排查》《煤矿重大安全生产隐患认定办法（试行）问答》等。

（2）隐患知识库功能：

1）知识库的存储功能。对隐患的属性进行结构化分析，采用关系型表格存储完成事故隐患知识的存储。

2）知识库的检索功能。高效而准确的事故隐患知识检索功能对排查人员来说至关重要。设计不同的查询方案（按专业查询、模糊查询）方便煤矿员工检索。

3）智能生成事故隐患排查方案。根据知识库已存储的事故隐患知识，智能生成排查方案，包括事故隐患治理措施、预警级别等信息，减少井下工作人员的工作量。

4）知识库的维护。知识库是一个动态库，需要及时更新知识库以适应事故隐患排查工作更深入地开展。此外，只有特定权限的人才能更改事故隐患知识库的内容。

2."三违"知识库

为严厉打击各种违章行为，确保安全生产，建立"三违"排查知识库及对应的处罚和培训库，避免人为的主观因素导致的不确定性。

（1）"三违"知识库来源，如北京昊华能源股份有限公司某煤矿关于印发《××煤矿构建根治违章长效机制的管理办法》等。

（2）"三违"知识库功能

1）知识库的存储功能。对"三违"的属性进行结构化分析，采用关系型表格存储"三违"基本信息，从而完成"三违"知识的存储。

2）知识库的检索功能。高效而准确的"三违"知识检索功能对检查人员来说至关重要，因此设计出不同的查询方案（按专业查询、模糊查询），方便"三违"排查人员快速检索。

3）智能生成"三违"处理方案。根据知识库已存储的"三违"知识，智能生成处理方案。

4）知识库的修改权限。"三违"知识库也是一个动态库，需要及时更新，但只有特定权限的人才能更改其内容。

（四）井下事故隐患信息传输系统

光纤具有不受电磁波干扰或噪声影响的优点，该优点使得光缆能在较长距离内保持高数据传输率，且安全性、保密性强，损耗及误码率都较低，基本不受煤矿环境的影响，能够很好地解决井下电磁环境复杂的问题。因此，采用光纤作为煤矿事故隐患信息数据传输主要介质。在井下事故隐患信息传输系统的基础上，引入移动手持终端作为事故隐患闭环管理的主要载体，对基于井下数据传输系统的煤矿事故隐患闭环管理模式，以及增强事故隐患排查信息时效性具有重要意义。

1. 传输系统性能要求

系统运行不受井下部署部位的复杂电磁环境影响，保证其在合理部署位置的工作长期稳定可靠性；井下无线传输通信系统需覆盖各个工作面的手持终端，实现事故隐患排查数据能够在 30 min 内上传到地面系统服务器，且数据传输速率不低于 4 Mbps，同时在井下复杂环境下基站间数据传输极限距离应不低于 4 kM，并保证在极限传输距离内达到上述带宽要求。

2. 传输系统构成

井下事故隐患数据传输系统流程如图 6-7 所示，系统构成主要由手持终端、无线交换机、光纤、光端机、井下环网组成。局端基站中主要设备采用某公司的 HY-KJJ-SM-100 光端机；远端分站采用某公司的 KJJ127W 无线交换机（含电源）；光纤采用 MGTSV 矿用阻燃光缆（24 芯单模）；手持终端采用微软 Surface 3，终端需预装本书课题组开发的终端操作系统。

3. 传输系统方案设计

以本实例中的某煤矿为例，根据矿方提供的《××矿 2015 年至 2017 年工作地点》和《××井环网结构及熔接图（新）》制订了该煤矿井下班组事故隐患排查信息传输系统实施方案。

（1）-410 水平井下班组事故隐患排查信息传输系统方案设计。-410 水平现有 8 个采区，但是工作面及工作人员将逐步转移到-510 水平，故本水平集中部署 1 套井下班组事故隐患排查信息传输系统于西三采区，如图 6-10 所示。

基于-410 中央变电所位于西三采区的中间部位，距离西三采区距离最近，确定-410 水平光端机布置在-410 水平中央变电所，建立传输系统的远端基站；无线交换机部署在西四采区施收工会硐室，作为传输系统的远端分站。

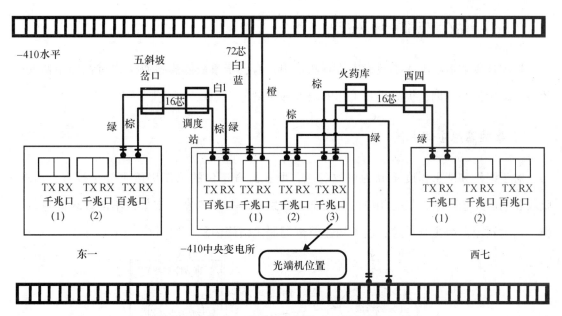

图 6-10 ××煤矿-410 水平采区井下环网交换机拓扑图

（2）-510 水平井下班组事故隐患排查信息传输系统方案设计。2015 年至 2017 年-510 水平需要布置系统的采区为：东一采区、东二采区、东五采区、西三采区、西四采区、西五采区、西六采区、西七采区、西九采区、西十采区，共需布置 10 套数据传输系统。

因此需在-510 泵房变电所环网交换机中安置 5 台光端机，向东铺设一条光纤连接东一、东二、东五采区 3 台无线交换机；向西铺设一条光纤连接西三、西四、西五、西六、西七、西九、西十采区 7 台无线交换机，如图 6-11 所示。

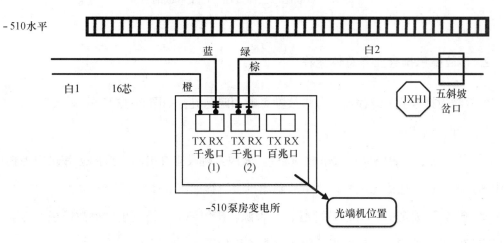

图 6-11 ××煤矿-510 水平采区井下环网交换机拓扑图

259 ·

（五）事故隐患排查闭环管理流程

将闭环管理流程融入事故隐患排查软件中，有助于事故隐患排查工作过程中不留安全死角，缩短处理周期，提高排查工作的效率和质量。

1. 事故隐患主体责任

对于级别和严重程度不同的事故隐患，所在排查单位的工作仍然主要是排查、治理、验收和消解 4 个步骤，只是相应的负责部门级别不一样。若发现本单位不能处理的事故隐患，则上报至上级主管单位，由上级主管部门制定措施消除，如图 6-12 所示。

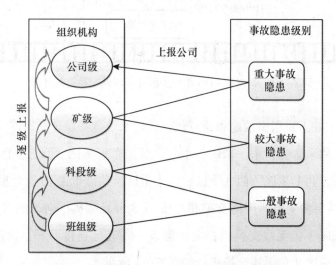

图 6-12　事故隐患主体责任与严重等级的对应

2. 事故隐患排查业务总体流程

事故隐患排查业务总体流程分事故隐患流和问题流，如图 6-13 所示。

（1）事故隐患流：

1）科段级事故隐患（一般事故隐患）。来源：科段排查出的事故隐患和班组上传的问题中确定的科段事故隐患。科段级事故隐患排查流程如图 6-14 所示。

2）矿级事故隐患（一般事故隐患）。来源：矿领导下井排查出的事故隐患、专业排查会提交确定的事故隐患。矿级事故隐患排查流程如图 6-15 所示。

3）公司级事故隐患（一般事故隐患或重大事故隐患）。来源：公司管理人员下井排查

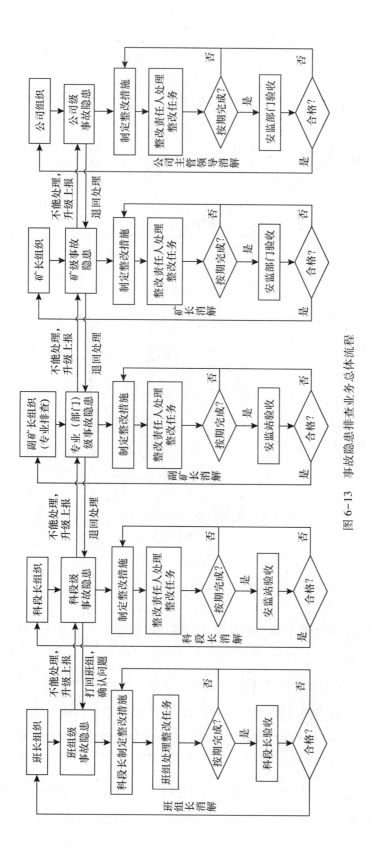

图 6-13　事故隐患排查业务总体流程

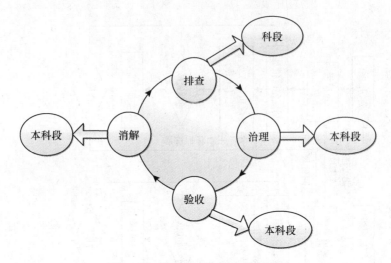

图 6-14　科段级事故隐患排查流程

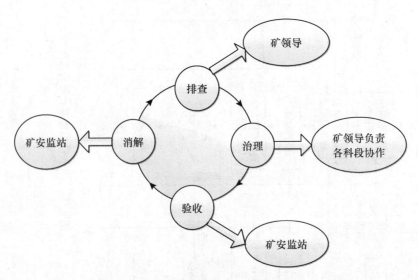

图 6-15　矿级事故隐患排查流程

出的公司级事故隐患，以及矿级提交的确定的公司级事故隐患。公司级事故隐患排查流程如图 6-16 所示。

（2）问题流。问题提交流程如图 6-17 所示。

1）班组。班组排查出的问题，知识库有的，按照知识库的措施和其他必要措施当场处理，处理完后，上报给本科段排查人员。对于排查出的知识库没有的，需要立即将问题提交给科段，即本科段排查人员。

2）科段。科段收到班组上报的问题，如果能确认该问题是事故隐患，则进入事故隐患周期，如果确认不是事故隐患且能处理，则制定整改措施，交由班组处理，如果不能处

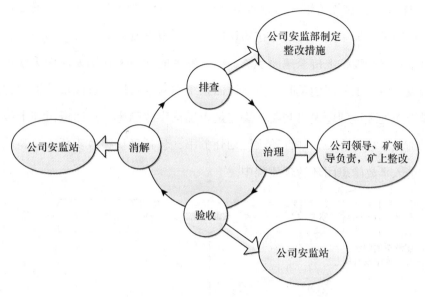

图 6-16　公司级事故隐患排查流程

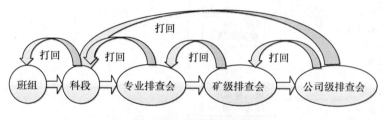

图 6-17　问题提交流程

理该问题，则将该问题提交给本专业的专业排查会。科段排查出的不能处理的事故隐患或不确定是否为事故隐患的，需要向本专业的专业排查会上报。

　　3）专业排查会。本专业各科段提交上来的问题，专业排查会可以悬挂（不需要处理）、打回（并填写打回意见）、确定为科段级事故隐患（由科段处理）、上报矿级（不能处理的）。

　　4）矿级排查会。对于各个专业不能解决的问题，矿级排查会可以对这些问题悬挂、打回科段、确定为矿级或科级事故隐患、上报公司。

　　5）公司级排查会。对于各个矿提交上来的问题，公司级排查会可以悬挂、打回矿上、确定为公司级事故隐患。

3. 班组级事故隐患排查流程

班组级（生产单位）主要有开拓、煤掘、炮采、机采 4 种。

　　如图 6-18 所示，首先班组人员根据知识库存在的事故隐患条款，逐条排查各自班组所在工作面的问题。如果发现的问题在知识库中，则根据相应的整改措施进行整改，将整改记录通过手持终端设备上传至地面系统。如果发现的问题未在知识库中无法治理时，利用手持终端设备将发现的问题及时上传至地面系统中的本科段，科段长根据问题严重程度及该科段是否能处理该问题做出判断，决定是否确认事故隐患、打回班组和上报至专业排查会。如果确认事故隐患，则制订整改计划任务书，包括确认整改责任人、整改措施、预警级别等，进入事故隐患闭环管理流程中。

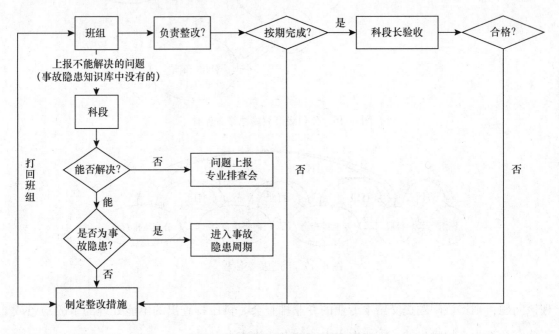

图 6-18　班组级事故隐患排查流程

　　如果该科段无法解决，则上报至专业排查会，交由上级部门解决该问题。如果打回班组，则制定问题整改措施、计划整改时间和整改责任人，由班组人员按照整改措施在规定的计划整改时间内治理完成，并对其整改结果进行拍照，上传至地面系统中，科段根据照片对整改结果进行评价，若合格则验收合格，若不合格则重新制定整改措施。

　　在事故隐患闭环管理过程中应用手持终端，利用手持终端实现事故隐患信息快速录入、拍照等功能，并通过 Wi-Fi 或蓝牙上传数据，从而可真实再现事故隐患情景，缩短事故隐患闭环流程周期，提高排查效率，降低煤矿企业的排查成本。

4. 科段级事故隐患排查流程

科段级（生产单位）主要有开拓、煤掘、炮采、机采 4 种。

在事故隐患排查治理信息系统中，首先依据事故隐患排查的组织机构建立排查人员数据库，并按煤矿排查制度自动生成排查人员组成表。

煤矿各科段正职每天组织对本科段作业范围的事故隐患进行排查，排查结果向矿安监部门报告；组织本科段范围内事故隐患排查治理工作，并将排查治理结果报告本煤矿安监部门。科段级事故隐患排查闭环如图 6-19 所示。

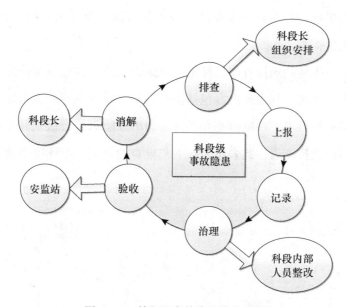

图 6-19　科段级事故隐患排查闭环

排查人员在进行事故隐患排查前，首先登录排查系统，排查系统按照排查人员的类别生成一张事故隐患排查表，其主要内容包括排查区域、排查项目、执行期限等。其中排查项目由系统调用排查项目库，根据排查人所负责的事故隐患排查级别和专业技术类型，动态生成相应的事故隐患排查表，排查人员可打印此表指导事故隐患排查工作。

本科段相关人员对本科段范围内的事故隐患进行全面排查：科段级排查人员通过手持终端中内置的事故隐患知识库，对本专业所属事故隐患进行排查。由于手持终端内置事故隐患库、措施库、预警库对于排查出来的事故隐患智能生成排查方案，包括制定事故隐患的安全技术措施、保证措施、强制执行措施、人员技术素质等治理措施，制定整改责任人和整改期限，并通过井下无线传输系统上传至地面，辅以图片、语音说明事故隐患的严重程度。对于本科段不能处理的问题，则上报至专业排查会，由分管专业矿长组织协调、制定整改措施和整改期限消除事故隐患。对限期完成的事故隐患，由整改责任人负责监督检查、验收，验收合格后提交系统确认，并报段、职能科主要负责人审核后签字备案。

副总以上的矿领导也可以对各个科段事故隐患进行排查，排查出来的事故隐患由矿安监站通知该科段，由该科段制订整改计划（确定负责人、责任人、整改措施、整改期限），矿安监站可以通过终端浏览整改情况，并对整改结果进行验收、消解。

5. 专业级事故隐患排查流程

专业级事故隐患排查是由每个专业的分管矿长对该专业范围内的事故隐患进行排查，每个月需要组织两次排查工作。

排查人员在进行事故隐患排查前，首先登录排查系统，排查系统按照排查人员的类别生成一张事故隐患排查表，其主要内容包括排查区域、排查项目、执行期限等。其中排查项目由系统调用排查项目库，根据排查人所负责的事故隐患排查级别和专业技术类型，动态生成相应的事故隐患排查表，此表作为接下来排查的依据。专业级事故隐患排查闭环如图 6-20 所示。

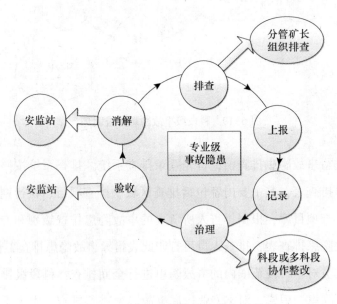

图 6-20 专业级事故隐患排查闭环

在井下完成事故隐患排查工作后，由排查人员按照自己的身份权限登录到系统中，将纸质排查的事故隐患录入到系统之中，然后再制订整改计划。对于手持终端排查上来的事故隐患，需要排查人员登录系统后对排查出的事故隐患进行审核确认，然后再制订整改计划、确定整改责任人、计划整改完成时间和整改措施，并通过系统以短信的方式或其他形式通知整改人。至此，排查出的事故隐患已经添加到排查记录表中。整改责任人接到事故隐患排查通知后，要立即落实事故隐患处理措施、治理计划，按"四定"原则处理，同时把处理措施、整改计划和整改期限等添加到安全生产事故隐患排查记录表中。对限期内完成的事故隐患，由矿安监站负责验收，验收合格后提交系统确认，并由排查人员对事故隐患进行消解处理。

6. 矿级事故隐患排查流程

煤矿主要负责人每半月至少组织一次由相关管理人员、工程技术人员参加的全面事故隐患排查（在专业级事故隐患排查之后），排查出的要登记建档，并及时向公司安监部书面报告情况。

煤矿主要负责人要每月组织一次由相关煤矿安全管理人员、工程技术人员参加的重大事故隐患排查，通过本系统录入、整改后，由公司进行安监验收，公司安全监察部把各矿情况汇总后向煤矿安全监察行政部门报告。矿级事故隐患排查闭环如图 6-21 所示。

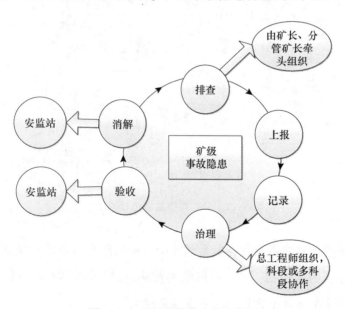

图 6-21　矿级事故隐患排查闭环

公司排查出的一般事故隐患交由各个科段处理，处理流程同科段级事故隐患。

矿长或者分管矿长按照系统形成的事故隐患排查表单下井排查，将排查到的事故隐患在回到地面后手工录入到系统之中，然后制订隐患整改计划。排查人员也可以直接拿手持终端进行排查，将排查的结果直接在井下将数据传输到地面事故隐患治理与安全预警管理信息系统中，待排查人员升井审核后再制订事故隐患整改计划，由矿总工程师组织存在事故隐患的相关负责人进行整改工作。事故隐患整改完成后，由矿安监站派人验收整改工作是否合格，验收完成后汇报给矿领导，由矿领导将事故隐患消解，实现了闭环管理。

7. 公司级事故隐患排查流程

公司每旬通过系统生成的事故隐患排查治理进展情况，提出整改意见，监督各矿井进行排查治理工作。对于各个煤矿上报的重大事故隐患的治理情况由公司安全监察部负责验收。公司级事故隐患排查流程如图6-22所示。

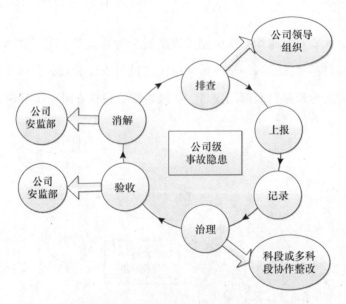

图6-22　公司级事故隐患排查闭环

公司安监部能够通过终端或大屏幕看到各个矿事故隐患排查治理情况，包括矿级和各个科段级事故隐患，内容包括：矿、科段是否按规定进行事故隐患排查、上报是否全面、是否制定了安全技术措施和治理期间的安全保证措施等。

公司排查出的事故隐患，首先登录系统，由排查人员录入、同时制订整改计划、整改措施、计划期限等，同时短信通知整改负责人、责任人或大屏幕显示，整改责任人整改完成后，先由矿安监站验收，同时以书面形式把事故隐患整改治理结果递交公司安监站验收，验收合格后由矿安监站完成消解。

（六）"三违"闭环管理流程

"三违"闭环管理主要指安监站排查人员在井下对违规作业、违章指挥、违反劳动纪律的行为进行排查的闭环管理过程，排查的人员范围为全矿井所有作业人员。煤矿井下作业人员的不安全行为要实行闭环管理，确保"三违"发现一起、处理一起，同时系统对"三违"数据进行多维度分析，深入挖掘问题根源，使管理人员在减少或杜绝"三违"的工作上有的放矢，可有效减少"三违"的发生，大大提高了煤矿安全管理水平。

1. "三违"分类

"三违"涉及的专业：煤巷掘进、综采机采缓倾斜炮采、综掘、岩石类掘进、机电运输、柔掩工作面、俯伪斜分段密集采煤法、水平分层悬移顶梁放顶煤采煤法、"一通三防"、火工品管理放炮类、电机车与运输管理、轨道架线部分、大型机电设备、小型机电设备、高低压供配电、耙装工作面和通用部分等。

"三违"的类别：违章指挥、违反劳动纪律、违规作业。

"三违"的级别：特类违章、一类违章、二类违章、三类违章。

2. "三违"闭环管理流程

"三违"的排查人员为安监站人员，审核人员为安监站中具有审核权限的人员，仲裁人员为工会主席或安监站中具有仲裁权限的领导。

排查人员首先登陆手持移动信息采集发布终端、对井下存在"三违"行为的作业人员对照"三违"知识库的相应条款进行相关人员、条款、纠违人等进行录入。对于排查出的"三违"人员信息需上传到地面系统，然后由具有审核权限的人员进行审核，审核通过后，在规定时间内，若"三违"人员未申诉，则对其进行罚款、扣除积分，并进行"三违"培训学习。在规定时间内，"三违"人员提出申诉，则由具有仲裁权限的人员进行仲裁，仲裁为"三违"后，对其进行罚款、扣分、进行培训学习，且仲裁后，结果不可更改。"三违"排查流程如图6-23所示。

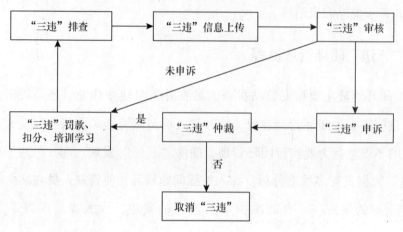

图 6-23 "三违"排查流程

（七）预警功能需求

建立标准化事故隐患预警规则，并根据建立的预警规则进行分类分级预警，构建多元全覆盖的预警体系。全覆盖事故隐患预警做到各阶段、各专业、各种部门、各类事故隐患的预警。事故隐患预警管理主要包括专业预警、临期预警、部门预警、超期预警等。为强化事故隐患的管理，增加其信息来源的多元化，需要对井下重要物资管理系统、矿压管理系统等的事故隐患进行综合预警。

1. 隐患预警

（1）预警规则。按照三进制、递进制规则预警。每3个预警级别为蓝的事故隐患升级为1个黄色预警，每3个黄色事故隐患预警升级为1个橙色预警，每3个橙色事故隐患预警为1个红色预警。

（2）预警类别：

1）超期预警。隐患超期指的是整改负责人未在计划完成时间内完成事故隐患治理工作。事故隐患未消解应及时查找原因并落实排查主体责任，同时再由排查人员重新制订整改方案尽快消除。

2）临期预警。排查人员制订整改方案的同时也设定计划完成时间。事故隐患治理需按照整改方案在规定时间内完成，否则长时间存在容易引发事故。按照本实例中的煤矿事故隐患排查工作规定，对距离计划完成时间只剩两天的事故隐患进行临期预警，提醒整改责任人按照整改方案尽快完成，可通过提示窗口、电子屏幕、语音等方式预警提醒。

3）事故隐患单位预警。通过三进制规则对每个单位在一定时间段的事故隐患数量进行预警，以便落实排查主体责任，提醒该部门的主管领导分析事故隐患出现的原因，从源头上加强措施，防范可能出现的事故。

4）事故隐患专业预警。通过三进制规则对每个专业在一定时间段的事故隐患数量进行预警，以便落实排查主体责任，提醒该专业的主管领导分析事故隐患出现的原因，从源头上加强措施，防范可能出现的事故。

5）事故隐患频发预警。以专业、科段、矿为维度，根据一定时间段的各事故隐患发生次数进行排名显示，使得各单位、部门对该排名靠前的事故隐患进行重点排查。

2. "三违"及人员积分预警

（1）预警规则及预警类型。"三违"预警规则详见表6-3。

表6-3　　　　　　　　　　　　　"三违"预警规则

序号	预警类型	预警规则
1	一线频发单位预警	橙色预警：百人违章率20%~29% 红色预警：百人违章率超过30%
2	辅助频发单位预警	黄色预警：百人违章率超过6% 橙色预警：百人违章率超过8% 红色预警：百人违章率超过10%
3	"三违"人员积分预警	每个员工基础分为6分，一类违章扣6分，二类违章扣5分，三类违章扣0.5分 黄色预警：2分<剩余积分≤3分 橙色预警：1分≤剩余积分<3分 红色预警：0分<剩余积分≤1分 脱产培训：剩余积分为0分
4	单位"三违"预警	红色预警：特类违章或一类违章或者同类违章次数大于8次 橙色预警：5次≤同类违章次数<8次 黄色预警：3≤其他同类违章次数<5次

（2）矿压预警。实现综采、机采、炮采工作面矿压的预警功能，系统能够对录入的矿压基本信息异常值自动预警。矿压预警类型包括工作阻力告警、信号柱告警、电磁辐射告

警、采空区告警等，便于管理者动态地了解工作面的矿压情况。

（3）井下重要物资预警。井下重要物资预警实现井下重要物资的查询及预警功能，便于查询当前井下各个巷道重要物资的库存数量及在此巷道的物资发放、回收等使用记录信息，实现井下重要物资的实时跟踪、过期物资提醒功能。

二、系统开发及应用

（一）井下班组事故隐患排查治理系统（手持终端）

井下班组事故隐患排查治理系统功能模块如图6-24所示。

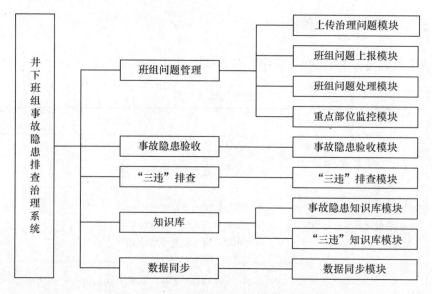

图6-24 井下班组事故隐患排查系统功能模块

1. 班组问题管理

对于班组排查出来的问题，如果知识库中存储相应的条款，则直接按照知识库中的措施治理，治理完后将治理信息上传至地面系统；如果知识库未涵盖该知识条款且班组无法处理，则手动填写相关信息上报至科段，由科段制定整改措施。

（1）已治理问题上传模块。班组人员根据事故隐患知识库中的治理措施，对问题进行治理，完毕后将治理情况上传至地面系统，并将治理信息（文字、图片、语音）通过手持终端上传至地面，无须审核直接进入班组问题记录库，如图6-25所示。

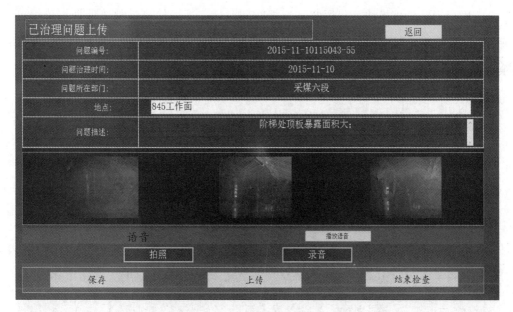

图 6-25　已治理问题上传模块界面

（2）班组未治理问题上报模块。对于事故隐患知识库中没有的相应条款，且井下班组人员不能解决的问题，需要班组人员将问题所属专业、地点和问题的描述上传至科段，可附加图片、语音等信息，由本科段进行审核是否为事故隐患，若是则进入治理周期，若不是则由科段制定措施并打回班组处理，如图 6-26 所示。

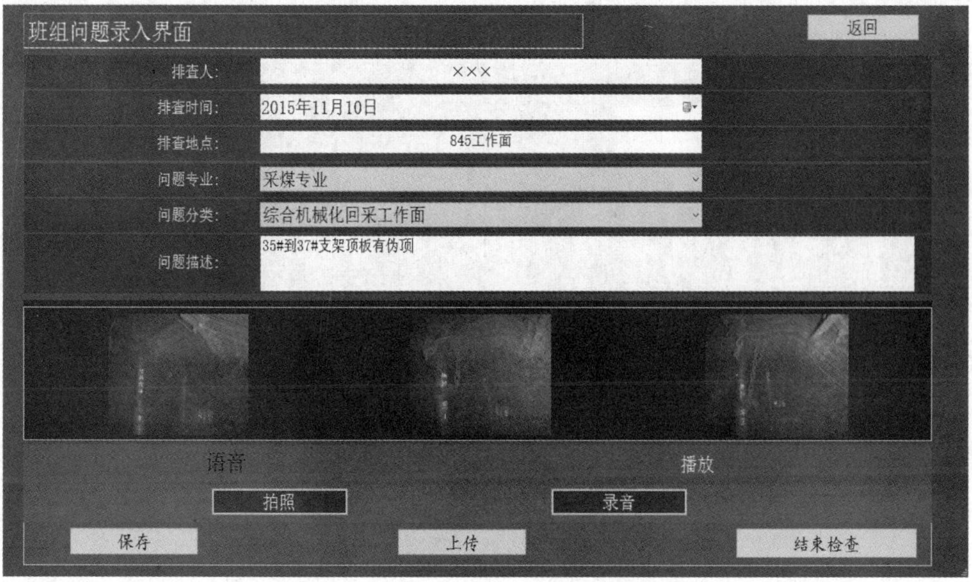

图 6-26　班组问题录入模块界面

（3）班组问题处理模块。科段收到上报的问题后，下发给班组整改计划，班组可利用手持终端查看整改计划并对问题进行整改，支持对于科段验收通过的整改计划进行消解，如图6-27所示。

图6-27　班组问题处理模块界面

（4）重点部位监控模块。对于经常发生事故隐患的部位，利用手持终端拍照功能定期进行拍照监控（每天3次），并辅以文字说明上传至地面系统，科段长通过对比上传的图片可发现潜在的事故隐患，如图6-28所示。

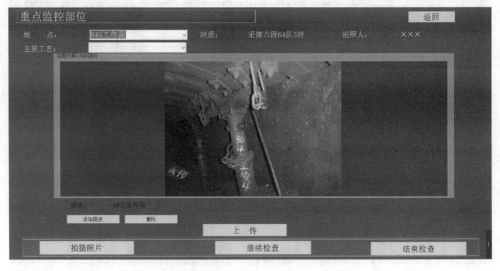

图6-28　重点部位监控模块界面

2. 事故隐患验收功能

当指定的整改责任人完成治理措施并结项后，验收人员可通过手持终端对比事故隐患治理前后的图片，查看治理效果是否合格，可直接在井下现场进行验收，缩短排查闭环管理流程时间，如图 6-29 所示。

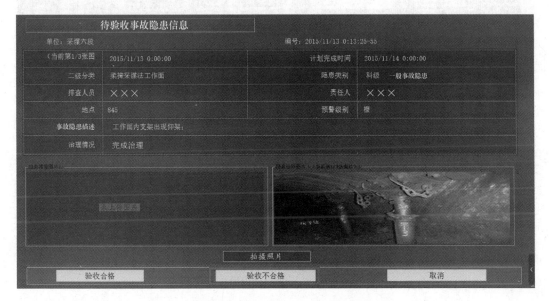

图 6-29　事故隐患验收模块界面

3. "三违"排查模块

根据"三违"知识库中专业、类型查找相应条款，通过终端将"三违"基本信息上传至地面事故隐患排查治理系统，实现安监人员对井下"三违"排查的功能。"三违"知识库模块主要包括"三违"的内容、扣分及罚款，为验收人员纠违提供依据，同时供员工进行学习和查询，如图 6-30 所示。

4. 知识库

（1）事故隐患知识库模块。井下班组事故隐患排查治理系统事故隐患知识库模块主要包括：事故隐患描述、治理措施、预警级别，为排查人员治理事故隐患提供依据；支持按照专业、模糊查询的方式查找事故隐患条款；同时生产现场一线从业人员可利用其进行离线学习，提高他们的安全生产能力，如图 6-31 所示。

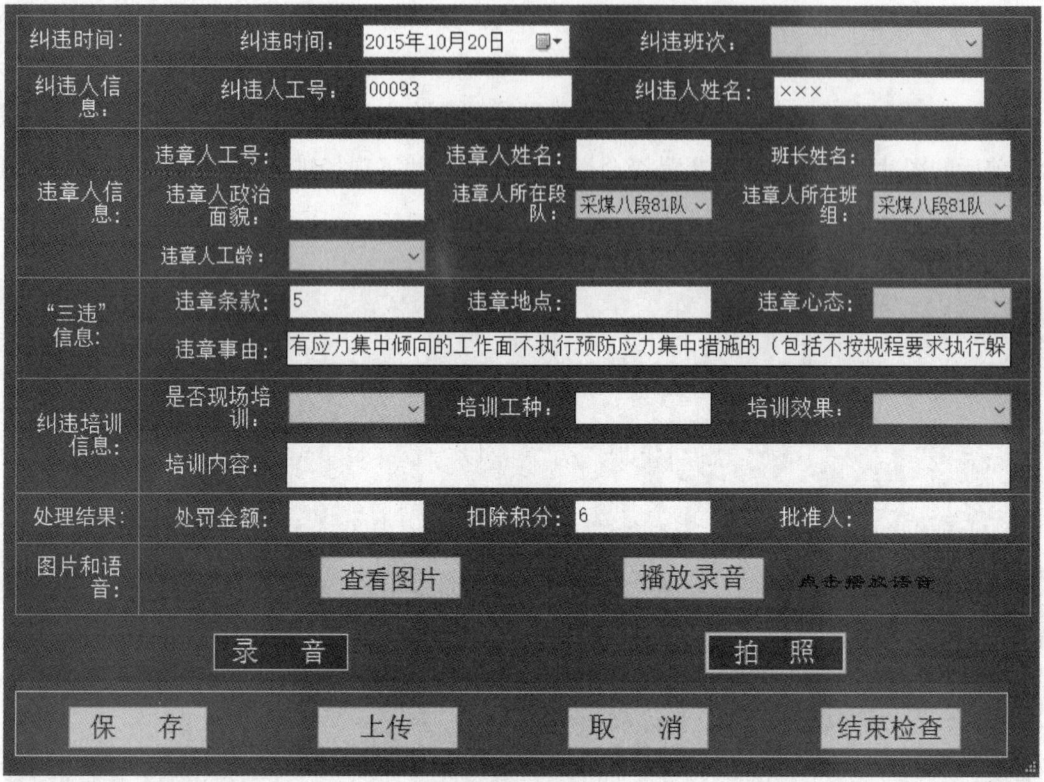

| 纠违时间: | 纠违时间 | 2015年10月20日 ▦▾ | | 纠违班次: | | ▾ |

| 纠违人信息: | 纠违人工号: | 00093 | | 纠违人姓名: | ××× | |

违章人信息:	违章人工号:		违章人姓名:		班长姓名:	
	违章人政治面貌:		违章人所在段队:	采煤八段81队 ▾	违章人所在班组:	采煤八段81队 ▾
	违章人工龄:	▾				

| "三违"信息: | 违章条款: | 5 | | 违章地点: | | 违章心态: | ▾ |
| | 违章事由: | 有应力集中倾向的工作面不执行预防应力集中措施的（包括不按规程要求执行躲 | | | | | |

| 纠违培训信息: | 是否现场培训: | ▾ | 培训工种: | | 培训效果: | ▾ |
| | 培训内容: | | | | | |

| 处理结果: | 处罚金额: | | 扣除积分: | 6 | 批准人: | |

| 图片和语音: | 查看图片 | 播放录音 | 点击播放语音 |

录 音   拍 照

保 存   上 传   取 消   结束检查

图 6-30 "三违"排查模块界面

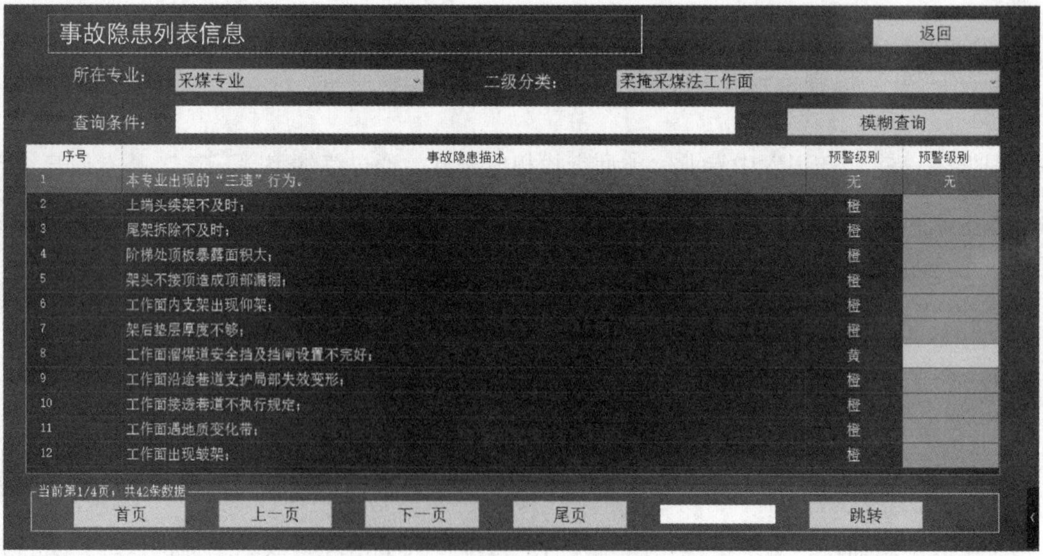

事故隐患列表信息   返回

| 所在专业: | 采煤专业 ▾ | 二级分类: | 采掩采煤法工作面 ▾ |
| 查询条件: | | | 模糊查询 |

序号	事故隐患描述	预警级别	预警级别
1	本专业出现的"三违"行为;	无	无
2	上端头续架不及时;	橙	
3	尾架拆除不及时;	橙	
4	阶梯处顶板暴露面积大;	橙	
5	架头不接顶造成顶部漏棚;	橙	
6	工作面内支架出现仰架;	橙	
7	架后垫层厚度不够;	橙	
8	工作面溜煤道安全挡及挡闸设置不完好;	黄	
9	工作面沿途巷道支护局部失效变形;	橙	
10	工作面接透巷道不执行规定;	橙	
11	工作面遇地质变化带;	橙	
12	工作面出现敲架;	橙	

当前第1/4页，共42条数据

| 首页 | 上一页 | 下一页 | 尾页 | | 跳转 |

图 6-31 事故隐患知识库模块界面

（2）"三违"知识库。"三违"知识库包括"三违"条款ID、"三违"级别、"三违"所属专业、违章工序、违章工艺、"三违"扣分值、安全应对措施等。系统"三违"知识库提供"三违"细则，便于从业人员学习和参考安全生产中的违章管理知识与规定，支持按照专业和类别、模糊查询等方式查询，如图6-32所示。

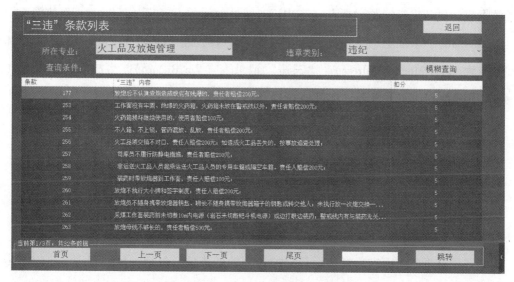

图6-32 "三违"知识库模块界面

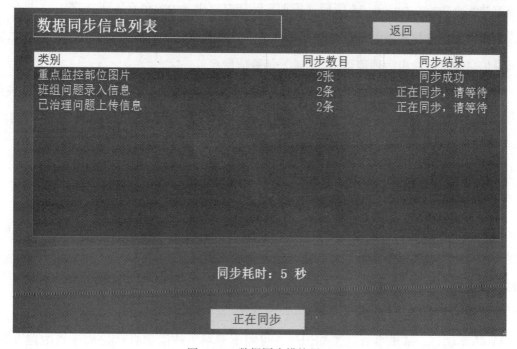

图6-33 数据同步模块界面

5. 数据同步

井下班组事故隐患排查治理系统中的数据需和地面数据库保持一致，采用从移动端同步到 PC 端以及从 PC 端同步到移动端两种方式同步数据库，并显示同步进程。需要同步更新的数据表为更新班组问题记录表（SCYH）、待处理问题表（Yh Confirm）、事故隐患记录表（Yh Record）、事故隐患治理表（Ht Treat）、重点部位监控表（YH Monitor）、重点部位监控点点表（YH Monitor Adress）、"三违"记录表（Vio Record）、事故隐患记录表（Ht Record）和事故隐患责任人表（Ht Tasker），如图 6-33 所示。

（二）地面煤矿事故隐患排查与预警智能决策系统（PC 端）

煤矿事故隐患排查与预警智能决策系统功能模块如图 6-34 所示。

1. 系统登录首页

系统登录首页的页面左边栏展示系统的各个功能菜单，包括：计划管理、班组上传问题管理、事故隐患处理、预警管理、事故隐患信息查询、危险源查询、文件下载、个人信息修改共 8 个功能，如图 6-35 所示（根据实际情况，显示内容稍有不同）。

页面中部信息按照登录人员只能查看本单位信息的原则显示，显示的信息包括事故隐患预警信息、事故隐患治理信息、"三违"预警信息。

页面右边公告栏显示煤矿发出的通知以及需矿领导挂牌督办的事故隐患信息；反馈信息一栏显示专业排查会或矿级排查会打回的事故隐患信息。界面均以滚动的方式显示相应信息。

2. 知识库模块

（1）事故隐患知识库。建立事故隐患排查知识库，将事故隐患条款与整改措施关联，实现制订事故隐患整改治理计划时，系统自动显示该事故隐患相应的整改措施及预警级别，为排查提供方案依据，如图 6-36 所示。

该模块主要功能：

1）方案制订。基于事故隐患知识库，可根据现场事故隐患自动生成排查治理方案，便于在井下排查时智能生成方案，缩短事故隐患信息上传地面的时间间隔。

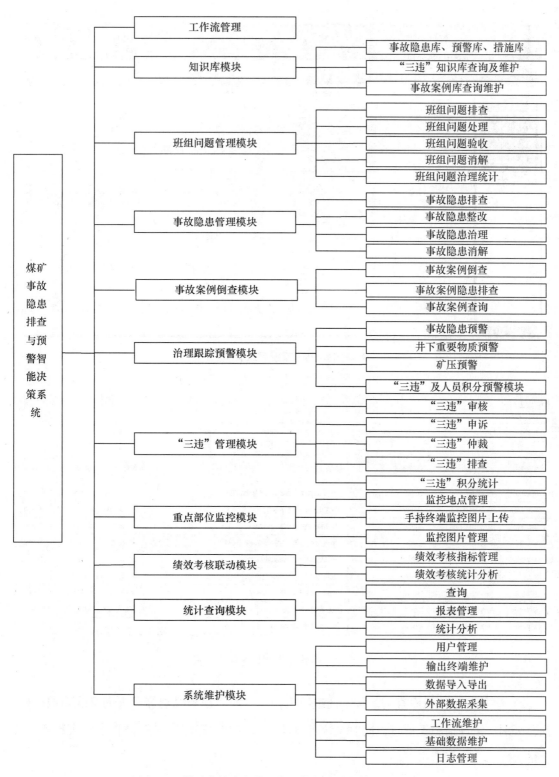

图 6-34 煤矿事故隐患排查与预警智能决策系统功能模块

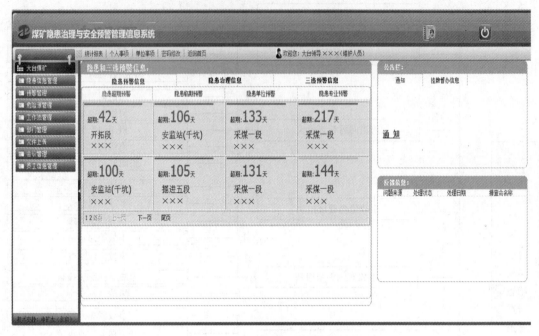

图 6-35　系统登录首页

专业名称	隐患类别	隐患级别	预警级别	隐患内容	查看	编辑	删除
采煤专业	综合机械化回采工作面	班组级	黄色	采区检漏继电器、选漏继电器不灵敏可靠;	治理措施	编编	删除
采煤专业	综合机械化回采工作面	班组级	黄色	采区配电点接地装置不合格;	治理措施	编编	删除
采煤专业	综合机械化回采工作面	班组级	黄色	采区运输系统安全设施不齐全完好;	治理措施	编编	删除
采煤专业	综合机械化回采工作面	班组级	黄色	"一通三防"设备不完好、设施不齐全有效;	治理措施	编编	删除
采煤专业	综合机械化回采工作面	班组级	黄色	皮带运输机不完好,各项保护不齐全;	治理措施	编编	删除
采煤专业	综合机械化回采工作面	班组级	黄色	采煤机不完好,保护装置不齐全;	治理措施	编编	删除
采煤专业	综合机械化回采工作面	班组级	黄色	高压风、水管连接不使用专用卡子;	治理措施	编编	删除
采煤专业	综合机械化回采工作面	班组级	黄色	回收三岔口支架;	治理措施	编编	删除
采煤专业	综合机械化回采工作面	班组级	黄色	回收压力较大、松软易端冒、变形失效支架。	治理措施	编编	删除

图 6-36　事故隐患知识库模块界面

2)事故隐患知识库查询。按不同组织机构、专业、预警级别等可查询事故隐患内容、预警级别、治理措施等信息,同时系统可自动显示该事故隐患已经被排查出的次数和整改合格次数。

3)事故隐患知识库维护。利用角色系统技术赋予维护人员编辑知识库权限,完成事故隐患知识库增加、删除、修改等功能，实现知识库的更新与维护。

（2）"三违"知识库。建立"三违"排查知识库，实现排查时系统自动显示该"三违"条款的级别和相应的处理措施，为排查提供方案依据，如图6-37所示。

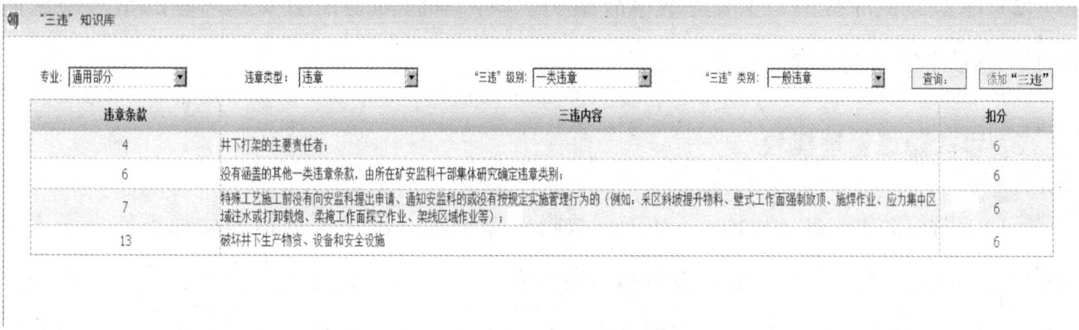

违章条款	三违内容	扣分
4	井下打架的主要责任者；	6
6	没有涵盖的其他一类违章条款，由所在矿安监科干部集体研究确定违章类别；	6
7	特殊工艺施工前没有向安监科提出申请、通知安监科的或没有按规定实施管理行为的（例如，采区斜坡提升物料、壁式工作面强制放顶、施焊作业、应力集中区域注水或打卸轨电、柔掩工作面探空作业、架线区域作业等）；	6
13	破坏井下生产物资、设备和安全设施	6

图6-37　"三违"知识库模块界面

该模块主要功能：

1）"三违"排查。基于"三违"知识库，排查人员根据现场实际生成"三违"处理方案，便于现场进行排查。

2）"三违"知识库查询。根据不同专业、违章类型、"三违"级别和类别等条件查询"三违"条款，自动显示处理措施。

3）"三违"知识库维护。完成"三违"排查知识库的添加、修改和删除功能。

（3）事故案例知识库。根据矿井已发生的事故案例，通过总结提炼出事故的原因，进一步发掘引发该事故的事故隐患，进而建立事故案例库，以尽量避免该事故再次发生，如图6-38所示。

编号	案例名称	事故类型	事故等级	事故二级分类	矿井概况	案例概要	事故经过	事故原因	案例教训	查看
1	2014年7月10日……	采煤专业	一般事故	柔掩采煤法工作面	大台煤矿	无	2014年7月10日……	①带班班长×××违章……		详细查看
2	大台煤矿2004年1……	采煤专业	一般事故	炮伪斜分段密集采煤法工作面	大台煤矿	无	2004年1月8日早……	①×××违章操作，进……		详细查看
3	2005年5月16日……	采煤专业	一般事故	柔掩采煤法工作面	大台煤矿	无	005年5月16日早……	①×××操作不当；陈……		详细查看
4	2008年10月22……	采煤专业	一般事故	柔掩采煤法工作面	大台煤矿		木城涧煤矿大台井采掘……	①发生事故地点煤层变……		详细查看
5	2014年3月28日……	采煤专业	一般事故	柔掩采煤法工作面	大台煤矿	无	2014年3月28日……	①带班副班长×××在……		详细查看

图6-38　事故案例库模块界面

该模块主要功能：

1）事故案例库查询。按不同专业等条件查询事故案例的伤亡情况、案例经过、案例发生原因、案例教训与防范措施等。

2）事故案例库维护。主要完成事故案例、案例暴露问题及引发其问题的事故隐患的添加、修改和删除等功能。

3. 事故隐患管理模块

（1）事故隐患排查（科段）。基于事故隐患知识库，排查人员将事故隐患信息录入系统时可自动生成整改方案。事故隐患整改方案包括指定整改负责人、整改责任人，确定整改时间及计划完成时间。其中，所属专业、预警级别、整改措施由系统根据事故隐患知识库自动绑定信息，且在页面中设置为不可编辑，防止因人为因素的篡改产生预警偏差，针对原有知识库中治理措施存在的不足，可在其他措施一栏补充针对性的治理措施，同时也可以附加图片、语音以强化事故隐患治理效果。

实际工作中，煤矿事故隐患排查可分为 4 种情况：一是科段排查出的事故隐患由每个科段指定的排查人员录入系统；二是副总以上领导到科段检查时发现的事故隐患交给科段录入；三是矿长及矿全面安全排查会等形式排查出的矿级事故隐患由矿长制订措施和计划完成时间等信息，可以安排安监部（安监站或安监科）以矿长的账号录入；四是各科段排查人员处理所辖班组上传的问题并确定是否为事故隐患。事故隐患排查模块界面如图 6-39 所示。

该模块主要功能：

1）事故隐患排查。按事故隐患排查任务表内容逐项排查，如果任务表中的内容与发现的事故隐患相符则选择该条事故隐患，并进行整改计划的制订，同时页面显示该事故隐患已经被排查出的次数和整改验收合格的次数。

2）制订计划。系统自动带出默认的整改计划，如果排查人认为不适用，则可以重新制订整改计划。

3）修改或撤回计划。在下发整改计划前，修改或撤回计划。

4）下发计划。下发至整改人员，并自动输出至电子屏幕或发出短信提示。

5）事故隐患上报。上报本部门不能处理的事故隐患，级别升为上级部门的事故隐患（例如：由科段级升为矿级）。

6）超期计划处理。重新制订超期未完成计划。

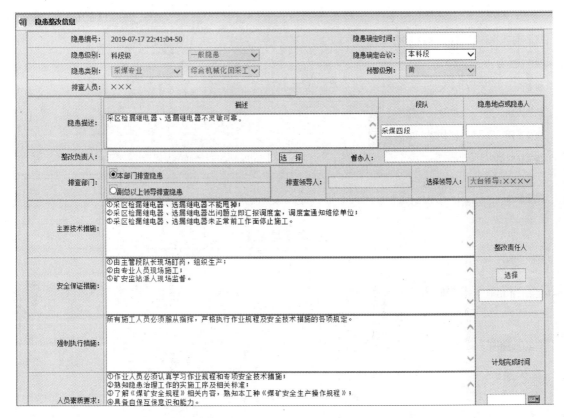

图 6-39 事故隐患排查模块界面

7）退回计划处理。根据退回原因，撤销、驳回或重新制订计划。

8）专业事故隐患排查。按专业类别生成的排查任务表进行专业事故隐患排查并制订专业整改计划。

9）查询。查询事故隐患排查的历史记录，包括排查的时间、地点、排查人及整改人和措施等。

（2）事故隐患整改。事故隐患负责人和相关责任人在得到整改任务通知后，对现场存在的事故隐患按照治理计划进行整改；隐患负责人在治理过程中，要督促整改责任人严格按照既定的治理计划实施；按期完成治理计划后，事故隐患整改责任人登录系统进行结项，通知验收人员对此条事故隐患进行验收。事故隐患整改模块界面如图 6-40 所示。

该模块主要功能：

1）整改计划查询。查看下发给该整改人员的计划。

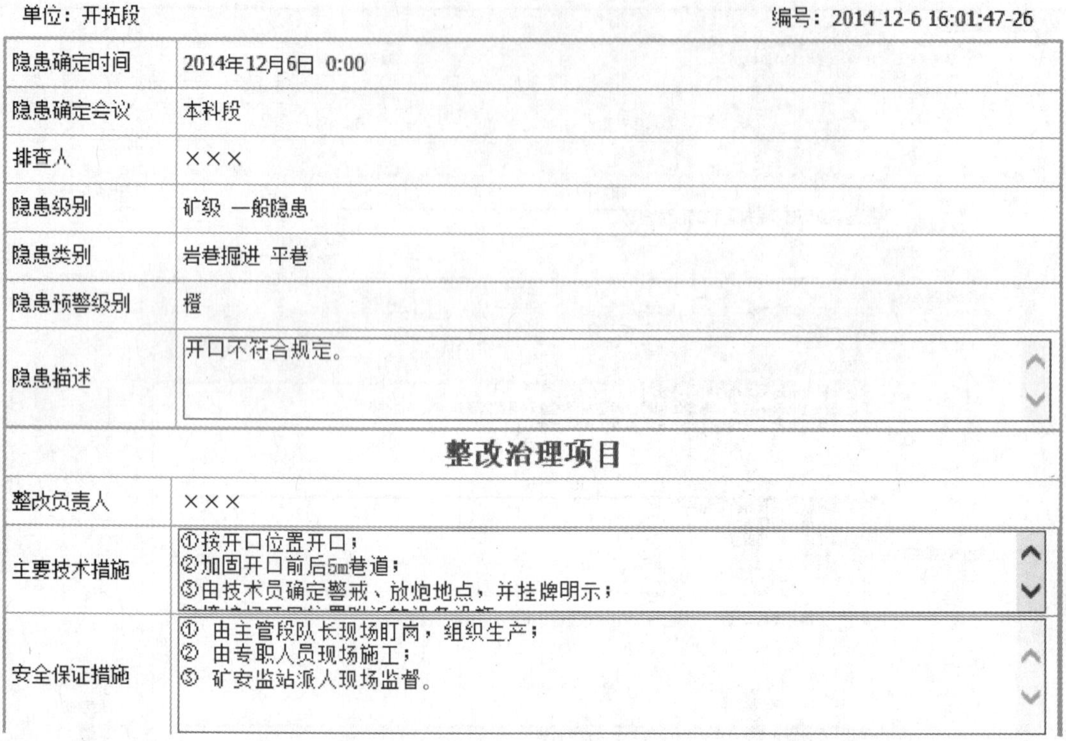

单位：开拓段 　　　　　　　　　　　　　　　　　　　编号：2014-12-6 16:01:47-26

隐患确定时间	2014年12月6日 0:00
隐患确定会议	本科段
排查人	×××
隐患级别	矿级　一般隐患
隐患类别	岩巷掘进　平巷
隐患预警级别	橙
隐患描述	开口不符合规定。

整改治理项目

整改负责人	×××
主要技术措施	①按开口位置开口； ②加固开口前后5m巷道； ③由技术员确定警戒、放炮地点，并挂牌明示；
安全保证措施	① 由主管段队长现场盯岗，组织生产； ② 由专职人员现场施工； ③ 矿安监站派人现场监督。

图 6-40　事故隐患整改模块

2）事故隐患整改。整改完成后进行结项处理。

3）退回计划。若整改人员发现计划无法完成，则由整改负责人确认并退回。

4）查询。查询整改的历史记录，包括整改措施、整改人、整改时间等。

（3）事故隐患验收。事故隐患验收工作主要根据其严重等级，分别由科段安全验收员、矿安监站（或安监处）及公司安监部来完成。以科段级一般事故隐患验收工作为例，当所有整改责任人均在计划完成时间之前完成了事故隐患治理工作，系统将通知本科段安全验收员对事故隐患进行验收。科段安全验收员登录系统，查看已完成整改计划的事故隐患及其治理情况，下井到现场检查治理情况是否合格（即事故隐患是否已经完全排除）。若事故隐患完全排除，安全验收员将登录系统同意本条事故隐患通过验收，并通知消解人将事故隐患消解。否则，安全验收员将不允许事故隐患验收并给予验收不合格的理由，利用系统通知排查人对事故隐患重新制订治理计划并指派整改负责人和责任人。事故隐患验收模块界面如图 6-41 所示。

该模块主要功能：

安全生产隐患排查记录

单位：采煤六段 　　　　　　　　　　　　　　　　　　　　　编号：2019/7/18 9:41:16-55

隐患确定时间	2019年7月18日 0:00	
隐患确定会议	本科段	
隐患类别	采煤专业 综合机械化回采工作面	
隐患级别	科级 一般隐患	
排查人员	×××	
具体隐患描述	采区配电点接地装置不合格。	预览图片

整改方案

整改负责人	金琦				
治理计划	项　目	计划完成时间	责任人	处理情况	操作
	① 采区配电点电器设备安装接地极；②接地极阻值符合规定；③定期检查维修接地极。	2019-07-25	×××	治理完成	不合格

验　收　　返　回

图 6-41　事故隐患验收模块界面

1）验收情况查询。查看待验收或已验收未消解的整改计划。

2）验收整改情况。如果验收合格则点击验收按钮，完成验收。如果某条治理计划不合格，点击不合格，写入不合格理由，事故隐患接着就进入不合格重新整改环节。

（4）事故隐患消解。煤矿事故隐患排查工作要实现闭环管理，当通过验收工作后，科段级一般事故隐患交由排查人员对其进行消解工作，副总以上领导检查、公司级领导检查所排查出的事故隐患分别由矿安监站和公司安监部进行最终的消解工作，从而实现整个排查流程的闭环管理。事故隐患消解模块界面如图 6-42 所示。

该模块主要功能：

1）查看消解情况。查看待消解和已消解的整改计划。

2）消解整改任务。确认已验收的整改计划，并转入历史记录。

（5）重点部位监控。本模块设计的目的是实时动态地了解、掌握井下频发事故隐患的部位、有重大事故隐患风险的部位等重点部位所处状态。利用手持移动终端设备，每天定期将井下事故易发部位进行拍照监控并上传至地面系统，供管理者观察对比重点监控部位的状态，以便及时采取防范措施。

该模块主要功能：

安全生产隐患排查记录

单位: 开拓段　　　　　　　　　　　　　　　　　　　　编号: 2015/1/30 15:20:07-123

隐患确定时间	2015年1月31日 0:00			
隐患确定会议	本科段			
隐患类别	岩巷掘进 平巷			
隐患级别	科级 一般隐患			
排查人员	×××			
具体隐患描述	掘进工作面空顶距离不符合规定;			预览图片

整改方案

整改负责人	×××			
治理计划	项目	计划完成时间	责任人	验收情况
	①掘进工作面严禁空顶作业,支护不到位禁止其它工作; ②前喷、前网喷支护最大和最小空顶距符合规程规定; ③撬棍、手镐、大锤等安全工具齐全,支护材质符合规定;	2015-02-27	谢建	同意验收!

消 解　　返 回

图 6-42　事故隐患消解模块界面

1) 监控地点管理。实现监控地点的动态添加、修改、删除。

2) 监控图片上传。此页面主要是将拍得的重点部位照片上传到系统,并可以添加上传图片的描述,以更好掌握该部位安全情况。

3) 监控图片管理。可根据监控地点、监控时间等查询监控图片,如图 6-43 所示。通过同一监控地点的不同时间的监控图片进行对比观察分析,实现动态掌握重点部位的状况。

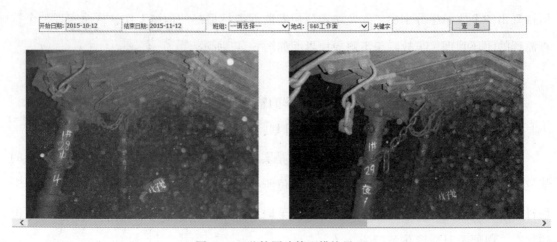

图 6-43　监控图片管理模块界面

（6）事故案例倒查。事故案例倒查模块设计的目标是排查人员按照事故案例中的事故隐患内容进行逐项排查，并将存在事故隐患的情况及时制定整改措施、通知责任人，为进一步整改提供条件。隐患排查任务表的内容来源于知识库中的事故隐患备选库，同时将本单位本专业相关的薄弱环节表、预警信息表一同显示给排查人，以便排查人随时了解薄弱环节，为治理工作提供参考依据。

4. 问题管理模块

问题管理模块分为班组问题管理、专业排查会问题管理、矿级问题管理。

（1）班组问题管理。班组人员在进行各项生产作业前，对工作面、巷道等进行排查，以便及时发现问题。将排查到的问题（知识库中不存在）及其对应措施录入到事故隐患系统中，如图 6-44 所示。可通过文字、图片或语音等形式录入系统并上报至科段。

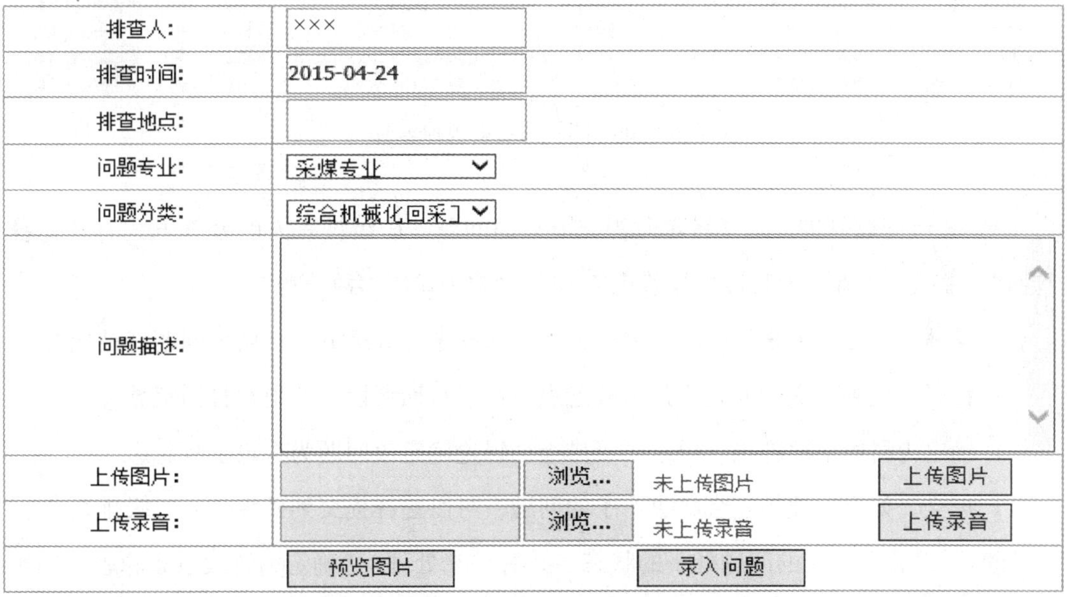

排查人：	×××
排查时间：	2015-04-24
排查地点：	
问题专业：	采煤专业 ▽
问题分类：	综合机械化回采工 ▽
问题描述：	
上传图片：	浏览... 未上传图片 　上传图片
上传录音：	浏览... 未上传录音 　上传录音
	预览图片 　　录入问题

图 6-44　班组问题录入界面

（2）专业排查会问题管理，如图 6-45 所示。本专业各个科段提交上来的问题，专业排查会管理员对问题处理方式有"悬挂""打回""确定为科段事故隐患"和"提交"4 种方式：

1）悬挂。若提交上来的问题不需要处理，选择悬挂处理方式，则该问题就被搁置。

2）打回。如果提交的问题不是事故隐患，可以打回科段，并填写打回意见。

3）确定科段事故隐患。通过专业排查会的讨论确定该问题为科段事故隐患。

4）提交。如果是专业排查会解决不了的问题，可以选择提交到矿级排查会。

同时可以看到提交的问题处于的状态，共有"未处理""确定为科段事故隐患""确定为矿级事故隐患""已打回""已悬挂"5种状态。

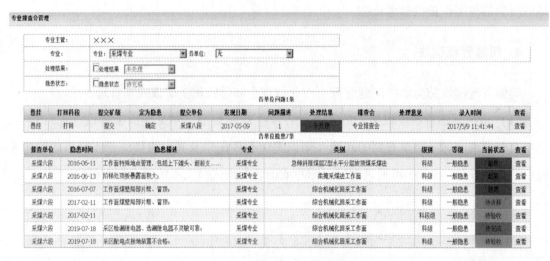

图 6-45　专业排查会管理界面

（3）矿级问题管理。对于各单位提交上来的问题，矿级排查人的处理方式有"悬挂""打回""提交""确定为科段事故隐患"和"确定为矿级事故隐患"：

1）悬挂。若提交上来的问题不需要处理，选择悬挂处理方式，则该问题就被搁置。

2）打回。如果提交的问题不是事故隐患，可以打回科段，并填写打回意见。

3）确定为科段事故隐患。通过矿级排查会讨论确定该问题为科段事故隐患。

4）提交。如果专业排查会解决不了的问题，可以选择提交到矿级、公司级排查会。

同时可以看到提交的问题处于的状态，共有"未处理""确定为科段事故隐患""确定为矿级事故隐患""已打回""已悬挂"5种状态。

5. 预警模块

为强化事故隐患的管理，增加事故隐患来源的多元化，集成监测监控系统（矿压管理系统、人员考勤）等信息预警。同时，根据建立的标准化预警规则，进行事故隐患超期、临期、频发、多发分级分类预警，且增加手持终端、系统、手机等多种预警方式，建立多元全覆盖预警体系。

本模块共分为事故隐患预警、"三违"预警、矿压预警和物资预警。

（1）事故隐患预警模块，如图6-46所示。

| 隐患超期预警 | 隐患单位预警 | 隐患专业预警 |

科段级预警

时间：2015-10-12　至　2015-11-12　　查询

部门	隐患次数	预警级别
采煤六段	52	红色
采煤四段	38	红色
开拓段	20	红色
掘进六段	13	红色
掘进五段	10	红色
采煤八段	7	红色
采煤五段	6	红色
台井运输段	2	黄色

分类	预警级别（黄色）	预警级别（橙色）	预警级别（红色）
隐患单位	采用三进制及隐患叠加预警		
隐患单位	黄色隐患	橙色隐患	红色隐患

图6-46　事故隐患预警模块界面

该模块主要功能：

1）超期预警。对于未整改的排查计划予以提醒，可通过提示窗口、电子屏幕等方式提醒。

2）临期预警。对于即将到期（时间可自行设定）的未整改排查计划予以提醒，可通过提示窗口、电子屏幕等方式提醒。

3）隐患单位预警。单位预警采取三进制及事故隐患叠加预警，即发生3次相同预警，预警级别上升一级，以此叠加，以最终最高级别的事故隐患给予预警。

4）隐患专业预警。专业预警运行机制和单位预警相同。

5）频发事故隐患预警。以频发事故隐患排行榜的形式进行预警，可根据不同条件查看频发详情。

（2）"三违"预警。通过充分挖掘和利用考勤培训系统中的"三违"信息库，对"三违"人员、"三违"科段、"三违"专业、违章频发单位（一线）和违章频发单位（井辅）进行预警，达到提醒、警示作用，如图6-47所示。

该模块主要功能：

1）"三违"科段预警。以科段为单位，按规则对"三违"科段进行预警，同时可查看科段内具体"三违"人员违章信息。

2）"三违"专业预警。以专业为单位，按规则对"三违"专业进行预警，同时可查看专业中具体"三违"事由等。

图 6-47 "三违"预警模块界面

3)"三违"人员预警。以个人为单位，对人员按规则进行预警，警示"三违"人员，同时可查看具体违章详情。

4）违章频发单位（一线）预警。对井下一线单位，以科段为单位给予单独预警。

5）违章频发单位（辅助）预警。对辅助单位分科段进行预警。

（3）矿压预警。将矿压管理系统中的矿压异常信息融合到事故隐患预警中，可根据时间查看井下矿压异常信息，预警类型包括工作阻力告警、信号柱告警、电磁辐射告警、采空区告警等，提升煤矿井下各类安全生产信息源共用共享。矿压预警模块如图 6-48 和图 6-49 所示。

坑井	编号	时间	部门	地点	预报人	审核人
台井	TJKY-2011-08-01	2011-08-24	采煤五段52队	695工作面	×××	×××
台井	TJKY2012-01-01	2012-01-16	采煤五段52队	695工作面	×××	×××
台井	TJKY2012-05-01	2012-05-25	采煤五段52队	695工作面	×××	×××
台井	TKY2015-02-12	2015-02-12	采煤五段52队	695工作面	×××	×××

图 6-48 矿压预警模块界面（一）

（4）物资预警。系统主要查看井下重要物资的实时跟踪、过期物资提醒等信息。

该模块主要功能：

1）实时跟踪。物资配送状态分为发放物资、移交物资、回收物资、物资处置，实时显示重要物资处于什么样的发放状态。

2）物资提醒。物资发放有回收计划，超过回收计划时间容易产生事故隐患，设预警可实现各部门回收计划超期的警告，如图 6-50 所示。

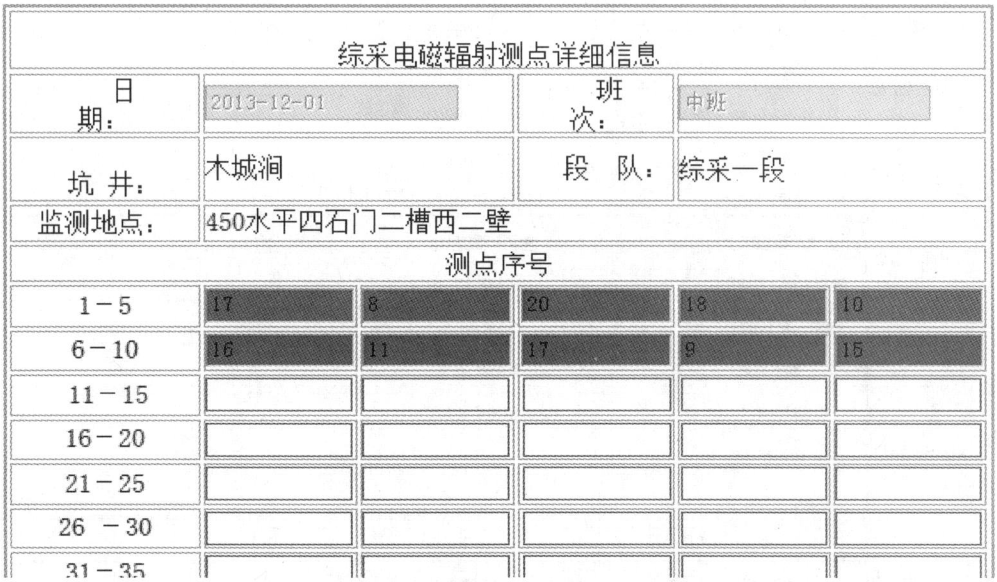

综采电磁辐射测点详细信息				
日期：	2013-12-01	班次：	中班	
坑 井：	木城涧	段 队：	综采一段	
监测地点：	450水平四石门二槽西二壁			
测点序号				

1－5	17	8	20	18	10
6－10	16	11	17	9	15
11－15					
16－20					
21－25					
26 －30					
31－35					

图 6-49 矿压预警模块界面（二）

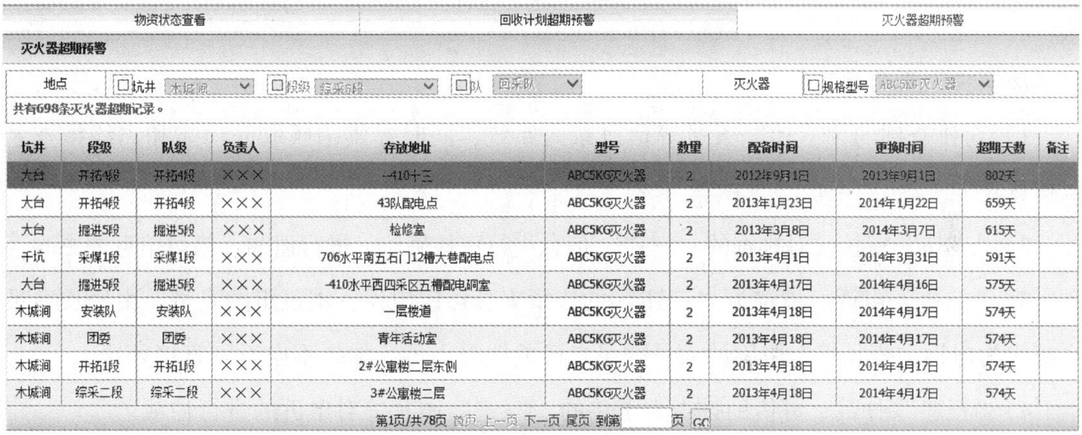

物资状态查看 回收计划超期预警 灰火器超期预警

灭火器超期预警

地点 □坑井 木城涧 □段级 综采一段 □队 回采队 灭火器 □规格型号 ABC5KG灭火器

共有698条灭火器超期记录。

坑井	段级	队级	负责人	存放地址	型号	数量	配备时间	更换时间	超期天数	备注
大台	开拓4段	开拓4段	×××	-410十三	ABC5KG灭火器	2	2012年9月1日	2013年9月1日	802天	
大台	开拓4段	开拓4段	×××	43队配电点	ABC5KG灭火器	2	2013年1月23日	2014年1月22日	659天	
大台	掘进5段	掘进5段	×××	检修室	ABC5KG灭火器	2	2013年3月8日	2014年3月7日	615天	
千坑	采煤1段	采煤1段	×××	706水平南五石门12槽大巷配电点	ABC5KG灭火器	2	2013年4月1日	2014年3月31日	591天	
大台	掘进5段	掘进5段	×××	-410水平西四采区五槽配电硐室	ABC5KG灭火器	2	2013年4月17日	2014年4月16日	575天	
木城涧	安装队	安装队	×××	一层楼道	ABC5KG灭火器	2	2013年4月18日	2014年4月17日	574天	
木城涧	团委	团委	×××	青年活动室	ABC5KG灭火器	2	2013年4月18日	2014年4月17日	574天	
木城涧	开拓1段	开拓1段	×××	2#公寓楼二层东侧	ABC5KG灭火器	2	2013年4月18日	2014年4月17日	574天	
木城涧	综采二段	综采二段	×××	3#公寓楼二层	ABC5KG灭火器	2	2013年4月18日	2014年4月17日	574天	

第1页/共78页 首页 上一页 下一页 尾页 到第 页 GO

图 6-50 物资预警模块界面

6. “三违”管理模块

为严肃煤矿安全生产，规范流程，借助手持终端等以实现更好的“三违”管理，包括手持终端有关“三违”的排查、审核、申诉、仲裁、记录查询及修改和个人积分统计。

（1）“三违”排查。基于“三违”知识库，纠违人员可按照相应条款来录入“三违”人员信息，如图 6-51 所示。

纠违时间:	纠违时间:	2015-04-25	纠违班次:	早班 ▾
纠违人信息:	纠违人工号:	000093	纠违人姓名:	×××
	纠违人坑井:	大台	纠违人单位:	安监部
违章人信息:	违章人工号:		违章人姓名:	
	违章人坑井:		违章人矿井:	大台煤矿
	违章人所在部门:		违章人所在队班:	▾
	违章人所在班组:	▾	违章人职务:	
	违章人政治面貌:		违章人工龄:	不足4个月 ▾
	班长姓名:		扣除积分:	0.5
纠违培训信息:	纠违培训地点:		纠违培训类型:	
	纠违培训人数:	1		
	纠违培训内容:			
"三违"信息:	专业:	煤巷掘进 ▾	违章类型:	违章 ▾
	违章级别:	三类违章 ▾	违章工艺:	壁式面炮采 ▾
	违章工序:	火工品及放炮管 ▾	违章心态:	麻痹心理 ▾

图 6-51　"三违"人员信息录入模块界面

该模块主要功能：

1）对排查到的"三违"人员等信息录入系统，同时提供拍照取证功能和离线排查录入信息功能。

2）"三违"审核。对排查的"三违"信息进行审核确认，进行遗漏、错填信息的更改。

3）"三违"申诉。被定为"三违"的违章人员可以申诉，本班组的人员，由班长登录系统代为申诉，班长以上级别的人员登录自己的账号申诉。如果不申诉则直接处罚。

4）"三违"仲裁。可借助排查人上传的"三违"图片等对申诉的进行仲裁。

5）"三违"查询及个人积分统计。可根据工号、"三违"时间、"三违"部门或班组等查询"三违"的记录、定为"三违"的记录、仲裁定为"三违"的记录、仲裁取消"三违"的记录及其记录详情。

6）以季度为单位，统计分析个人的"三违"记录情况，并且可以查看详情，同时起到预警作用。

7. 绩效考核统计分析模块

该模块主要功能：

（1）查询。根据各种条件查询绩效考核数据。

（2）绩效考核指标的管理。根据绩效考核各指标的实际重要程度，修改其权重。

（3）考核部门管理。根据需要，选择要进行事故隐患排查绩效考核的部门。

（4）统计分析。统计分析各部门事故隐患排查绩效得分分布情况，供打印、下载，为奖惩机制提供直接依据，如图 6-52 所示。

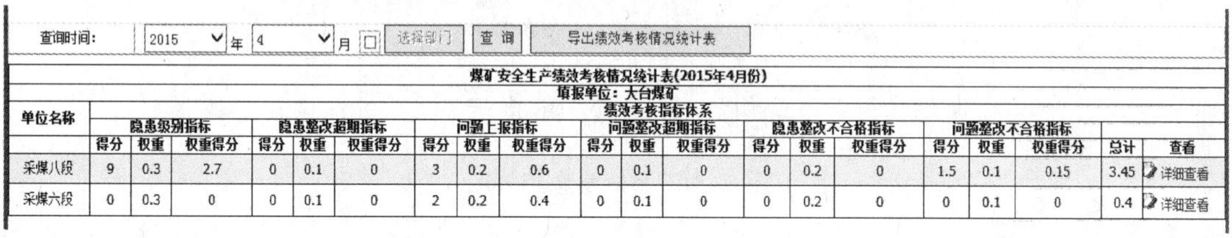

煤矿安全生产绩效考核情况统计表(2015年4月份)

填报单位：大台煤矿

单位名称	绩效考核指标体系																			
	隐患级别指标			隐患整改超期指标			问题上报指标			问题整改超期指标			隐患整改不合格指标			问题整改不合格指标				
	得分	权重	权重得分	得分	权重	权重得分	得分	权重	权重得分	得分	权重	权重得分	得分	权重	权重得分	得分	权重	权重得分	总计	查看
采煤八段	9	0.3	2.7	0	0.1	0	3	0.2	0.6	0	0.1	0	0	0.2	0	1.5	0.1	0.15	3.45	详细查看
采煤六段	0	0.3	0	0	0.1	0	2	0.2	0.4	0	0.1	0	0	0.2	0	0	0.1	0	0.4	详细查看

图 6-52　绩效考核统计分析模块界面

8. 统计分析及查询模块

该模块主要功能：

（1）查询。根据各种条件查询相关数据，如图 6-53 所示。

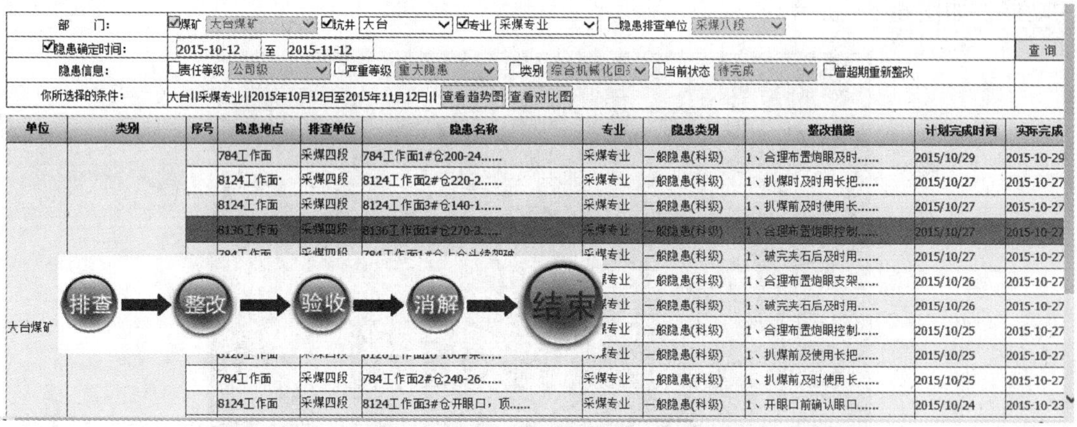

单位	类别	序号	隐患地点	排查单位	隐患名称	专业	隐患类别	整改措施	计划完成时间	实际完成
大台煤矿			784工作面	采煤四段	784工作面1#仓200-24......	采煤专业	一般隐患(科级)	1、合理布置炮眼及时......	2015/10/29	2015-10-29
			8124工作面	采煤四段	8124工作面2#仓220-2......	采煤专业	一般隐患(科级)	1、扒煤时及时用长把......	2015/10/27	2015-10-27
			8124工作面	采煤四段	8124工作面3#仓140-1......	采煤专业	一般隐患(科级)	1、扒煤前及时使用长......	2015/10/27	2015-10-27
			8136工作面	采煤四段	8136工作面1#仓270-3......	采煤专业	一般隐患(科级)	1、合理布置炮眼控制......	2015/10/27	2015-10-27
						采煤专业	一般隐患(科级)	1、破完夹石后及时用......	2015/10/27	2015-10-27
							一般隐患(科级)	1、合理布置炮眼支架......	2015/10/26	2015-10-27
							一般隐患(科级)	1、破完夹石后及时用......	2015/10/26	2015-10-27
							一般隐患(科级)	1、合理布置炮眼控制......	2015/10/25	2015-10-27
							一般隐患(科级)	1、扒煤前及使用长把......	2015/10/25	2015-10-27
			784工作面	采煤四段	784工作面2#仓240-26......	采煤专业	一般隐患(科级)	1、扒煤前及时使用长......	2015/10/25	2015-10-27
			8124工作面	采煤四段	8124工作面3#仓开眼口，顶......	采煤专业	一般隐患(科级)	1、开眼口前确认眼口......	2015/10/24	2015-10-23

图 6-53　统计分析及查询模块界面

（2）报表管理。生成事故隐患排查治理的日报、周报、月报等各种正式报表，供下载或打印。

（3）统计分析。根据统计条件，按事故隐患类别、时间、单位、部门、人员等分类统计，并生成事故隐患数据柱状图和趋势图（如图 6-54 所示）、类别比例饼状图、比重分析图等图示，供下载、打印，为管理部门提供分析对比依据。

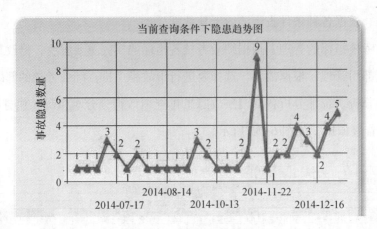

图 6-54　事故隐患趋势图

（4）主要从纵向和横向两个角度进行对比统计，其中纵向为各个时间段上下级责任主体之间的对比，横向为各个时间段内各个平级责任主体之间的对比。

9. 电子显示大屏幕

每个科段设置网络大屏幕等设备，可实现对事故隐患排查治理工作的实时通知和提醒的功能，如图 6-55 所示。

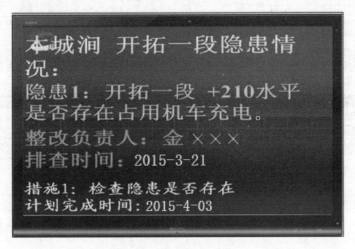

图 6-55　网络大屏幕

三、效果分析

本系统于 2014 年 12 月在北京××能源集团有限公司及所属××煤矿正式投入使用，系统服务器分别部署在集团公司及××煤矿，经过一段时间的试运行，该系统运行稳定，现场反应情况良好。在应用过程中，本系统能够实现从科段、矿井、公司各阶段分级、分专业排查出事故隐患并进行有效管理，一定程度上杜绝了传统事故隐患排查存在信息不及时、描述不准确、闭环不彻底等缺陷，缩短了用户采用传统纸质台账记录汇报和实施整改计划的时间消耗，提高事故隐患排查治理的实效性及效率。

（一）应用总结

（1）建立了煤矿事故隐患排查治理与预警智能决策系统，为井下班组、科段、专业、矿和公司提供了信息平台，系统易于操作，功能实用，可以作为煤矿安全生产事故隐患排查治理的有效手段。

（2）建立了煤矿事故隐患排查知识库和"三违"管理知识库，使煤矿事故隐患排查治理、"三违"管理进一步规范化，同时可根据实践经验更新完善知识库，此外可用于煤矿职工日常安全知识的学习。

（3）建立了班组问题排查体系，基于井下光纤介质传输解决方案研发了井下事故隐患问题排查治理系统（手持终端），班组据此可在井下开展问题排查治理，将事故隐患排查工作延伸至一线班组，有效提升了煤矿安全管理的水平。

（4）实现了班组—科段—矿—公司分层级对事故隐患进行排查、整改、验收和消解全过程的信息化，及时排查出事故隐患、明确整改职责、系统跟踪落实直至消解事故隐患，辅助提高煤矿事故隐患排查工作计划和整改治理全过程的科学性、针对性。

（5）建立了煤矿安全管理预警机制，实现了按部门、专业、临期、超期等分类预警和事故隐患信息升级预警，以及综合煤矿矿压、物资及"三违"管理等安全相关信息综合预警的机制，强化煤矿安全风险警示和安全整体管控效果。

（6）建立了绩效考核体系。以事故隐患的级别、事故隐患的整改是否超期、问题是否上报、问题整改是否合格为考察指标，建立完整的事故隐患排查治理绩效考核与奖惩机制，提高人员排查和整改事故隐患的积极性。

（二）系统应用前后对比

在公司及各矿开始使用后，系统对事故隐患排查的组织、任务制定等前期环节，到排查信息和整改方案的录入、系统跟踪、统计查询、告警提示，以及整改结果的验收及消解处理等后续环节的全过程进行透明化管理。系统应用前后情况对比详见表6-4。

表6-4　　　　　　　　　　　　　　系统应用前后情况对比

对比项目	应用前	应用后	应用效果
事故隐患工作任务下达方式	口头电话	系统实时手持终端语音提示、电子屏幕、短信平台	口头、电话下达方式存在容易遗漏细节的问题，使用系统后可通过多种方式下发任务，事故隐患工作任务下达更加及时、真实、详细
事故隐患排查工作时间	缺乏连续性任务随时下达	事故隐患工作任务集中下发	便于监督、管理任务进度情况，节省排查治理时间，提高效率，缩短整改时间，提高整改率
事故隐患排查管理方式	传统纸质管理与人员管理	动态跟踪人员监督	缩短排查流程时间，降低人力与物资的成本
预警方式	人工、电话	系统平台、电子屏幕、短信平台、电话	实现多种预警提醒，预警信息传递更加方便

第三节　煤矿事故隐患排查智能化技术

一、煤矿事故隐患排查智能化预测方法与模型

（一）基于极限学习机的事故隐患排查预测算法

极限学习机（Extreme Learning Machine，ELM）是近年来提出的一种高效机器学习算法，其主要特点是算法结构简单，学习速度快，具有良好的全局搜索能力以及泛化性能。但是原始的极限学习机算法在泛化性能、稳定性、抗干扰性等方面仍存在一些缺陷，因此在原始极限学习机算法的基础上结合安全生产事故隐患海量数据的特点，设计相应的预测改进策略，对生产过程中产生的海量事故隐患数据，通过运用改进的高级机器学习方法进行预测分析与挖掘分析，并依托于云服务平台，构建以事故隐患的辨识方法和评估模型为基础的预测模型，形成区域安全生产趋势分析。

由于传统的 ELM 是一种批处理方式，通常比较费时，原因有两点：一是要选择学习参数；二是当新数据到达时，用过的数据和新数据会一起进行重复训练，而且实际应用中，数据往往是一个个或者一批批地进来的。于是，2005 年 Huang 等人提出了在线顺序超限学习机（Online Sequential Extreme Learning Machine，OSELM）学习算法。该算法可以一个一个或者一批批地处理数据，当处理完当前数据时，就即时丢弃。它不仅比支持向量机（SVM）的方法在速度上提高了 10 多倍，而且可以应用于多个领域，如数据拟合和分类、动态噪声控制、预测等。

OSELM 有效地将新旧样本的训练衔接在一起，同时避免了对已有数据的多次重复训练，解决了在实际应用中，样本数据无法一次获取而是不断更新的情况。但是 OSELM 并没有考虑到新数据的及时性，而数据的及时性在安全生产应用中是十分重要的一环，因此对于新的增量数据，应提高其在训练中的优先级和重要程度。这种实时的更新机制能够更好地反映出当前环境的动态变化，实时的数据采集也会使系统模型的训练变得更加准确。具有实效机制的极速增量机器学习算法 TMELM（Timeliness Managing Extreme Learning Machine）采用对最新到达的数据增加权重的方法，基于此算法，围绕事故隐患预测问题，提出了一种对应的解决方案。

TMELM 只需要对给出的训练集的一小部分进行初始化，在计算神经网络的初始权值后，如果没有收集到新的样本数据，则用初始权重来迭代计算样本数据。基于自适应和迭代计划的 TMELM，给增量数据赋予了合理的权值，可获得比传统 ELM 更高的学习精度。

例如，给定一批训练数据集 $D_0 = \{(x_i,\ t_i) \mid x_i \in R^n,\ t_i \in R^m\}$，$(i = 1, 2, \cdots, n_0$ 且 $n_0 \geq L)$。其中，L 是神经网络隐层节点个数。根据 ELM，可以得到神经网络输出权值：

$$\beta_0 = K_0^{-1} H_0^T T_0 \tag{6-1}$$

其中，$K_0 = H_0^T H_0$，H 是神经网络隐藏层输出矩阵，T 是期望输出矩阵。

$$H_0 = \begin{bmatrix} G(a_1,\ b_1,\ x_1) & \cdots & G(a_L,\ b_L,\ x_1) \\ \vdots & \vdots & \vdots \\ G(a_1,\ b_1,\ x_{n_0}) & \cdots & G(a_L,\ b_L,\ x_{n_0}) \end{bmatrix},\ T_0 = \begin{bmatrix} t_1^T \\ \vdots \\ t_L^T \end{bmatrix} \tag{6-2}$$

假设现在有另一批新的增量数据到达，记为数据集：

$$D_1 = \{(x_i,\ t_i) \mid x_i \in R^n,\ t_i \in R^m\},\ (i = p, \cdots, q) \tag{6-3}$$

其中，$p = n_0 + 1$，$q = n_0 + n_1$，n_1 是这批样例集中的样例个数。

此时权值变成：

$$\beta^{(1)} = K_0^{-1} \begin{bmatrix} H_0 \\ H_1 \end{bmatrix}^T \begin{bmatrix} T_0 \\ T_1 \end{bmatrix} \tag{6-4}$$

$$K_1 = \begin{bmatrix} H_0 \\ H_1 \end{bmatrix}^T \begin{bmatrix} H_0 \\ H_1 \end{bmatrix} = K_0 + H_1^T H_1 \tag{6-5}$$

$$\begin{bmatrix} H_0 \\ H_1 \end{bmatrix}^T \begin{bmatrix} T_0 \\ T_1 \end{bmatrix} = H_0^T T_0 + H_1^T T_1 = K_1 \beta^{(0)} - H_1^T H_1 \beta^{(0)} + H_1^T T_1 \tag{6-6}$$

可得：

$$\beta^{(1)} = \beta^{(0)} + K_1^{-1} H_1^T (T_1 - H_1 \beta^{(0)}) \tag{6-7}$$

从式（6-7）中可以看出，为了提高输出权值的精度，对 $\beta^{(1)}$ 的结果是基于 $\beta^{(0)}$ 的计算，$[T_1 - H_1 \beta^{(0)}]$ 是使用旧的模型参数 $\beta^{(0)}$ 得到，其中 $H_1 \beta^{(0)}$ 在对新数据进行预测的时候会产生一定误差。因此可对该项加一个权重值，使得：如果该项误差越大，旧的模型参数 $\beta^{(0)}$ 被修正的越多，使得新增数据的贡献越大，提高当前采集新数据对训练模型的贡献。因此，式（6-7）可以改写为：

$$\beta^{(1)} = \beta^{(0)} + \omega K_1^{-1} H_1^T (T_1 - H_1 \beta^{(0)}) \tag{6-8}$$

其中，权重 ω 加强了新增数据对预测模型的影响程度，相应地减少了历史数据对预测模型的贡献度，由此体现了数据的时效性。在实验中发现，权重 ω 的取值可以通过试验获得，并在增量学习的过程中保持稳定。

$$\omega = 1 + 2 \exp \left[- | \text{mean} (a_1) - \text{mean} (a_2) |^{\text{var}(a_1) - \text{var}(a_2)} \right] \tag{6-9}$$

其中，a_1 是新到达的增量数据，a_2 是相邻的历史增量数据，mean（）使用了获取平均值的函数，var（）是用了获取方差值的函数。

假设现在有第 $k+1$ 批数据 $D_{k+1} = \{(x_i, t_i) | x_i \in R^n, t_i \in R^m\}$，$(i = l, \cdots, r)$，其中，$l = \left(\sum_{j=0}^{k} n_j \right) + 1, r = \sum_{j=0}^{k+1} n_j$，$n_{k+1}$ 是第 $k+1$ 批样例的数目，同前面类似的推导过程，可得：

$$\beta^{(k+1)} = \beta^{(k)} + \omega P_{k+1} H_{k+1}^T [T_{k+1} - H_{k+1} \beta^{(k)}] \tag{6-10}$$

在模型训练过程中，每次有新数据到来时会对上式进行迭代计算，直至 $|\beta^{(k+1)} - \beta^{(k)}| \leq \varepsilon$（$\varepsilon$ 为一给定的极小阈值）。

由上述推导可得，具有时效机制的 TMELM 算法包含两个阶段，即初始化阶段和顺序学习阶段。其中，在顺序学习阶段会对 β 进行判断，如果 $\beta^{(k)}$ 趋于稳定，则输出，如果不稳定，则采用新数据的 $\beta^{(k+1)}$ 继续进行训练。TMELM 的流程详见表 6-5。

表 6-5	TMELM 的流程
输入	样本集 $\{(x_i,\ t_i)\}_{i=1}^{N} \subset R^n R^m$，激励函数 $G(x)$，隐藏节点数 L，权重 ω
输出	输出权值 β
初始化阶段：使用第一批数据 D_0 来训练一个单隐含层前馈神经网络	
步骤 1	随机设计输入权值 a_i 和偏置 b_i
步骤 2	计算初始的隐藏层输出矩阵 H_0
步骤 3	估计初始化的输出权值 $\beta^{(0)}$
顺序学习阶段：使用第 $k+1$ 批数据 D_{k+1} 来训练一个单隐含层前馈神经网络	
步骤 1	计算分步的隐藏层输出矩阵 H_{k+1}
步骤 2	更新 T_{k+1} 和 P_{k+1}
步骤 3	更新 $\beta^{(k+1)} = \beta^{(k)} + \omega P_{k+1} H_{k+1}^{T} \left[T_{k+1} - H_{k+1} \beta^{(k)} \right]$
步骤 4	若 $\|\beta^{(k+1)} - \beta^{(k)}\| \leqslant \varepsilon$，则跳转至步骤 5，否则 $\beta^{(k+1)} = \beta^{(k)}$，$k=k+1$，跳转到步骤 3
步骤 5	更新 $\beta^{(k+1)}$，返回顺序学习阶段

该算法的实现流程如图 6-56 所示。

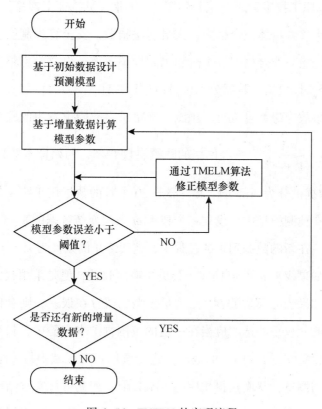

图 6-56　TMELM 的实现流程

TMELM 是在数据增量处理的基础上添加了时效机制，加强了新数据的权重而削弱了旧的数据，使得在线数据的处理更加准确，也更加符合事故隐患预测的实际要求。为了测试该算法的有效性，通过判断预测结果的精度和准确度，来对 TMELM 进行性能评估。同时也对比了 TMELM 和 ELM、OSELM 的精度和准确度，来判断 TMELM 是否有性能上的提升。

这里采用均方根误差（Root Mean Square Error，RMSE）作为性能评价指标来衡量实验结果的准确性，即实验预测值和过去几年记录的真实值之间的差距，误差太大的话，则测量结果不准确。RMSE 定义为：

$$RMSE(y, \hat{y}) = \sqrt{\frac{1}{n}\sum_{i=1}^{n}(y_i - \hat{y}_i)^2} \tag{6-11}$$

其中，$y = [y_1 \quad y_2 \quad \cdots \quad y_n]^T$，$\hat{y} = [\hat{y}_1 \quad \hat{y}_2 \quad \cdots \quad \hat{y}_n]^T$，$y_i$ 和 $\hat{y}_i$ 分别代表实验预测结果和实际结果。

本书中的实验采用数据为北京××能源集团股份有限公司所属煤矿两年的职工文化素质指数（平均学龄）、职工技术素质（工作年限）、作业人员持证上岗率、作业人员培训率、作业人员培训合格率、人员体检合格率、人员违法指数、安全管理制度完善率、安全监察人员配备率、事故隐患整改合格率、事故隐患超期整改率、事故隐患整改率、重复发现事故隐患频率等 19 个指标数据，数据分别按月份进行统计。

本实验中，对事故隐患数量进行了预测，确定了事故隐患发生的趋势。实验中的激励函数被设置成 $G(x) = \frac{1}{1 + e^{-x}}$，神经网络的隐藏层数 $L = 5$，初始样本数量选择为 10。实验中整个 24 个月的数据被分为两部分，第一部分 20 个月的数据用于第二部分，其余的数据用于测试和评估。在预测模型中，设立一个权重 ω 来改变新数据的影响，权重的取值会在下面的实验中给出。在新的数据到来的过程中，迭代终止的条件为 $\varepsilon = 0.01$。

从理论上说，如果权重 ω 的值偏大，会更快速地收敛，但是采用较大的权重来处理增量的数据模型时，如果当前模型的 $\beta^{(k)}$ 与增量模型的值存在误差，则会使预测模型出现产生更大的误差，因此，权重的选取应当在一定的范围内。本实验中，权重的值一旦选取则保持稳定改变，故权重在 [1, 10] 的范围内进行选取。对区域中每一个取值 ω_0，都进行一次模型增量实验与测试，从而获得相应的 RMSE 值，如此可得实验结果如图 6-57 所示。图中横轴代表权重从 1 到 10 的取值范围，纵轴代表选取该权重进行计算的一个 RSME 值。选择 RMSE 值极小的 ω_0 值作为本实验中采用的 ω 值。

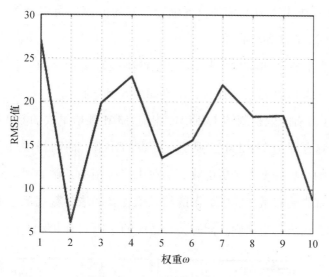

图 6-57　权重 ω 的取值选取

随着权重 ω 的递增，RSEM 值先下降后递增，所以最后选择权重 $\omega=2$ 来进行后续实验。

算法的迭代步骤是否能够收敛，决定了算法的可用性。线性化和顺序执行这两种一致性里面已经包含了一些收敛性的需求，但是在本实验中，需要考虑权重对于收敛性的影响。如图 6-58 所示，在固定权重 $\omega=2$ 之后，横轴代表迭代次数，纵轴代表模型参数 $\beta^{k(j+1)}$ 和 $\beta^{k(j)}$ 的差值情况 $|\beta^{k(j+1)}-\beta^{k(j)}|$。由此可以看出，在第六次迭代之前，$\beta^{k(j+1)}$ 和 $\beta^{k(j)}$ 之间的

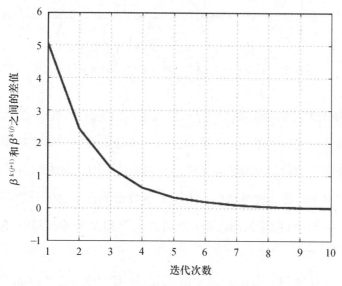

图 6-58　模型参数 $\beta^{k(j+1)}$ 和 $\beta^{k(j)}$ 的差值情况

差异逐渐减小，随着迭代次数的增加，逐渐趋于稳定。因此可以认为，本实验中，经过6次左右的迭代计算，算法即可收敛。

以下是结合实际数据对 TMELM 进行安全生产事故隐患预测的一种性能分析，同时也对 TMELM、ELM 和 OSELM 进行了比较，结果如图 6-59 所示。

图 6-59 显示了具有时效机制的 TMELM，相比 ELM 和增量式的 OSELM，TMELM 更贴近真实数据情况，这是因为 TMELM 加强了新样本的比重，而削弱了历史数据的影响，确保新的数据对模型的影响程度大于历史数据。在生产应用中，例如通过对人员的培训和对事故隐患的整改，都影响着事故隐患数量的结果值，新的增量数据比重也越大。对于自学习的预测模型来说，结果会更准确，同时，自适应的迭代类型也保证了训练模型的稳定性。

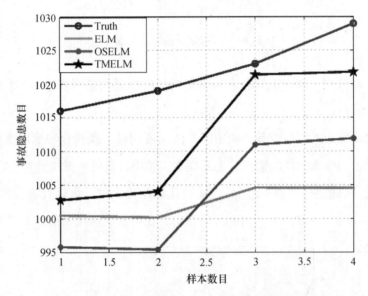

图 6-59 ELM、OSELM 和 TMELM 之间的预测结果比较

OSELM 的预测结果与实际结果之间存在较大偏差，是因为它认为所有的新增样本数据所占的比重和对训练模型的贡献都是一致的，无法区分新数据和历史数据的重要性，这对于在实际中会不断完善和做整改的企业来说是不相符的，因此训练结果不如 TMELM。

因此大多数情况下，在 3 种算法中，由于大多数训练样本会随着时间而进行更新，所以 TMELM 在安全生产事故隐患预测方面，优势会大于 ELM 和 OSELM。这种优势主要体现在稳定性和准确性上。

本实验中，通过计算均方根误差来测试 TMELM 对于安全生产事故隐患的预测能力，如图 6-60 所示。随着新增数据的到达，训练数据的增加，TMELM、ELM 和 OSELM 的测试错误都会越来越少，算法稳定性也不断增加，但是 TMELM 可以比 ELM 和 OSELM 更快地趋于稳定，这是由于 TMELM 采取了时效性机制，引入了权重 ω 值。因此，从这一点来看，TMELM 能更好地适应于实际的安全生产事故隐患预测。

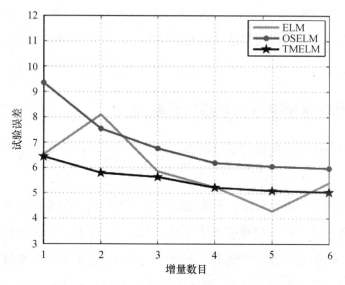

图 6-60 ELM、OSELM 和 TMELM 之间的误差比较

如图 6-61 所示表示了随着训练数据的增加，TMELM、ELM 和 OSELM 消耗训练时间的比较。可以看出，随着次数增加，3 种算法的训练时间都在逐渐增加。与传统的其他机器学习方法相比，ELM 的学习速度更快，消耗时间更短。和 OSELM 与 TMELM 相比，基本的

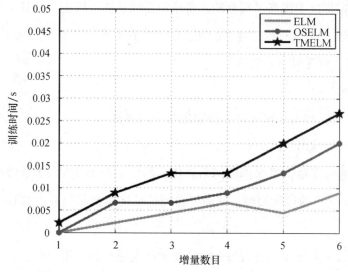

图 6-61 ELM、OSELM 和 TMELM 消耗训练时间比较

ELM 消耗时间最短。对于 TMELM 算法而言，由于其独特的权重机制和自适应训练模型，其需要消耗更多的时间来保证模型的稳定性和收敛性。

另一方面，需要注意的是，在多次实验中，预测的事故隐患数量大多数情况下要小于其真实值，但是，从 RMSE、平均误差以及误差比例 3 个指标来看，偏差均比较稳定。因此，在实际应用中，如果可以捕捉这种偏差上的规律性，对预测结果进行少量的修正，预测结果将会更好。

（二）范数优化的极限学习机优化改进算法

以下通过研究范数优化的极限学习机算法，用以进一步改进安全生产事故隐患排查的预测精度。

一般地，根据统计学理论可知，系统建模的实际风险包括经验风险和结构风险，一个具有较好泛化性能的模型应该权衡这两种风险，并取得最佳的效果，因此，可以引入正则化的方法，将结构风险引入系统模型中。在数量分析中，经常会看到变量与变量之间的一定对应关系。要了解他们之间的关系，需要用到相关性分析或者回归分析。回归模型中自变量与因变量之间的对应关系，就对应于前馈神经网络中 ELM 里隐层节点与输出层节点的对应关系。

L1 范数可以在一定程度上提高模型的估计精度，简化模型，使模型具有可解释性。但是当因变量之间存在相关性或者当样本个数小于因变量时候，L1 范数就会产生一个次优模型。L2 范数在一定程度上提高了模型的求解稳定性以及估计精度，并且适应各种情形，但是 L2 范数产生的模型不具有特征选择的能力，不能控制模型的规模。据此，提出了 L1 范数和 L2 范数相混合的极限学习机算法。

算法描述如下：

（1）在 ELM 中，初始化输入权值和隐层节点的阈值。

（2）计算隐层的输出矩阵 H。

（3）对每个响应变量，根据弹性网络算法，给定一个确定的 L2 范数惩罚因子，然后计算出对应该响应变量的最优模型，从而得出经过最优模型简化后的神经网络隐层节点个数。

（4）用并行的 n 个弹性网络为每个响应变量产生完整的正则化路径，然后采用贝叶斯信息准则（BIC）构建一个最优的模型。因此，ELM 最终的权值输出是由每个响应变量的最优候选模型组合而成的。

为了测试 L1-L2-ELM 算法模型的性能，采用了 UCI 数据集来验证我们提出的算法，其中，分析对比了 3 种算法，即经典的 ELM、L2 范数 ELM 以及 OP-ELM。OP-ELM 是一个正则化的 ELM，它采用 L1 范数。在比较这几种算法时，我们采用简单的 S 型函数 $g(x) = 1/(1 + e^{-x})$ 作为神经网络的激励函数，隐层节点的个数都设置为 $L = 100$。

表 6-6 列出了针对 4 个真实基准回归拟合数据集的算法测试结果。从表中可以看出，就测试样本的平均均方根误差和测试精度的标准偏差而言，L1-L2-ELM 算法比经典的 ELM 和 OP-ELM 效果要好，这说明这种算法在鲁棒性和预测精度方面，要优于 ELM 和 OP-ELM 这两种算法。

表 6-6　　　　　　　　　　　4 种算法的计算性能比较

方法	数据集	均方根误差（RMSE）		标准偏差（DEV）	
		训练集	测试集	训练集	测试集
ELM	Abalone	1.999 4	2.149 1	0.004 7	0.023 8
L2-ELM		2.025 4	2.127 6	0.003 2	0.013 2
OP-ELM		2.075 5	2.159 6	0.026 8	0.022 0
L1-L2-ELM		2.040 5	2.123 8	0.015 9	0.011 7
ELM	MachineCPU	137.794 1	235.779 3	7.130 0	4.143 4E+11
L2-ELM		132.967 4	143.085 5	7.925 5	15.476 9
OP-ELM		19.012 4	75.802 3	14.548 9	27.891 6
L1-L2-ELM		28.984 9	35.018 0	1.262 3	3.108 8
ELM	Servo	0.042 4	3.539 4	0.015 5	1.420 6
L2-ELM		0.207 3	0.648 0	0.014 6	0.057 2
OP-ELM		0.255 6	0.896 2	0.102 2	0.121 9
L1-L2-ELM		0.207 2	0.659 7	0.020 1	0.069 4
ELM	Stocks	1.439 6	1.654 1	0.460 8	0.726 1
L2-ELM		1.571 0	1.589 6	0.600 2	0.690 3
OP-ELM		0.945 0	1.063 6	0.073 1	0.081 2
L1-L2-ELM		0.737 6	0.964 2	0.037 0	0.051 5

二、煤矿事故隐患排查治理信息智能云服务技术

针对煤矿事故隐患信息的纷繁复杂性，以及各类相关企业从业人员获取服务信息途径的多样性，综合考虑将各种事故隐患信息类型或者排查结果获取方式与各行业从业人员的

日常使用终端结合起来。为了使事故隐患信息能够在不同类型的终端上呈现同一性，首先建立云服务平台，将海量事故隐患数据进行分类、存储和预测；其次，需对平台中的信息资源进行转换，即针对每一种终端，转换出相适应的资源集合，并根据不同企业用户对海量事故隐患信息的不同需求，结合相关筛选机制，结合实际应用中服务器的应用性能和服务质量，基于请求调度的需求，对事故隐患排查中的信息类型进行分类，选择合适的技术方法，进行动态调度，实现高效的智能的主动推送方法，从而促进事故隐患排查治理终端内容的更新与同步。

云服务系统设计的主要目标是：形成事故隐患致灾指标体系，依托云服务平台，根据各级各类事故隐患信息与致灾因素建立基本关联映射库，利用大数据分析、机器学习理论与海量数据挖掘等技术，构建能够持续不断自学习、自适应的事故隐患排查治理辨识与评估云平台，并基于案例推理、主动推送、用户推荐等技术提供相应的解决措施及排查预案主动推送，通过云服务平台为企业及时主动推送事故隐患预警和辨识与治理方案，实现"事故隐患辨识在云端"。

事故隐患排查云服务系统的网络架构如图 6-62 所示。其中，包含 5 个关键部分，分别是企业事故隐患自评估终端、企业事故隐患管理和报备平台、安全监测移动终端、政府安全监管和事故隐患排查系统、数据推送平台。这 5 个关键部分协同工作，最终实现了事故隐患排查治理信息的云信息推送功能。

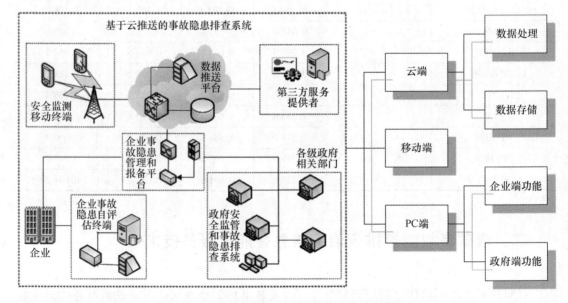

图 6-62　事故隐患排查的云服务信息推送系统框架

在上述网络架构的指导下，针对实际应用的需求，设计对应的功能模块，具体对应关系如图 6-63 所示。按照设备不同，系统主要分为 PC 端、云端和移动端：PC 端主要分为企业端功能和政府端功能；云端主要用于大量的数据存储和数据预测、处理；移动端则提供一种便携式的，方便政府对企业及企业自我进行管理的 App。

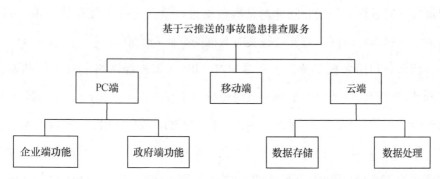

图 6-63　基于云推送的事故隐患排查服务功能模块

如图 6-64 所示，云端存储的内容是从企业端上传的大量事故隐患数据、企业和用户信息表、政府颁发的事故隐患处理文件和从互联网上以"爬虫"技术得到的一些安全生产新闻。数据存储部分本书采用分布式集群，数据库选取 mysql+redis+mongodb 三种。其中，

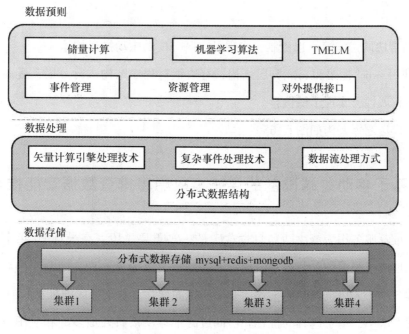

图 6-64　云端主要功能框架

企业和用户信息表存储在 mysql 数据库中，App 端设备的 channel id 信息、后台的管理员信息等轻量级的数据也存储在 mysql 数据库中；企业事故隐患数据信息和数据预测结果存储在 redis 集群，用户抓取新闻的评价标准，也以对象的方式写入 redis 数据库，并按照行业或者新闻内容标记进行分区；从互联网抓取的新闻内容存储在 Mongodb 上，主要用于缓存，并保证数据时效性为一周。除非对某些数据进行手动的持久化存储，Mongodb 非常适合实时的插入、更新与查询，方便进行实时数据的存储和读取。

数据预测部分利用大数据分析、机器学习、BP 人工神经网络、ELM 等技术，构建能够持续不断地自学习、自适应的全国事故隐患排查治理辨识与评估云平台，部署预测模型，改进曲线拟合、灰色预测、时间序列等预测方法，进行大数据分析、隐患致灾指标体系进行定性、定量分析与预测，提取事故隐患预测指标体系，不断完善预测智能处理模型。可采用前文所述的 TMELM 等算法进行预测，并在云端提供接口给云推送后台管理系统，使后台管理系统可以直接通过调用服务接口来获取企业事故隐患预测结果，并针对相关企业及用户进行消息推送，实现一体化服务。

具体地，在云推送的后台中，实现的相关功能包括：

（1）基于云推送系统中用户的不同需求，实现了单播、广播、组播 3 种通信方式。

（2）基于 LAMP（Linux+Apache+Mysql+PHP）平台，实现了事故隐患排查主动推送与信息交互。

（3）结合协同过滤等筛选机制，实现具有区分度的主动推送技术。

（4）利用 swool 框架和 mvc 分层结构，有效地对程序结构进行分层，提高应用系统的可维护性和扩展性，实现了低耦合。

后台云推送逻辑架构如图 6-65 所示。

三、基于移动终端设备的煤矿事故隐患排查数据智能推荐技术

个性化推荐服务作为解决"信息过载"的一种重要手段，在最近 20 年来获得了飞速的发展，也形成了很多种推荐方法。推荐方法基本上可分为 6 种，即基于内容的推荐、协同过滤推荐、基于人口统计学的推荐、基于知识的推荐、基于社区的推荐和混合形式推荐。在这些推荐方法中，基于内容的推荐和协同过滤推荐是被研究最多的和应用最广泛的两种方法。基于内容的推荐系统为用户推荐与他们过去的兴趣相类似的对象；协同过滤旨在找

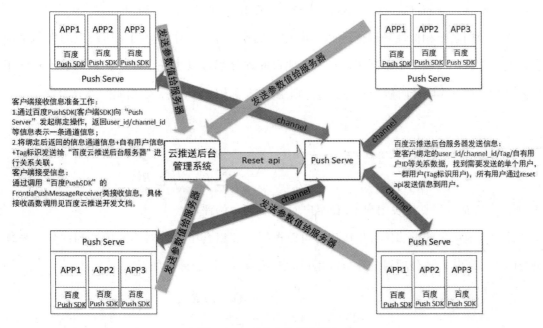

图 6-65　后台云推送逻辑架构

到与用户有相同兴趣的其他用户，并将他们喜欢的对象推荐给该用户，或者找到与该用户兴趣相类似的其他物品推荐给该用户。

针对煤矿事故隐患排查云服务推送业务的实际具体需要，主要采用基于协同过滤的推荐方法，来实现事故隐患排查的业务数据交互功能，提高应用系统的个性化智能服务水平。

基于协同过滤的推荐算法中，如果两个用户曾经对同意项目产生过兴趣或进行标注，那么认为用户 A 可能会对用户 B 感兴趣的其他项目也感兴趣。一般而言，协同过滤机制一般用一个数据库存储用户对不同项目的评分，然后使用这些不同用户的评分，根据用户之间的相似性来对用户进行推荐。

一般而言，协同过滤算法的输入数据用一个 $m×n$ 的矩阵表示，其中 m 代表用户数量，n 代表项目数量，R_{ij} 代表第 i 个用户 U_i 对第 j 个项目的评分。评分体系可以有不同的表达方式，这里采用 1~5 的评分体系，分值越低表示用户对该推荐越不感兴趣，如果用户未对项目进行评分，则用 0 表示。算法原理是首先查找与当前用户相似的近邻用户，其次将近邻用户评分较高的项目推荐给当前用户。

选择近邻用户常用"K-近邻"的方法，即计算当前用户与系统中其他用户的相似性，并且根据相似性从大到小依次选择前面的 K 个用户作为当前用户的近邻集合。由此可见，对于相似性的度量会影响到推荐系统的精度和算法的效率，常用的相似性度量方法包括皮尔逊相似性（Pearson Correlation Similarity）、余弦相似性（Cosine Similarity）等。

这里采用余弦相似性来进行运算，其主要思路是通过计算评分向量所对应的夹角来衡量其相似性大小。系统中不同用户对所有项目的评分都可以用一个 n 维向量来表示，设用户 U_i 和用户 U_j 的评分向量分别为 i、j，则用户 U_i 和用户 U_j 的余弦相似性得分为：

$$\cos(U_i,\ U_j) = \frac{U_i U_j}{\parallel U_i \parallel \parallel U_j \parallel} = \frac{\sum_{c=1}^{n} R_{i,\ c} R_{j,\ c}}{\sqrt{\sum_{c=1}^{n} R_{i,\ c}^2} \sqrt{\sum_{c=1}^{n} R_{j,\ c}^2}} \tag{6-12}$$

式中，$R_{i,\ c}$、$R_{j,\ c}$ 分别代表用户 U_i 和用户 U_j 对项目 c 的评分。

针对当前用户的近邻集合生成后，可以根据近邻集合中用户对不同项目的评分，来预测当前用户对其未评分项目的评分。用户 u 对项目 i 的评分计算如下：

$$\text{predict}(u,\ i) = \frac{\sum_{v \in U} \cos(u,\ v) R_{v,\ i}}{\sqrt{\sum_{v \in U} |\cos(u,\ v)|}} \tag{6-13}$$

式中，$\cos(u,\ v)$ 是用户 u 和 v 的余弦相似性，$R_{v,\ i}$ 是用户 v 对项目 i 的评分。

基于上述的余弦相似度计算方法，通过结合相关熵这一有效的测度，综合利用深度学习方法，实现协同过滤的高效推荐服务。

深度学习是机器学习的一个研究领域，它主要基于多层神经网络进行扩展应用研究。深度学习目前已经被成功应用到图像处理、语音处理、自然语言处理等多个领域，得到业界广泛关注。基于神经网络的深度学习系统实质上是一个复杂的非线性模型，拥有复杂的结构和大量的训练参数，同时具有非常强的表征能力，特别适合于解决复杂应用系统中的辨识与分析问题。考虑到煤矿事故隐患排查治理信息发布推送云服务系统中的大规模业务数据量，以及数据之间可能存在的耦合噪声影响，基于余弦相似度的传统协同过滤推荐服务方法的计算效率比较低效，执行这类任务往往需要几天的时间。而利用深度学习以及分布式处理系统，可以大幅度提升计算效率，缩减了计算时间，在处理相同的问题时，几小时有时甚至几分钟就能快速完成任务，具有极大的优势。

因此在算法的应用实现中，使用了深度学习这一高效的学习框架。受限玻尔兹曼机（Restricted Boltzmann Machine，RBM）起源于 Hinton 和 Sejnowski 提出的一种生成式随机神经网络，是目前深度学习应用中的主要模型。由于 RBM 可以很好地挖掘隐藏特征，利用 RBM 开发基于模型的协同过滤算法成为诸多学者的研究目标。

在具体应用中，虽然基于 RBM 的协同过滤算法的准确性相对较高，但是每次都必须将所有的数据重新训练一遍，其训练时间非常长，而基于邻域的协同过滤算法只需要对相似度进行增量更新即可，无须重新计算所有用户或者所有物品之间的相似度。另外，实践表明，基于 RBM 的协同过滤算法在用户的评分存在异常值或者比较少的情况下的预测精度下降得比较快。这在实际应用中也是比较常见的，当一个新的推荐系统建立起来或者一个新用户加入推荐系统时，评分并不那么可靠。基于以上考虑，为了解决增量更新和异常值问题，结合相关熵测度，考虑采用融合 RBM 和相关熵的混合协同过滤推荐算法。

相关熵一般被用来描述两个随机变量的相似程度，并且由被称为"核宽度"的变量所控制。相关熵表明了两个随机变量的概率密度在一个由核宽度控制的特殊"窗口"的接近程度。正是因为核宽度的存在，使得变量之间的相似度评估可以在一个可控的范围内进行，因而可以更好地消除异常值的影响。基于以上考虑，利用相关熵来计算用户或者项目之间的相似度。

结合基于 RBM 的协同过滤推荐的高精度优势和基于相关熵的协同过滤的稳定性优势，通过加权融合的方式，得到一种新的混合推荐算法。该混合推荐算法主要包括模型训练阶段和预测阶段，分别进行离线模型训练和在线评分预测。

该算法的主要流程如下：

第一步，数据预处理。

第二步，相似度计算。利用基于相关熵的相似度计算方法得到用户或者项目之间的相似度。

第三步，基于 RBM 的模型训练。将每个用户的所有评分视为可见层单元，训练得到可见层单元和隐层单元之间的连接权重以及各自的偏置。

在线阶段，利用基于 RBM 的推荐模型和基于相关熵的推荐模型分别计算，得到加权的结果。加权的权重需要根据数据集进行调整，以得到最优的加权结果。考虑到基于 RBM 的推荐算法的精确度相对较高，其权重可以设置得高一些，基于相关熵的推荐模型作为前者的补充，权重设置得低一些。

此外，还可以进行模型的增量更新，不需要重新训练模型，而只需要进行相似度的增量计算，就可以对混合推荐模型进行更新，以影响最终的结果，避免了整体更新模型带来的时间消耗。

融合 RBM 和相关熵的混合推荐算法如图 6-66 所示。

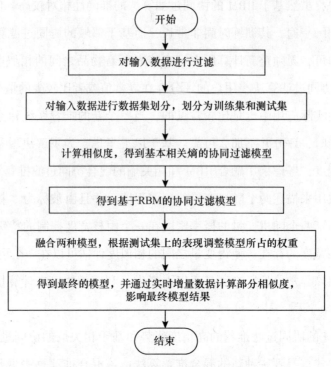

图 6-66　混合推荐算法示意

参 考 文 献

[1] 国家统计局能源统计司. 中国能源统计年鉴 [M]. 北京：中国统计出版社，2004-2017.

[2] 国家煤矿安全监察局. 中国煤炭工业统计年鉴 [M]. 北京：煤炭工业出版社，2001-2017.

[3] 张瑞新，王群，王欣艳. 基于组合赋权法的隐患排查治理能力体系评价研究 [J]. 煤炭技术，2014，33（05）：58-61.

[4] 胡镇峰，张瑞新. 煤矿隐患排查管理信息系统的研究与实现 [J]. 煤炭工程，2013，02：132-134.

[5] 王小林，桑志彪，彭锟，等. 煤矿"四环五级"安全隐患闭环管理运作模式及功能设计 [J]. 煤矿安全，2009，10：109-111.

[6] 赵作鹏，尹志民，陈金翠，等. 协同软件技术在煤矿隐患排查系统中的应用 [J]. 煤炭工程，2010，05：115-117.

[7] 吴兵，许正东，彭燕，等. 基于煤矿事故防范的危险源与隐患辨析 [J]. 中国煤炭，2014，11：102-105.

[8] 李玉伟. 企业安全生产事故隐患管理体系构建研究 [D]. 哈尔滨工程大学论文，2007.

[9] 袁昌明，张晓冬，章保东. 安全系统工程 [M]. 北京：中国计量出版社，2006.

[10] 左东红，贡凯青. 安全系统工程 [M]. 北京：化学工业出版社，2004.

[11] 景国勋，杨玉中. 煤矿安全系统工程 [M]. 徐州：中国矿业大学出版社，2009.

[12] 唐敏康，丁元春，黄磊. 矿山事故隐患识别与防控 [M]. 北京：化学工业出版社，2016.

[13] 赵磊，聂建伟. 事故树分析法在煤矿水害防治工作中的应用 [J]. 能源技术与管理，2015，40（5）：65-67.

[14] 史忠植，王文杰. 人工智能 [M]. 北京：国防工业出版社，2007：212-218.

[15] 史忠植. 高级人工智能 [M]. 北京：科学出版社，2006：124-160.

[16] 李建洋，陈雪云，刘慧婷，等. 基于案例推理中案例表示的研究 [J]. 合肥学院学报（自然科学版），2007（03）：26-29.

[17] 高济，何钦铭. 人工智能基础 [M]. 北京：科学出版社，2008：323-330.

[18] L K J, M W. Case-based reasoning [J]. IEEE Expert, 1992, 5 (7)：5-6.

[19] AAMODT, AGNAR, PLAZA, et al. Case-based reasoning：foundational issues, methodological variations, and system approaches [J]. Ai Communications, 1994, 7 (1)：39-59.

[20] 张本生，于永利. CBR系统案例搜索中的混合相似性度量方法 [J]. 系统工程理论与实践，2002（03）：131-136.

[21] 沈斌. 基于分词的中文文本相似度计算研究 [D]. 天津：天津财经大学论文，2006.

[22] 梅家驹，竺一鸣，高蕴琦. 同义词词林（第二版）[M]. 上海：上海辞书出版社，1996.

[23] 金博，史彦军，滕弘飞. 基于语义理解的文本相似度算法 [J]. 大连理工大学学报，2005（02）：291-297.

[24] 邱永灿. 案例推理在城市规划审批中的应用 [D]. 广州：华南理工大学论文，2003.

[25] 张英菊，仲秋雁，叶鑫，等. 基于案例推理的应急辅助决策方法研究 [J]. 计算机应用研究，2009（04）：1412-1415.

[26] 苏秦，何进，张涑贤. 软件过程质量管理 [M]. 北京：科学出版社. 2008, 15—18.

[27] 黎连业，张晓冬，吕小刚. 软件能力成熟度模型与模型集成 [M]. 北京：机械工业出版社. 2011, 1—6, 8—9.

[28] 王欣艳. 基于CMM的隐患治理能力成熟度模型研究与应用 [J]. 微型机与应用，2015, 02：7-10.

[29] 赵克勤. 基于集对分析的不确定性多属性决策模型与算法 [J]. 智能系统学报，2010, 5 (01)：41-50.

[30] 刘秀梅，赵克勤. 基于集对分析联系数的信息不完全直觉模糊多属性决策 [J].

数学的实践与认识, 2010, 40 (01): 67-77.

[31] 王欣艳, 张瑞新, 周彦军, 等. 轻量级工作流在安全隐患排查信息系统的应用 [J]. 微型机与应用, 2013, 32 (06): 89-91, 94.

[32] 韦钊, 张瑞新, 何桥, 等. 煤矿井下隐患排查信息传输系统实验研究 [J]. 煤矿安全, 2016, 47 (04): 232-234, 237.

[33] 韦钊, 赵红泽, 何桥. 煤矿企业班组隐患排查体系研究及实践 [J]. 煤炭工程, 2017, 49 (01): 135-137, 141.

[34] 李红臣. 安全生产大数据应用 [J]. 劳动保护, 2017 (01): 22-25.

[35] 张长鲁. 煤矿事故隐患大数据处理与知识发现分析方法研究 [J]. 中国安全生产科学技术, 2016, 12 (09): 176-181.

[36] 韦钊. 煤矿事故隐患排查与管控关键技术及应用研究 [D]. 北京: 中国矿业大学 (北京) 论文, 2018.

[37] 何桥. 煤矿安全隐患风险预警技术研究与应用 [D]. 北京: 中国矿业大学 (北京) 论文, 2017.

[38] 赵红泽, 何桥, 韦钊, 等. 煤矿安全隐患排查治理能力集对分析评估模型 [J]. 工矿自动化, 2017, 43 (02): 81-85.